浙江慈溪锦堂学校旧址修缮与保护研究

徐宏鸣　王　麟　张　延　著

學苑出版社

图书在版编目（CIP）数据

浙江慈溪锦堂学校旧址修缮与保护研究 / 徐宏鸣，王麟，张延著 .—北京：学苑出版社，2021.11

ISBN978-7-5077-6288-4

Ⅰ. ①浙…　Ⅱ. ①徐…　②王…　③张…　Ⅲ. ①浙江慈溪锦堂学校—教育建筑—文物保护—修缮加固—研究　Ⅳ. ① TU244.2 ② TU746.3

中国版本图书馆 CIP 数据核字（2021）第 222058 号

责任编辑： 周　鼎　魏　桦
出版发行： 学苑出版社
社　　址： 北京市丰台区南方庄2号院1号楼
邮政编码： 100079
网　　址： www.book001.com
电子信箱： xueyuanpress@163.com
联系电话： 010-67601101（营销部）、010-67603091（总编室）
经　　销： 全国新华书店
印 刷 厂： 河北赛文印刷有限公司
开本尺寸： 889 × 1194　1/16
印　　张： 22.5
字　　数： 340 千字
版　　次： 2021 年 11 月第 1 版
印　　次： 2021 年 11 月第 1 次印刷
定　　价： 800.00 元

目录

研究篇

勘察篇

设计篇

施工篇

监理篇

研究篇

第一章　建筑历史与形制研究

一、历史沿革

（一）建筑概况

锦堂学校旧址位于浙江省慈溪市观海卫镇锦堂村锦堂路 139 号，自 1909 年，锦堂学校旧址作为教学楼使用至今。学校北面与高不及 10 米的隐架山相邻，其余三面有学堂河护围，学校南面架有石桥可以出入。1986 年锦堂师范旧址由慈溪县人民政府公布为慈溪市文物保护单位。2005 年 3 月，浙江省人民政府将锦堂师范旧址公布为第五批浙江省级文物保护单位。2013 年 3 月，锦堂学校旧址由国务院公布为第七批全国重点文物保护单位。

（二）历史沿革

锦堂学校系旅日爱国华侨吴锦堂先生出资在乡里兴建的学校。学校始建于清光绪三十一年（1905 年），宣统元年（1909 年）开学，定为七年制两等小学，高等三年，初等四年。

吴锦堂（1855～1926 年）名作镆，浙江省宁波市慈溪市东山头今观海卫镇锦堂村人。吴氏族人明初从江西迁来杭州湾南岸，以开垦新涨涂地为生。其父吴麟初有五子三女，吴锦堂是长子，少时随父耕作。1885 年，31 岁的吴锦堂在友人资助下东渡日本经商。1889 年，吴锦堂在濑户内海边的著名商港神户设立了“怡生号”，开始定居神户。此后，经过十多年的奋力开拓，业务不断扩大，涉足广泛的实业领域，成了大阪、神户地区著名的产业资本家，同时也成了神户华侨的领军人物。1894 年，吴锦堂被任命为“神户旅驻大清商人公举商董”，是神户中华会馆、神户三江公所的总代。吴锦堂成为巨商之后，不忘热心公益事业，他捐款 3000 银圆给宁波教育会及宁波旅沪同乡会用于办学，创办了慈溪锦堂学校。学校开设了几何、代数、外语、园艺等学科，并备有实验室、棉田桑园等供学生实践所需。浙江巡抚呈光绪皇帝的请赏奏折中称其为“浙江私立学校之冠”。

锦堂学校整体工程规模宏大，占地 50 余亩，建口字形教学楼一幢，共计 104 间及杂平房 19 间，还辟操场、置花园、建蓄水池、掘学堂河，历时 3 年，耗资 23 万余银圆。在西风东渐的影响下，当时的社会陆续出现了受近代西方建筑影响的欧风建筑，建筑的形式和建造的方式与中国传统建筑有了较大的变化，在锦堂学校旧址也可以看到此种影响。

1926 年锦堂先生逝世。1930 年其子启蕃呈请浙江省政府接收此校，翌年 8 月更名为“浙江省立锦堂学校”。之后日寇入侵，学校内迁，辗转于嵊县、东阳、磐安、天台、丽水、缙云间，于 1946 年春迁回东山头。1984 年 4 月，为表彰吴锦堂先生爱国爱乡的办学壮举，经宁波市人民政府批准，学校恢复“浙江省慈溪锦堂师范学校”校名。1991 年 4 月，经宁波市人民政府批准，将“浙江省慈溪锦堂师范学校”迁址浒山镇，旧址更名“慈溪市锦堂职业高级中学”。

现存锦堂学校旧址“口”字形二层教学楼，建筑面积 3500.96 平方米。

锦堂学校旧址全景老照片

锦堂学校旧址内天井立面

（三）历次维修情况

2000年，慈溪市文物管理委员会办公室委托宁波文保所，对锦堂学校旧址进行了详细的勘察，编制了锦堂学校旧址测绘图，是“四有”资料的基础内容。2002年7月至11月，使用管理部门组织过“口”字形教学楼维修，对木桁架、屋面、楼地面和墙面进行了修缮。近年来也多次对建筑、环境进行日常保养维护。

二、建筑形制

锦堂学校旧址“口”字形教学楼占地面积1757.48平方米，建筑面积3500.96平方米，总面阔56.77米，总进深56.70米。旧时学校东侧有数座教学楼，与口字楼有廊相连，另有操场、花园、蓄水池、实验室、膳厅、宿舍、蚕房、桑田等。现仅存一座二层“口”字形主体建筑教学楼，该教学楼是少数典型的仿西式建筑。其人字屋架、车木廊柱和外立面“巴洛克”风格的山花、科林斯柱式、缠枝纹铸铁栏杆等都富有鲜明的时代特征。

锦堂学校旧址平面呈“口”字形，东、西、南、北面阔各十五间，砖木结构，进深九檩，人字桁架结构。正面中间大门六根圆柱形砖柱起拱擎起半圆形的抱厅，下为门廊，上为训导台。中间三间立面砖柱置科林斯式柱头，柱头叶片图案呈环绕状。中间大门正立面山花墙是典型的“巴洛克”风格，上有清末进士林世焘所书“锦堂学校”四个大字。面向中间天井一面设两层通廊，车木廊柱直通二层。一层天井走廊石板铺地，室内木地板。二层走廊、室内均为木楼板。二层走廊外侧设缠枝纹铸铁栏杆，柱间设木挂落，以拱形卷草、花瓶纹饰装饰，雕刻精美。四处转角设上下木楼梯。建筑的外立面以及天井立面为红、青两色清水砖墙，以青色为底，白色石灰砂浆勾元宝缝。立面砖柱凸出墙面，红砖错缝平砌。在拱券以及一、二层交界处线脚等部位以红砖勾勒。除中间抱厅三间，其余一、二层每间置一窗，一层为拱券窗，二层为平券窗，均设叠涩石窗台。建筑屋面披小青瓦，隔断、吊顶用灰板条抹灰。

现存“口”字形教学楼面向中间天井一面一层砖砌廊柱为50年代后改建，原来初建时为木柱直通二层，现砖柱顶部365毫米 ×365毫米 ×90毫米块石压顶，其上为原来木柱。一层室内地面经过后期装修，通气孔被堵塞，木地板改为强化地板。二层走廊、室内木楼板并非原物，经过历年维修后，80%为后期按照原形制原材料更换。

“口”字形教学楼坐北朝南，南面有锦堂广场，东西两侧为新建教学楼，北面有水塘和隐架山。紧贴建筑周边花坛围绕，花坛遮挡了墙体底部的通气孔。中间正方形庭院绿树掩映，种有红枫、朴树、丹桂等。

三、价值评估

（一）历史价值

锦堂学校诞生于晚清时期的封建社会，是中国变革和维新派先进思想作用下的产物，是民族资本与进步思想结合的典范，其西式风格的校舍、先进的教育设施、新颖的学科设置和注重学生实践操作能力的教学理念和办学的经验，是我国中等教育理论与实践相结合的先导，是研究教育发展史的重要实物例证。

（二）科学与艺术价值

锦堂学校旧址“口”字形教学楼具有典型西式建筑风格，从结构形式到细部装饰，西式建筑的做法已经很到位。其新材料、新技术、新工艺，具有明显的时代特征，对研究这一时期的教育建筑史以及近代教育建筑史都具有一定的参考价值。

（三）社会价值

锦堂学校从创办至今已 110 余年，即使在艰难的抗战时期，也未曾中断，以其良好的校风培养了一批又一批的优秀人才，浙江省早期农民运动领导人卓兰芳、著名书法家沙孟海、著名工笔花鸟画家陈之佛、江南笛王赵松庭都曾在锦堂学校就读。

经过 100 多年的发展，学校规模不断扩大，办学条件不断改善，办学质量不断提高。学校一直继承锦堂先生“实业兴邦、服务社会”的宏愿，坚持“德育为首，教学为主，技能训练为核心”的育人原则，以传承“锦堂精神”为核心文化，真正实现校企合作集团化综合办学的目标。锦堂学校 2008 年 2 月被评为国家级重点职高，毕业生就业率在 90% 以上。

锦堂学校旧址对慈溪的教育事业以及全国的教育事业，乃至整个社会的发展都产生了深远的影响。

（四）文化价值

锦堂学校旧址以其丰富的历史文化遗存和具有人文精神的环境风貌，为当地社会的文化发展发挥着积极的作用。锦堂学校旧址所蕴含的历史价值、科学与艺术价值、社会价值是历史文化教育和精神文明教育的重要宣传展示资料。吴锦堂生平、历史事件、藏书和锦堂精神、名师风采等文化内涵，是吴锦堂先生实业救国、教育兴国的爱国精神的体现。

第二章　建筑材料研究

一、墙体材料现状研究

（一）现场勘查

1. 本体构造

锦堂学校旧址平面呈“口”字形，东、南、西、北面阔各十五间，砖木结构，进深九檩，人字桁架结构。正面中间大门六根圆柱形砖柱起拱擎起半圆形的抱厅，下为门廊，上为训导台。中间三间立面砖柱置科林斯式柱头，柱头叶片图案呈环绕状。中间大门正立面山花墙是典型的“巴洛克”风格，上有“锦堂学校”四个大字。面向中间天井一面设两层通廊，车木廊柱直通二层。一层天井走廊石板铺地，室内木地板。二层走廊、室内均为木楼板。二层走廊外侧设缠枝纹铸铁栏杆，柱间设木挂落，以拱形卷草、花瓶纹饰装饰，雕刻精美。四处转角设上下木楼梯。建筑的外立面以及天井立面为红、青两色清水砖墙，以青色为底，白色石灰砂浆勾元宝缝。立面砖柱凸出墙面，红砖错缝平砌。在拱券以及一、二层交界处线脚等部位以红砖勾勒。除中间抱厅三间，其余一、二层每间置一窗，一层为拱券窗，二层为平券窗，均设叠涩石窗台。建筑屋面披小青瓦，隔断、吊顶用灰板条抹灰。

2. 病害勘查

根据现场勘察，锦堂学校旧址整体保存较为完整。建筑外墙及砖柱灰缝砂浆多处流失，砖块多数存在表面风化剥落、破损缺失、开裂、白色抹灰残留等现象。外墙部分区域受潮渗水、苔藓滋生，表面粉刷层剥落。具体病害情况见现状照片及现状病害面积占比统计表。

现状病害面积占比统计表

位置	受潮渗水	裂缝及灰浆流失	风化深度大于 0.5 厘米同时风化损害导致的缺失和酥松体积小于 30%	风化损害导致的缺失和酥松体积超过 30% 或处于松动状态
一层西立面外墙	12%	25%	20%	22%
一层北立面外墙	8%	25%	15%	18%
一层东立面外墙	8%	25%	20%	22%
一层南立面外墙	10%	25%	13%	15%
二层西立面外墙	10%	10%	8%	10%
二层北立面外墙	3%	4%	5%	4%
二层东立面外墙	3%	4%	5%	4%
二层南立面外墙	2%	3%	5%	3%
一层西立面内墙	1%	15%	15%	3%
一层北立面内墙	1%	15%	15%	2%
一层东立面内墙	1%	15%	15%	3%
一层南立面内墙	1%	15%	15%	2%
二层西立面内墙	1%	5%	10%	1%
二层北立面内墙	1%	5%	10%	1%
二层东立面内墙	1%	5%	10%	1%
二层南立面内墙	1%	5%	10%	1%

3. 主要病害及原因分析

（1）灰缝砂浆流失

病害现象：锦堂学校旧址外墙灰缝多处出现砂浆流失、脱落等现象。

病害原因：锦堂学校旧址长期受到风吹日晒雨淋等自然条件的影响，导致砖墙灰缝风化明显，出现砂浆流失、脱落等现象。同时建筑日常维护不足，未能减缓及遏制砖墙灰缝的风化。对于此类病害应采取灰缝注浆加固措施，并加强日常维护。

（2）砖块风化剥落、破损缺失

病害现象：锦堂学校旧址外墙多处出现砖块风化剥落、破损缺失的现象。

病害原因：锦堂学校旧址长期受到风吹日晒雨淋等自然条件的影响，导致砖墙风化而强度降低，出现剥落、破损缺失等现象。同时由于灰缝砂浆流失、日常维护不足，加剧了砖墙的风化。对此类病害应采取砖块修补加固及置换、表面防风化及防水措施，并加强日常维护。

（3）外墙受潮渗水、苔藓滋生

病害现象：锦堂学校旧址外墙存在局部出现受潮渗水、苔藓滋生的现象，这个现象在外墙底部至 1 米左右区间尤为明显。

病害原因：锦堂学校旧址长期受到风吹日晒雨淋等自然条件的影响，导致砖墙风化且表面湿度较高，出现受潮起鼓等现象，进而导致苔藓等植物的滋生。外墙底部至 1 米左右区域受到地下潮湿的影响，同时建筑的防水措施不足，加剧了该区域墙体的风化。对于此类病害应采取表面防潮、防风化及防水措施，并加强日常维护。

（二）材料性能检测与分析

1. 表面回弹强度检测

（1）检测目的

回弹仪是一种用于测定砖石表面强度的简易测试仪器，国外称斯密特锤（Schmidt harmmar）。在一定条件下，根据冲击回弹高度和刚性材料抗压强度间的函数关系，可量化地无损测试被检测砖块表面的强度。其中回弹高度用回弹值（Rm）来表示。检测结束后，可根据《砌体工程现场检测技术标准》（GB/T50315-2011），评定各个测点的砖的抗压强度推定等级。

（2）检测设备

本次采用 ZC4 型数字回弹仪，并参考《回弹法检测砌体中普通砖抗压强度检验细则》（BETC-JG/307A）进行现场抽样检测，见下图。

用 ZC4 型数字回弹仪检测现场

（3）检测结论

现场在锦堂学校旧址的一层和二层各选取了 20 处回弹点位，其中回弹点位按砖块类型分为红砖、青砖和墙底青砖（“墙底青砖”专指外墙底部至 1 米左右区间的青砖）三种。具体回弹情况见下图和下表。

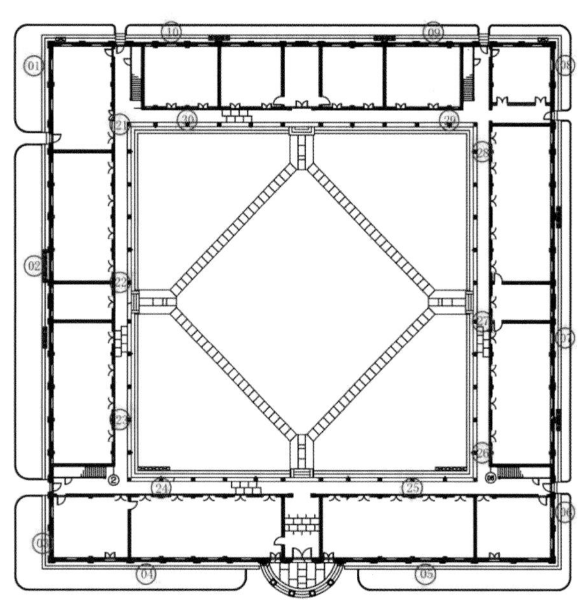

一层砖回弹点位图

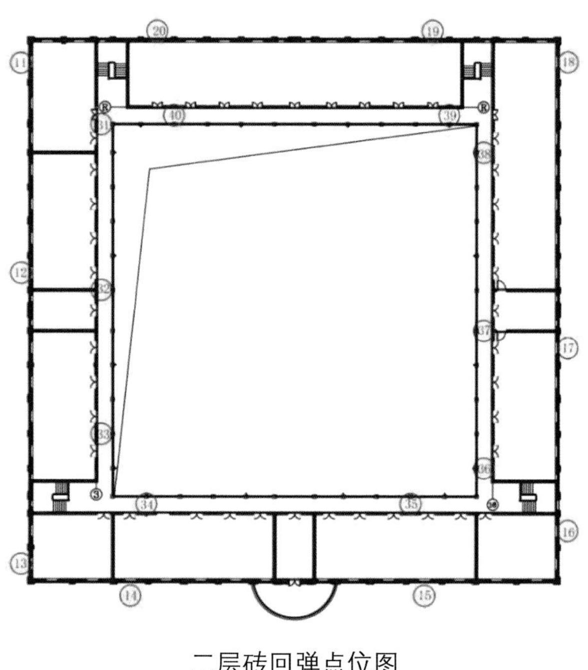

二层砖回弹点位图

砖回弹数据表

点位编号			回弹平均值 Rm	抗压强度换算值 f（兆帕）	抗压强度推定等级
一层西外墙	1	红砖	21.3	0.74	<7.5
		青砖	37.0	11.98	10
		墙底青砖	32.2	7.50	<7.5
	2	红砖	28.6	4.74	<7.5
		青砖	25.7	2.89	<7.5
		墙底青砖	34.5	9.53	7.5
	3	红砖	26.7	3.49	<7.5
		青砖	27.9	4.26	<7.5
		墙底青砖	29.4	5.31	<7.5
一层南外墙（编号 2）	4	红砖	28.7	4.81	<7.5
		青砖	30.9	6.44	<7.5
		墙底青砖	28.7	4.81	<7.5
	5	红砖	26.6	3.43	<7.5
		青砖	25.0	2.50	<7.5
		墙底青砖	30.3	5.98	<7.5
一层北外墙	6	红砖	19.1	–0.05	<7.5
		青砖	32.9	8.09	7.5
		墙底青砖	31.2	6.68	<7.5
	7	红砖	24.4	2.18	<7.5
		青砖	32.9	8.09	7.5
		墙底青砖	35.8	10.77	10
一层东外墙	8	红砖	28.9	4.95	<7.5
		青砖	33.6	8.71	7.5
		墙底青砖	32.4	7.67	7.5
	9	红砖	29.2	5.16	<7.5
		青砖	24.7	2.34	<7.5
		墙底青砖	28.9	4.95	<7.5

续表

点位编号			回弹平均值 Rm	抗压强度换算值 f（兆帕）	抗压强度推定等级
一层东外墙	10	红砖	24.4	2.18	<7.5
		青砖	32.5	7.75	7.5
		墙底青砖	29.8	5.60	<7.5
二层西外墙	11	红砖	18.2	−0.32	<7.5
		青砖	23.0	1.48	<7.5
	12	红砖	22.7	1.34	<7.5
		青砖	32.1	7.41	<7.5
	13	红砖	16.7	−0.69	<7.5
		青砖	34.3	9.34	7.5
二层南外墙	14	红砖	20.4	0.39	<7.5
		青砖	30.7	6.28	<7.5
	15	红砖	21.5	0.82	<7.5
		青砖	28.5	4.67	<7.5
二层北外墙	16	红砖	17.0	−0.62	<7.5
		青砖	26.5	3.37	<7.5
	17	红砖	21.0	0.62	<7.5
		青砖	38.4	13.46	10
二层东外墙	18	红砖	23.6	1.77	<7.5
		青砖	35.7	10.67	10
	19	红砖	22.1	1.07	<7.5
		青砖	37.0	11.98	10
	20	红砖	18.5	−0.23	<7.5
		青砖	32.6	7.84	7.5
内部一层回廊南侧墙	21	红砖	32.2	7.50	<7.5
		青砖	29.5	5.38	<7.5
		墙底青砖	29.1	5.09	<7.5

续表

点位编号			回弹平均值 Rm	抗压强度换算值 f（兆帕）	抗压强度推定等级
内部一层回廊南侧墙	22	红砖	28.5	4.67	<7.5
		青砖	24.6	2.28	<7.5
		墙底青砖	31.0	6.52	<7.5
内部一层回廊西侧墙	23	红砖	17.8	−0.42	<7.5
		青砖	30.2	5.90	<7.5
		墙底青砖	27.6	4.07	<7.5
	24	红砖	18.6	−0.20	<7.5
		青砖	29.5	5.38	<7.5
		墙底青砖	28.6	4.74	<7.5
	25	红砖	21.5	0.82	<7.5
		青砖	31.4	6.84	<7.5
		墙底青砖	32.4	7.67	7.5
内部一层回廊北侧墙	26	红砖	21.3	0.74	<7.5
		青砖	32.3	7.58	7.5
		墙底青砖	35.0	10.00	10
	27	红砖	19.1	−0.05	<7.5
		青砖	34.4	9.44	7.5
		墙底青砖	38.2	13.24	10
内部一层回廊东侧墙	28	红砖	21.3	0.74	<7.5
		青砖	27.4	3.94	<7.5
		墙底青砖	31.0	6.52	<7.5
	29	红砖	27.5	4.00	<7.5
		青砖	27.0	3.68	<7.5
		墙底青砖	26.5	3.37	<7.5
	30	红砖	19.3	0.01	<7.5
		青砖	26.6	3.43	<7.5
		墙底青砖	26.0	3.07	<7.5

续表

点位编号			回弹平均值 Rm	抗压强度换算值 f（兆帕）	抗压强度推定等级
内部二层回廊南侧墙	31	红砖	27.2	3.81	<7.5
		青砖	31.2	6.68	<7.5
	32	红砖	26.0	3.07	<7.5
		青砖	33.9	8.98	7.5
内部二层回廊西侧墙	33	红砖	29.9	5.68	<7.5
		青砖	33.1	8.27	7.5
	34	红砖	35.2	10.19	10
		青砖	24.2	2.07	<7.5
	35	红砖	25.2	2.61	<7.5
		青砖	28.4	4.60	<7.5
内部二层回廊北侧墙	36	红砖	32.5	7.75	7.5
		青砖	29.1	5.09	<7.5
	37	红砖	31.7	7.08	<7.5
		青砖	27.5	4.00	<7.5
内部二层回廊东侧墙	38	红砖	31.3	6.76	<7.5
		青砖	29.2	5.16	<7.5
	39	红砖	37.9	12.92	10
		青砖	33.7	8.80	7.5
	40	红砖	31.8	7.16	<7.5
		青砖	32.7	7.92	7.5

根据上表数据，锦堂学校旧址外墙的砖块抗压强度评定等级多数小于 MU7.5。同时，一层外墙的砖块抗压强度换算值总体上高于二层外墙，内部二层回廊侧墙的砖块抗压强度换算值总体上高于一层内部回廊侧墙，青砖的抗压强度换算值总体上高于红砖。

2. 灰缝砂浆强度检测

（1）检测目的

贯入法检测是根据测钉贯入砌体中灰缝黏结材料的深度和黏结材料抗压强度间的相关关系，采用压缩工作弹簧加荷，把一测钉贯入黏结材料中，由测钉的贯入深度通过测强曲线来换算黏结材料抗压强度，从而判断黏结材料的风化情况。

（2）检测设备

本次采用 SJY800B 型贯入式砂浆强度检测仪，并参考《贯入法检测砌筑砂浆抗压强度技术规程》（JGJT136-2017）进行现场抽样检测，见下图。

用 SJY800B 型贯入式砂浆强度检测仪检测现场

（3）检测结论

现场在锦堂学校旧址的墙体外侧和内侧分别选取了 3 处和 1 处检测点位。具体检测情况见下表。

灰缝贯入数据表

点位编号		表面抹灰贯入度平均值（毫米）	抗压强度换算值 f（兆帕）
墙体外侧	红砖	13.92	0.6
	青砖	14.57	0.5
	墙底青砖	14.93	0.5
墙体内侧	青砖	10.82	1.0

注：墙体灰缝抗压强度换算值参考《贯入法检测砌筑砂浆抗压强度技术规程》（JGJT136–2017）中砌筑砂浆抗压强度换算表的现场拌制水泥混合砂浆。

根据上表数据，锦堂学校旧址墙体的灰缝抗压强度换算值在 0.5 兆帕～1.0 兆帕之间，墙体内侧的灰缝抗压强度换算值要稍大于外侧。

3. 红外热成像检测

（1）检测目的

利用户外温度较高的自然条件，在现场对砖墙进行喷水降温实验。利用喷壶将蒸馏水喷至砖墙表面，再用热像仪进行观测，在目标时间段内检测区域内材料温度变化的情况来初步判断材料本身均匀致密情况。

（2）检测设备

本次采用 FlukeTis40 红外热成像仪进行现场抽样检测，检测设备见下图。

FlukeTis40 红外热成像仪

（3）检测结论

现场在锦堂学校旧址选取了 3 处检测点位，分别为北立面一层从西往东起的第一面外墙、西立面一层从北向南的第一面外墙和南立面二层从西往东起的第四面外墙。经过现场检测，西立面一层的第一面外墙致密性良好，北立面一层的第一面外墙致密性一般，南立面二层的第四根立柱第四面外墙致密性较差。具体红外热成像检测情况如下：

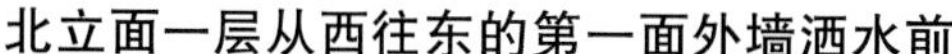
北立面一层从西往东的第一面外墙洒水前

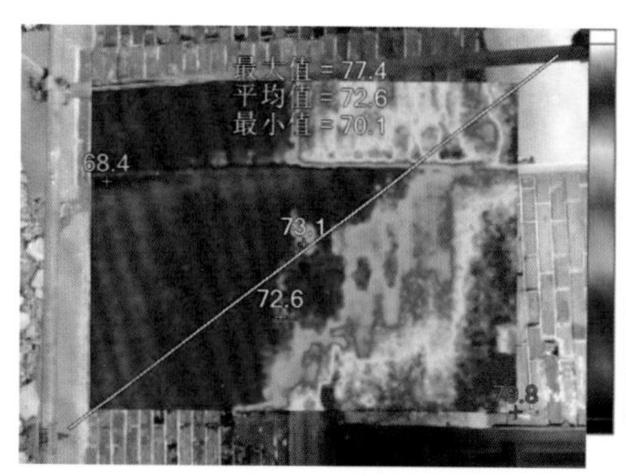

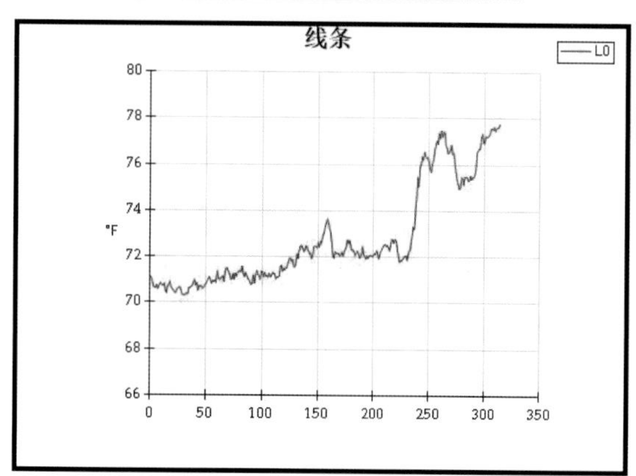

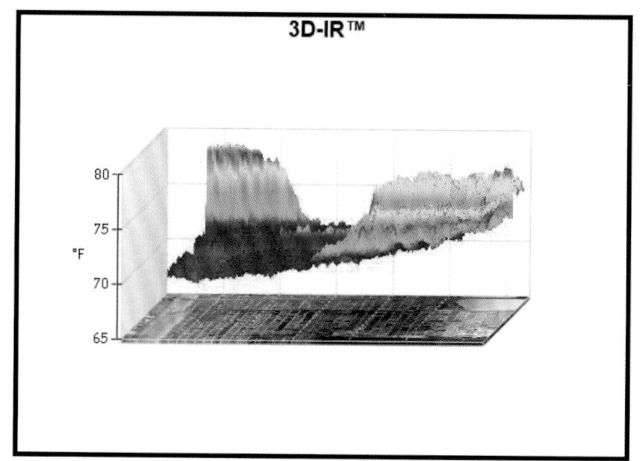

主要图像标记

吊称	平均	最小	最大	发射率	背景	标准差
L0	72.6 ℉	70.1 ℉	77.4 ℉	0.95	55.4 ℉	2.36

吊称	温度	发射率	背景
中心点	73.1 ℉	0.95	55.4 ℉
热	79.8 ℉	0.95	55.4 ℉
冷	68.4 ℉	0.95	55.4 ℉
P0	72.6 ℉	0.95	55.4 ℉

北立面一层从西往东的第一面外墙洒水后

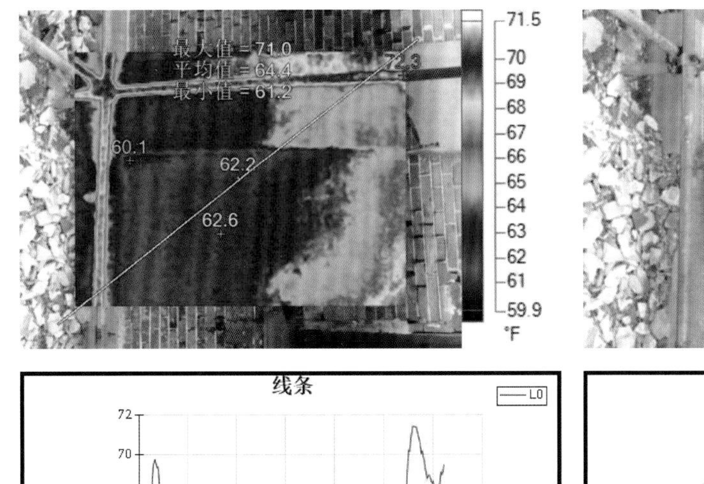

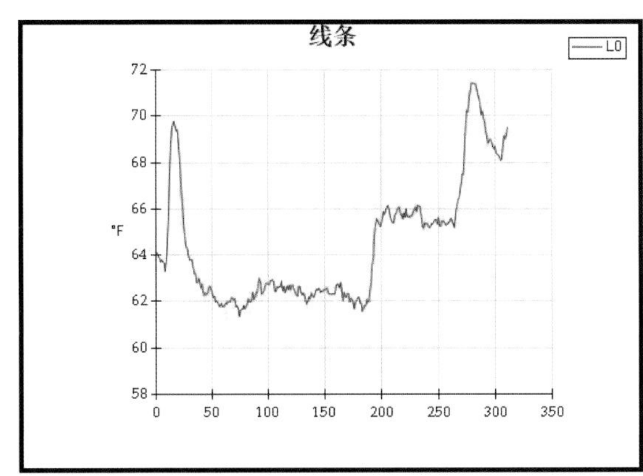

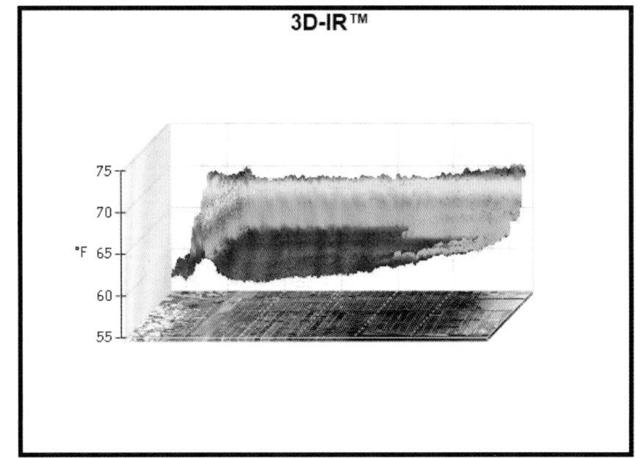

主要图像标记

吊称	平均	最小	最大	发射率	背景	标准差
L0	64.4 ℉	61.2 ℉	71.0 ℉	0.95	55.4 ℉	2.83

吊称	温度	发射率	背景
中心点	62.2 ℉	0.95	55.4 ℉
热	72.3 ℉	0.95	55.4 ℉
冷	60.1 ℉	0.95	55.4 ℉
P0	62.6 ℉	0.95	55.4 ℉

该点位洒水前后部分区域温度变化较不均匀，说明该点位致密性一般。

西立面一层从北往南的第一面墙洒水前

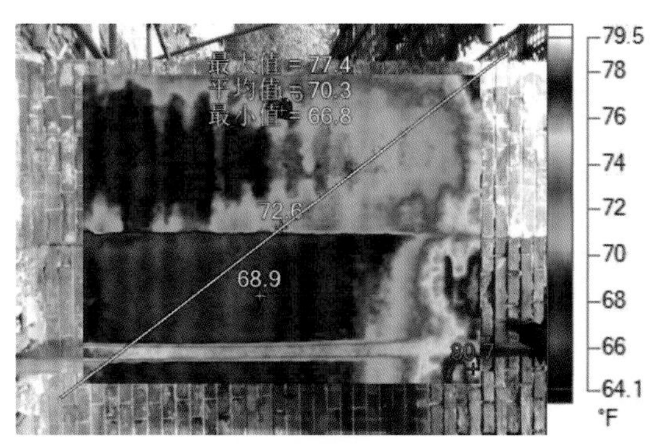

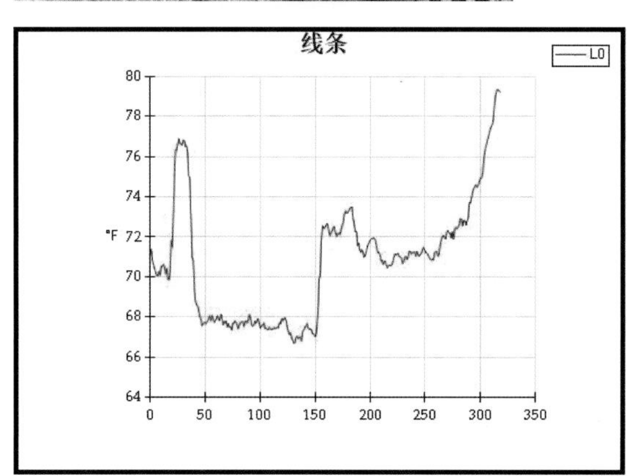

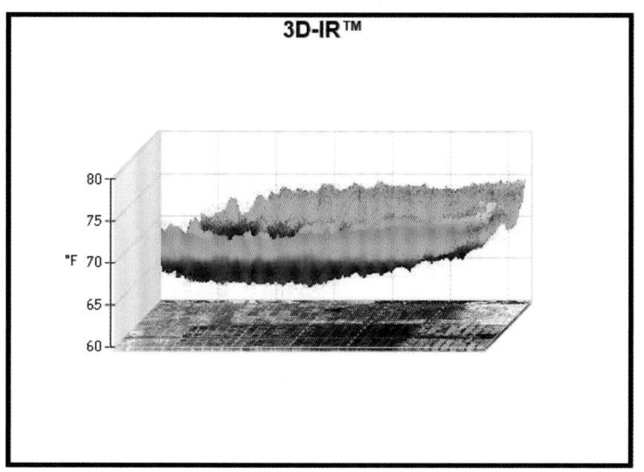

主要图像标记

吊称	平均	最小	最大	发射率	背景	标准差
L0	70.3 ℉	66.8 ℉	77.4 ℉	0.95	55.4 ℉	2.33

吊称	温度	发射率	背景
中心点	72.6 ℉	0.95	55.4 ℉
热	80.7 ℉	0.95	55.4 ℉
冷	64.6 ℉	0.95	55.4 ℉
P0	68.9 ℉	0.95	55.4 ℉

西立面一层从北往南的第一面墙洒水后

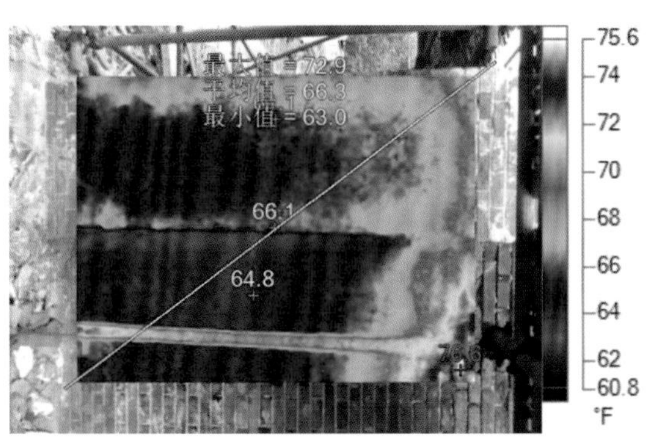

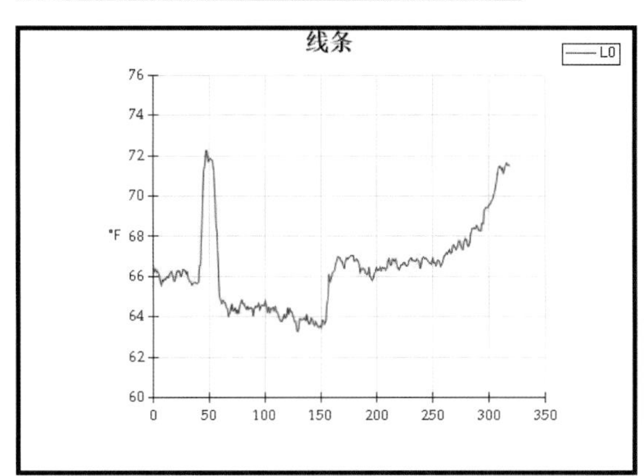

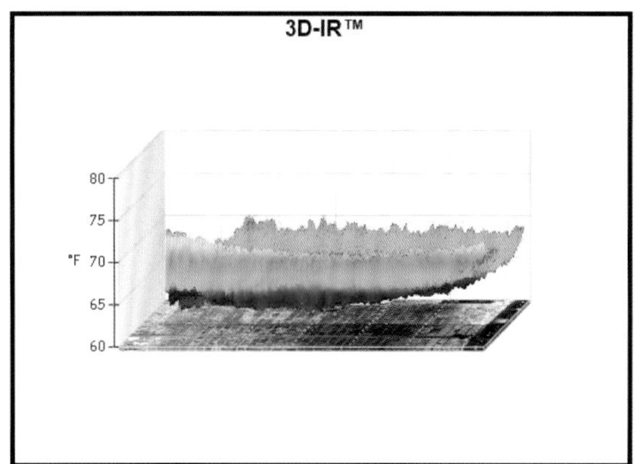

主要图像标记

吊称	平均	最小	最大	发射率	背景	标准差
L0	66.3 °F	63.0 °F	72.9 °F	0.95	55.4 °F	1.90

吊称	温度	发射率	背景
中心点	66.1 °F	0.95	55.4 °F
热	76.6 °F	0.95	55.4 °F
冷	61.1 °F	0.95	55.4 °F
P0	64.8 °F	0.95	55.4 °F

该点位洒水前后温度变化总体上较为均匀，说明该点位致密性良好。

南立面二层从西往东的第四面墙洒水前

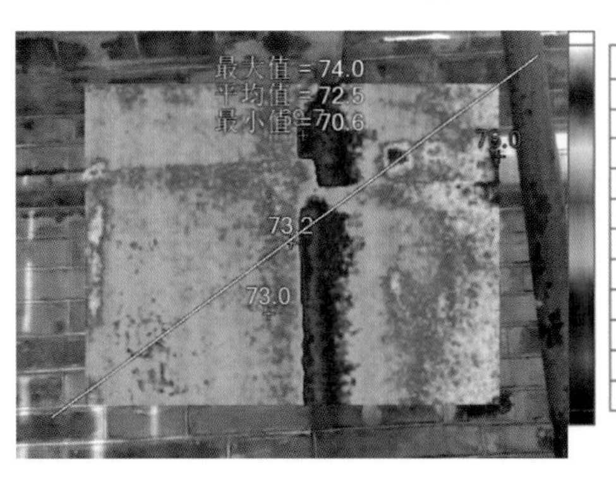

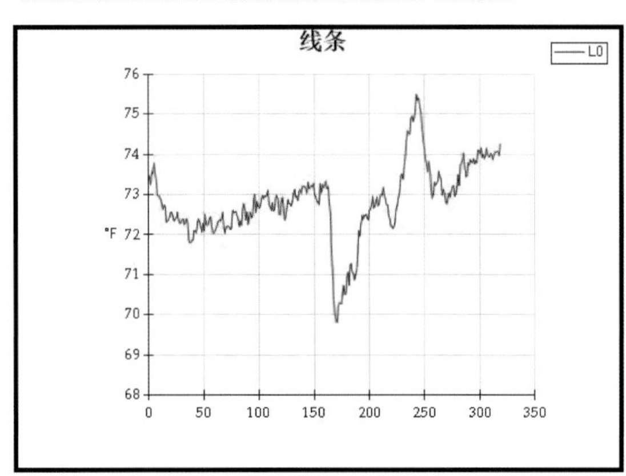

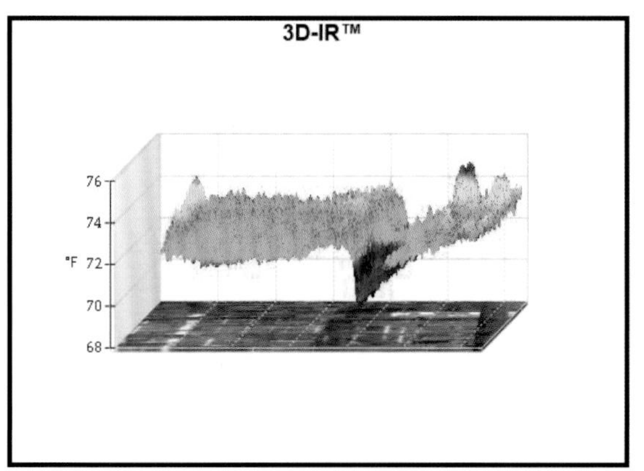

主要图像标记

吊称	平均	最小	最大	发射率	背景	标准差
L0	72.5 ℉	70.6 ℉	74.0 ℉	0.95	55.4 ℉	0.61

吊称	温度	发射率	背景
中心点	73.2 ℉	0.95	55.4 ℉
热	76.0 ℉	0.95	55.4 ℉
冷	69.7 ℉	0.95	55.4 ℉
P0	73.0 ℉	0.95	55.4 ℉

南立面二层从西往东的第四面墙洒水后

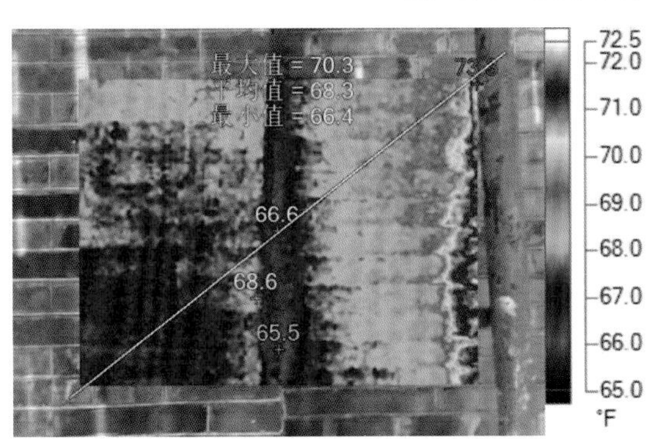

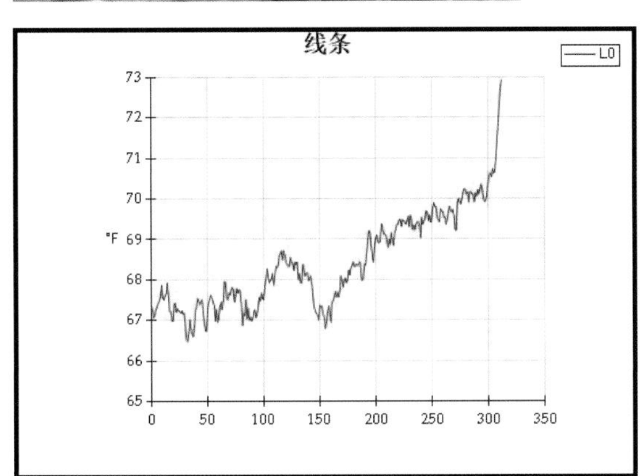

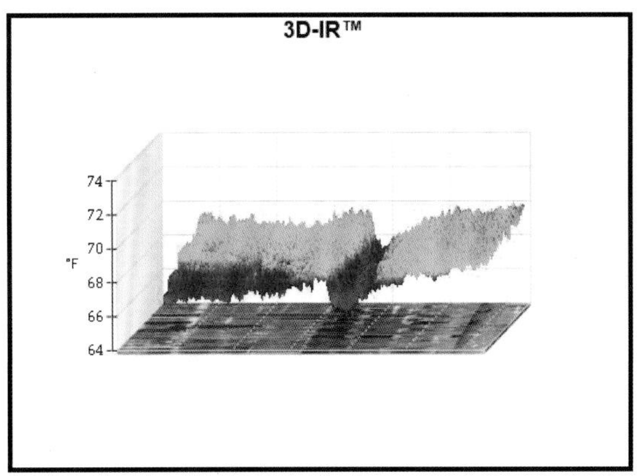

主要图像标记

吊称	平均	最小	最大	发射率	背景	标准差
L0	68.3 ℉	66.4 ℉	70.3 ℉	0.95	55.4 ℉	0.92

吊称	温度	发射率	背景
中心点	66.6 ℉	0.95	55.4 ℉
热	73.3 ℉	0.95	55.4 ℉
冷	65.5 ℉	0.95	55.4 ℉
P0	68.6 ℉	0.95	55.4 ℉

该点位洒水前后大部分区域温度变化较不均匀，说明该点位致密性较差。

4. 样品检测分析

现场在锦堂学校旧址采集文物本体剥落的样品，而后将样品送至实验室进行样品检测分析。

（1）材料成分检测

1）样品信息现场分别采集砖粉和砖块作为样品，在办公楼采集砖粉作为样品，见下图。

样品 1

样品 2

样品 3

样品 4

样品信息表

样品编号	基本分类	取样位置	宏观形貌
样品 1	勾缝材料	一层砖墙表面	主要为灰色粉末，其中分散有块状颗粒，可能是砖体碎粒
样品 2	灰缝材料	一层较低位置的砖块之间	灰色块状颗粒，夹杂有白色颗粒物
样品 3	灰缝材料	一层较高位置的砖块之间	深灰色块状颗粒，含有部分粉末
样品 4	红砖	一层砖墙	基体为红色砖体，内部存在较多孔隙，可能是烧制过程中产生；在砖体表面夹杂有白色颗粒

2）检测原理

将样品放置在 X 衍射仪中，利用高速运动的电子撞击物质后，与物质中的原子相互作用发生能量转移，损失的能量分别通过轫致辐射（连续光谱）和特征辐射（线状光谱）这两种形式释放出 X 射线。

在 X 光管区中，印记射线的电子流轰击到钼靶靶面，在能量足够高的条件下，靶内一些原子的芯电子被轰出，原子处于能级较高的激发态，由于激发态不稳定，原子外层轨道上的电子自动填补内层轨道上面的空位，从而辐射处特定波长的 X 光。

3）检测结果

①样品 1

取样品 1 部分灰色粉末进行矿物成分测试，得到如下结果。

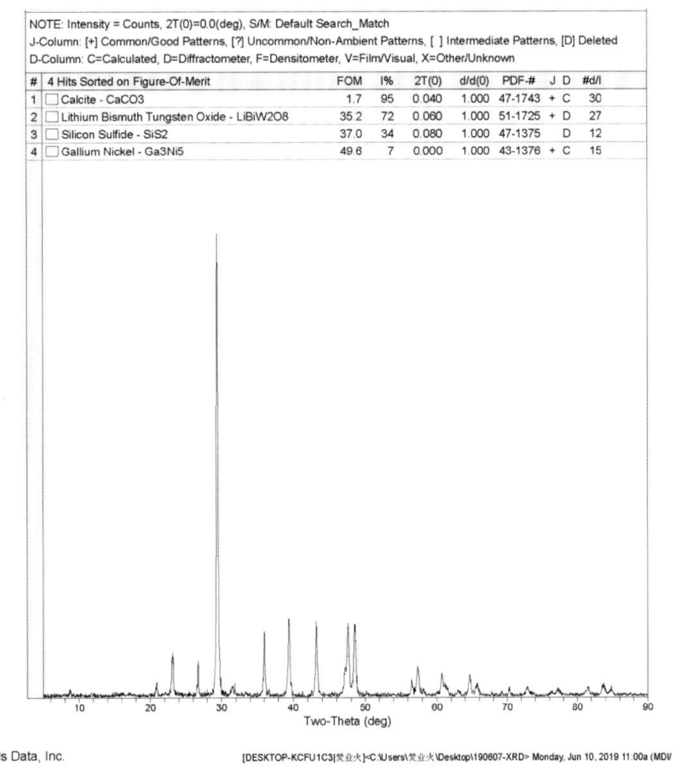

样品 1 的测试分析图表

由图可知，样品 1 中灰色粉末的主要矿物成分为 $CaCO_3$、$LiBiW_2O_8$、SiS_2 和部分的 Ga_3Ni_5。

②样品 2

取样品 2 的灰色颗粒研磨成粉进行矿物成分测试，得到如下结果。

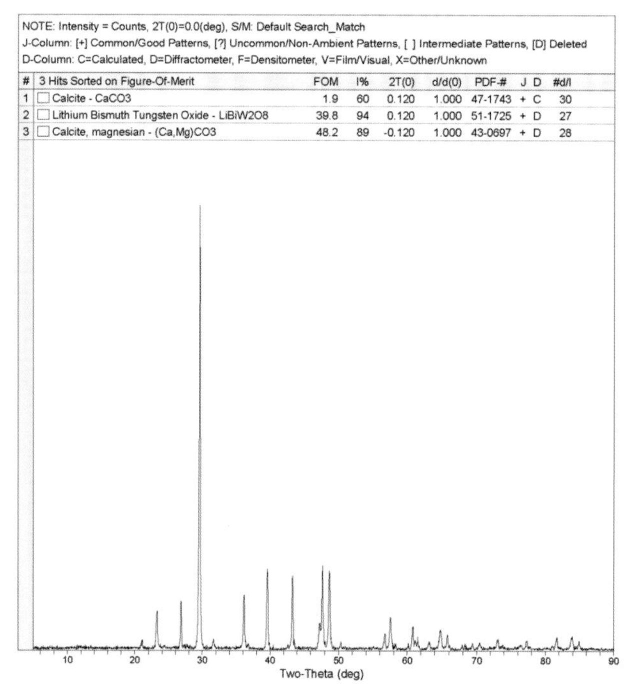

样品 2 的测试分析结果图表

由图可知，样品 2 中的灰色颗粒主要矿物成分为 $CaCO_3$、$LiBiW_2O_8$ 和（Ca，Mg）CO_3。

③样品 3

取样品 3 的深灰色颗粒研磨成粉进行矿物成分测试，得到如下结果。

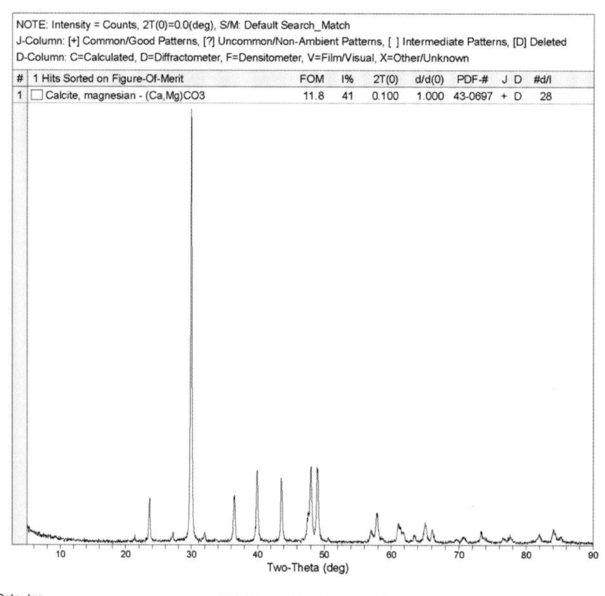

样品 3 的测试分析结果图表

由图可知，样品 3 中深灰色颗粒主要矿物成分为（Ca，Mg）CO_3。

④样品 4

取样品 4 的红砖研磨成粉进行矿物成分测试，得到如下结果。

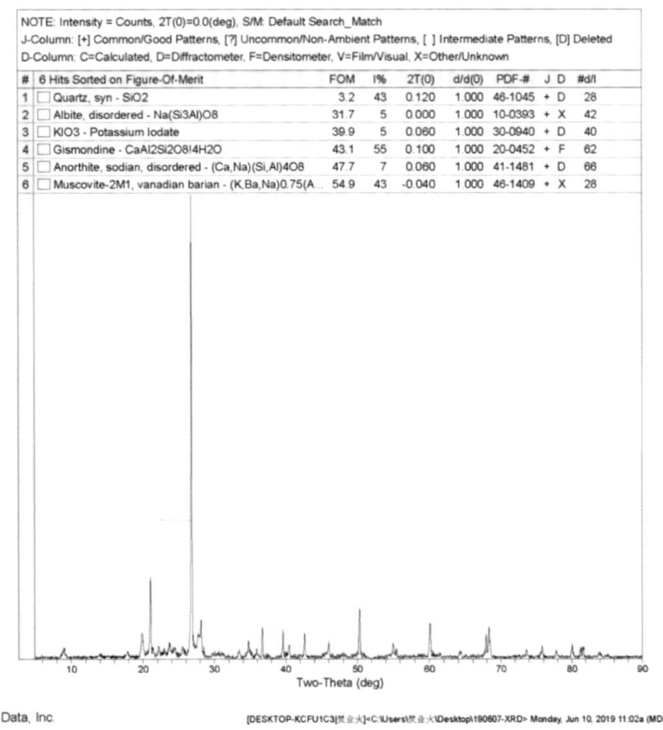

样品 4 的测试分析结果图表

由图可知，样品 4 中红砖主要矿物成分为 SiO_2 和 $CaAlSi_2O_8 \cdot 4H_2O$ 等。

⑤结论

综上分析，对各样品的成分组成进行以下总结（见下表）：勾缝和灰缝材料主要成分为石灰砂浆，由于年数较旧，石灰砂浆中的氢氧化钙都已被空气中的二氧化碳碳化，勾缝和灰缝材料的颜色由于添加剂的区别呈现深浅不同的颜色。红砖材料成分以硅酸盐为主。

样品矿物成分检测结果表

样品编号	样品材质	成分组成
样品 1	灰色粉末	$CaCO_3$、$LiBiW_2O_8$、SiS_2 和部分的 Ga_3Ni_5
样品 2	灰色块状颗粒	$CaCO_3$、$LiBiW_2O_8$ 和（Ca，Mg）CO_3
样品 3	深灰色块状颗粒	（Ca，Mg）CO_3
样品 4	红色砖体	SiO_2 和 $CaAlSi_2O_8 \cdot 4H_2O$ 等

（2）材料微观分析

1）实验目的

通过 TM3000 扫描电镜放大样品来获得样品表面形貌，对不同倍数下的微观结构进行对比分析。

2）实验原理

扫描电子显微镜（SEM）的制造依据是电子与物质的相互作用，扫描电镜从原理上讲就是利用聚焦得非常细的高能电子束在试样上扫描，激发出各种物理信息。当一束极细的高能入射电子轰击扫描样品表面时，被激发的区域将产生二次电子、俄歇电子、特征 x 射线和连续谱 X 射线、背散射电子、透射电子，以及在可见、紫外、红外光区域产生的电磁辐射。同时可产生电子 - 空穴对、晶格振动、电子振荡。通过对这些信息的接受、放大和显示成像，获得试验样品表面形貌的观察。

3）实验仪器

TM3000 扫描电镜

4）检测结果

不同实验样品 SEM 图

放大倍数样品编号	SEM1000 ×	SEM2500 ×	SEM5000 ×
红砖			

续表

放大倍数样品编号	SEM1000×	SEM2500×	SEM5000×
上部青砖	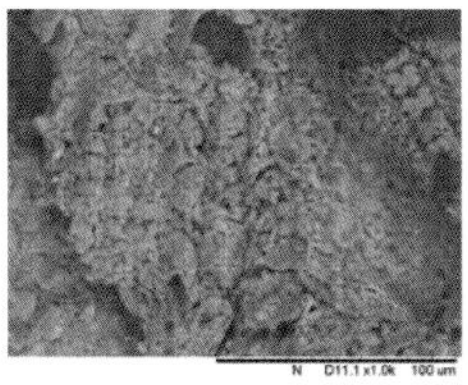	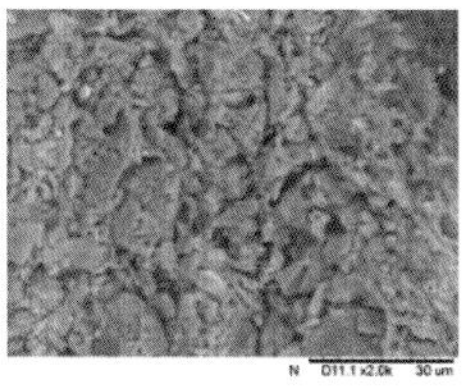	
墙底青砖	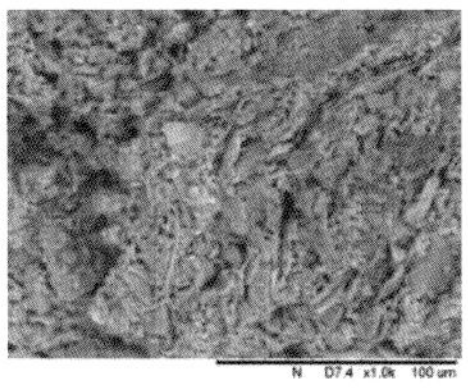	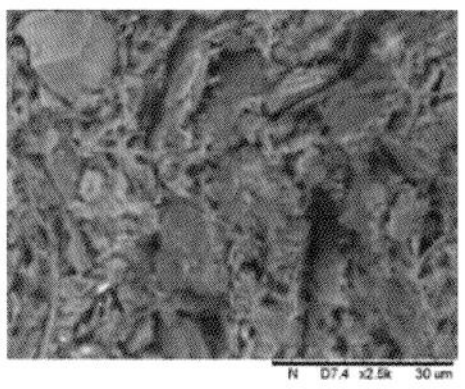	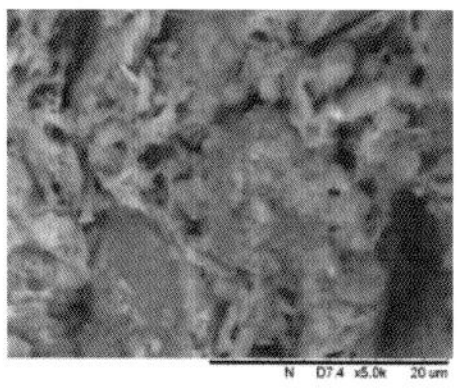

从红砖的电镜照片可以看出砖块表面存在明显的孔隙和颗粒状凸起，且孔隙分布不均匀。从青砖的电镜照片可以看出砖块表面较为粗糙，形状不规则，存在较多孔隙，且孔隙分布不均匀。

上述电镜照片说明锦堂学校外墙的红砖和青砖样品表面均存在明显的风化现象。

（3）砌墙砖抗压强度检测

砌墙砖的抗压强度是指在无侧束状态下所能承受的最大压力，也指把砖块加压至破裂所需要的应力。本次采用液压压力试验机对现场采集的外墙青、红砖和新制备的替换青、红砖块样品进行抗压实验，每种样品检测三次数据并取平均值。

液压压力试验机、抗压实验

砖块抗压检测表

砖块分类	试件破坏极限荷载平均值（千牛）	抗压强度平均值（兆帕）
原外墙红砖	59.45	5.74
新替换红砖	107.90	10.43
原外墙青砖	75.24	7.27
原墙底青砖	41.69	4.03
新替换青砖	135.78	13.12

根据实验室砖块的抗压强度检测数据，原外墙红砖的抗压强度平均值为 5.74 兆帕，与现场红砖表面回弹检测的情况相符；新替换红砖的抗压强度平均值大约为原外墙红砖的两倍。原外墙青砖的抗压强度平均值为 7.27 兆帕，与现场青砖砖表面回弹检测的情况相符；原墙底青砖的强度平均值仅为 4.03 兆帕，这是由于该区域长期受潮，砖墙风化严重，强度下降较其他区域更明显；新替换青砖的抗压强度平均值大约为原外墙青砖的 2～3 倍。综上所述，锦堂学校外墙的红砖和青砖的抗压强度普遍较低，新替换的青、红砖的抗压强度大于原砖墙的砖块。至于新替换的青、红砖的强度是否满足结构安全性，需由原修缮设计方进一步评估。

（4）砖块吸湿率和吸水率检测

砖块的吸湿率是指砖块样品在空气中自由吸湿达到平衡后的质量与干燥时的质量之比，反映了砖块与周围环境达到平衡后的吸湿情况；砖块的吸水率是指砖块样品在水中吸水达到饱和后的质量与干燥时的质量之比，反映了砖块的吸水能力。

从现场勘查情况可以看出，一层窗台以下部分的砖墙受潮情况较窗台以上部分更为明显。为了进一步了解窗台以上和以下部位砖块吸湿率和吸水率的区别情况，现场分别采集了 1 块来自一层窗台以下的红砖（A）和 2 块青砖进行砖块吸湿率和吸水率的检测，其中青砖分别来自一层窗台以下（B）以及一层窗台以上（C）。

现场砖块大致取样高度（A、B、C）

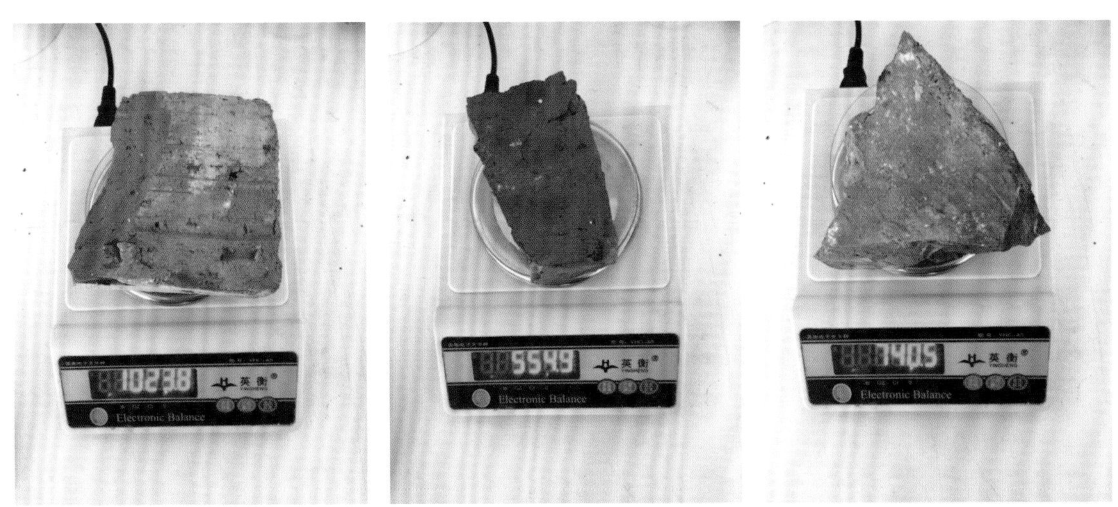

砖块样品吸湿质量称重（从左往右依次为 A、B、C）

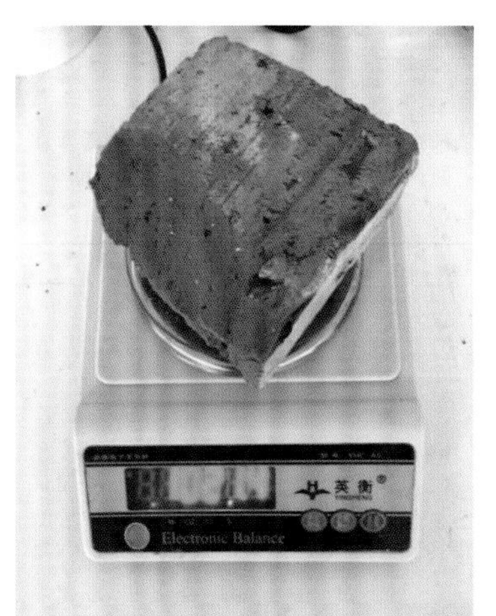

砖块样品干燥质量称重（从左往右依次为 A、B、C）

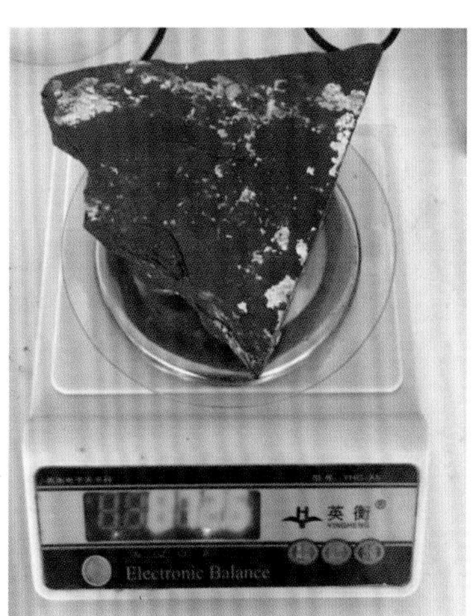

砖块样品水饱和质量称重（A、B、C）

砖块吸湿率和吸水率检测表

砖块样品	干燥质量（g）	吸湿质量（g）	水饱和质量（g）	吸湿率（%）	吸水率（%）
一层窗台以下红砖 A	1021.4	1023.8	1185.3	0.2	16.0
一层窗台以下青砖 B	542.3	554.9	607.1	2.3	11.9
一层窗台以上青砖 C	727.2	740.5	872.6	1.8	20.0

根据实验室砖块的检测数据，一层窗台以下红砖 A 的吸湿率最低，一层窗台以上青砖 B 的吸湿率最高；一层窗台以下青砖 B 的吸水率最低，一层窗台以上青砖 C 的吸水率最高。其中，一层窗台以下青砖 B 的吸湿率高于一层窗台以上青砖 C，说明一层

窗台以下部位，砖墙材料受潮程度更高；一层窗台以下红砖 A 和青砖 B 的吸水率均低于一层窗台以上的青砖 C，这可能是由于一层窗台以上的外墙相对于一层窗台以下的外墙表面风化程度更高，导致孔隙率更大。

砖块吸湿率和吸水率检测表

砖块样品	干燥质量（g）	水饱和质量（g）	吸水率（%）
新替换的红砖	2258.8	2433.3	7.7
新替换的青砖	1917.2	2047.9	6.8

根据实验室砖块的检测数据，新替换的红砖和青砖吸水率均低于 10%，明显低于现场采集的红砖和青砖。

5. 结论

根据现场表面回弹强度检测得出结论：锦堂学校旧址外墙的砖块抗压强度评定等级多数小于 MU7.5。同时，一层外墙的砖块抗压强度换算值总体上高于二层外墙，内部二层回廊侧墙的砖块抗压强度换算值总体上高于一层内部回廊侧墙，青砖的抗压强度换算值总体上高于红砖。

根据现场灰缝砂浆强度检测得出结论：锦堂学校旧址墙体的灰缝抗压强度换算值在 0.5 兆帕～1.0 兆帕之间，墙体内侧的灰缝抗压强度换算值要稍大于外侧。

根据现场红外热成像检测得出结论：西立面一层的第一面外墙致密性良好，北立面一层的第一面外墙致密性一般，南立面二层的第四根立柱第四面外墙致密性较差。

根据本体材料成分鉴定与劣化微观分析得出结论：锦堂学校一层的勾缝材料和灰缝材料成分较接近，主要成分为 $CaCO_3$，红砖成分以硅酸盐为主；锦堂学校一层窗台以下的青砖由于离地面更近，受潮程度更高；锦堂学校一层窗台以上的外墙相对于一层窗台以下的外墙表面风化程度更高。

最后，外墙青、红砖抗压强度大小与现场砖表面回弹检测的情况相符；外墙底至 1 米高区域长期受潮，风化程度更严重，抗压强度远低于上部区域；新替换红砖的抗压强度大约为原外墙红砖的两倍；新替换青砖的抗压强度大约为原外墙青砖的 2～3 倍。综上所述，锦堂学校外墙的红砖和青砖的抗压强度普遍较低，新替换的青、红砖的抗压强度明显大于原砖墙的砖块。新替换的青、红砖的强度是否满足结构安全性，需由原修缮设计方进一步评估。

（三）墙体现状照片

锦堂学校旧址修建中

立柱砖块破损、缺失

拱券砖块破损、缺失，吊顶受潮渗水、粉刷层剥落

外墙砖块破损、缺失

外墙砖块散乱、松动

墙底局部破损、苔藓滋生

立柱白色抹灰残留

窗洞上方增加白色抹灰

砖脚线局部破损

窗框与墙体脱开

外墙灰缝砂浆流失

木构件局部糟朽

外墙出现裂缝

（四）勘察评估结论

根据现状勘查得出：锦堂学校旧址的病害类型主要分为灰缝砂浆流失、砖块表面风化剥落及破损缺失、墙体受潮渗水这三类，主要由自然条件及人为原因造成。同时，现状病害主要集中在一层外墙，其中一层西立面外墙的病害面积最大。

根据材料性能检测与分析得出：锦堂学校旧址外墙的砖块抗压强度评定等级多数小于 MU7.5，总体强度较低，其中一层外墙的砖块抗压强度换算值总体上高于二层外墙，内部二层回廊侧墙的砖块抗压强度换算值总体上高于一层内部回廊侧墙，青砖的抗压强度换算值总体上高于红砖；墙体内侧的灰缝抗压强度换算值要稍大于外侧；西立面一层的第一面外墙致密性良好，北立面一层的第一面外墙致密性一般，南立面二层的第四根立柱第四面外墙致密性较差；勾缝材料和灰缝材料的主要成分为石灰砂浆，红砖成分以硅酸盐为主；锦堂学校一层窗台以下的青砖由于离地面更近，受潮程度更高；锦堂学校一层窗台以上的外墙相对于一层窗台以下的外墙表面风化程度更高；锦堂学校外墙的红砖和青砖的抗压强度普遍较低，新替换的青、红砖的抗压强度明显大于原砖墙的砖块。新替换的青、红砖的强度是否满足结构安全性，需由原修缮设计方进一步评估。

二、墙体材料试验研究

（一）实验室实验

保护材料是否能成功地应用于文物本体，取决于文物本身的状况及特性，以及所用材料的特性、处理方法。对不同的保护材料进行实验，科学地对保护材料的保护效果进行评价，以及对保护材料间的对比评价，通过评价结果，筛选保护材料。

根据锦堂学校旧址砖墙表面的风化破损缺失、灰缝砂浆流失等现象，本次重点对两种加固材料、两种防水材料和三种防潮材料的性能进行了室内实验研究，为保护材料和工艺提供基本数据和理论指导。

1. 加固材料实验室实验

（1）加固材料

本次加固材料实验室实验采用增强剂 KSE OH300 和微纳米石灰 NML-010 这两种加固材料。

1）增强剂 KSE OH300 是硅酸乙酯增强材料，在开放的自然条件下固化、结晶，形成无机的二氧化硅将风化的材料固结，不改变表面颜色，低黏度，高渗透，固化快，无副产物，耐候耐久，抗腐蚀。

2）微－纳米石灰 NML-010 以氢氧化钙为主要原料制备而成，是一种具有微、近纳米粒径的固化材料，具有渗透性好、固化强度适中、不影响遗址本体透气和吸水等特点。

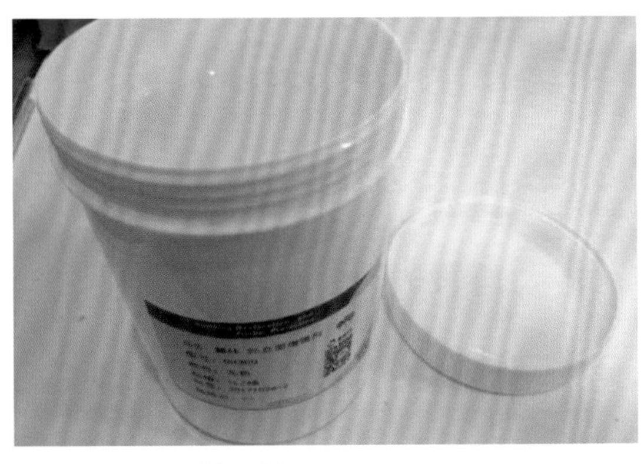
增强剂 KSE OH300

微－纳米石灰 NML-010

（2）冻融循环实验

1）实验方法

①将已采集的砖块进行切割，尽量做到规则结构，按照红砖、一类青砖和二类青砖分类，其中一类青砖取自现场一层较高位置的砖墙，二类青砖取自现场一层较低位置的砖墙，为墙底青砖，表面附带部分的抹灰材料，并对其做分组处理，详见下图和下表。

砖块切割

冻融循环实验用红砖

冻融循环实验用一类青砖

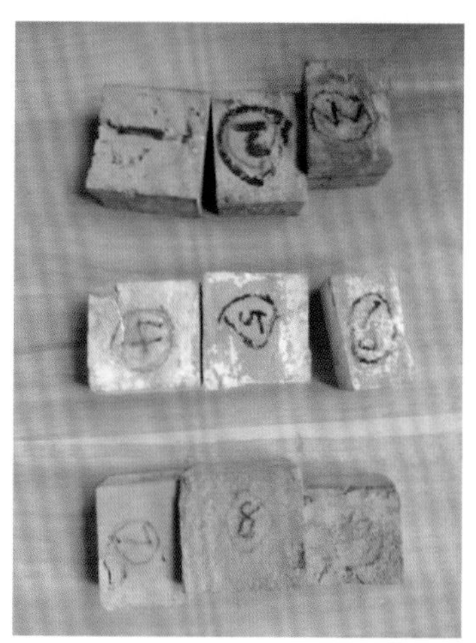

冻融循环实验用二类青砖

冷冻柜

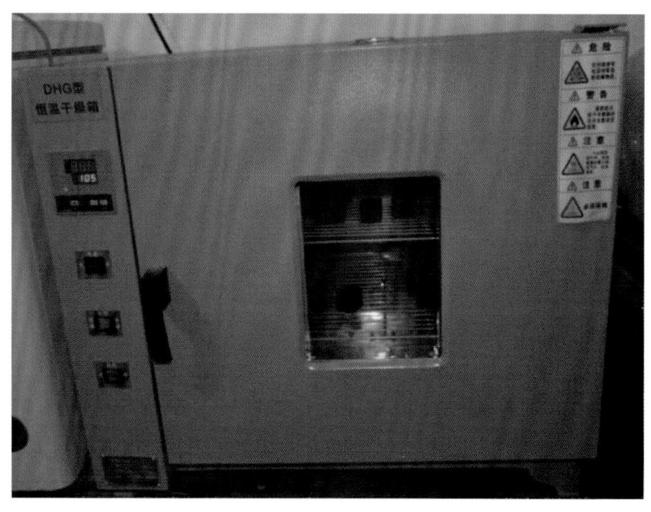

恒温箱

砖块冻融循环实验分组表（红砖）

编号	7、8、9号	4、5、6号	1、2、3号
分组处理方式	不做处理	微纳米石灰 NML-010	增强剂 KSE OH300
实验周期	24 小时	24 小时	24 小时

砖块冻融循环实验分组表（一类青砖）

编号	7、8、9号	4、5、6号	1、2、3号
分组处理方式	不做处理	微纳米石灰 NML-010	增强剂 KSE OH300
实验周期	24 小时	24 小时	24 小时

砖块冻融循环实验分组表（二类青砖）

编号	7、8、9号	4、5、6号	1、2、3号
分组处理方式	不做处理	微纳米石灰 NML-010	增强剂 KSE OH300
实验周期	24 小时	24 小时	24 小时

②对砖块进行长、宽、高尺寸量取，并对其进行称重，用色差仪和硬度计分别测出其色度、硬度。

③将分组后的砖块分别浸入两种加固材料中，使其充分接触 1 小时后，拿出放于试验台托盘自然晾干，养护 24 小时。

④将砖块放入水箱中达到饱和后，置于冷冻柜进行冻结，冻结时间 12 小时，温度为 -20 ± 2℃，冻结后取出放入恒温箱中融解，融解时间 12 小时，温度为 20℃，总时

间 24 小时为一个周期。

⑤在每个周期结束时，用电子秤测定质量、用色度仪检测色度、用硬度计测量硬度、用游标卡尺测量体积。

2）检测方法与数据分析

①色差检测

选取砖块，将砖块平放在试验台上，在环境相对湿度 60%，温度 (25 ± 2)℃的环境下；利用三恩便捷式电脑色差仪，选择测色大口径 8 毫米，在 D65/10°（指光源和测定角）和 SCE（排除镜面反射光）条件下，先对仪器进行黑白板校正，然后在每块砖块选取一个面进行取点测定。

色差仪检测

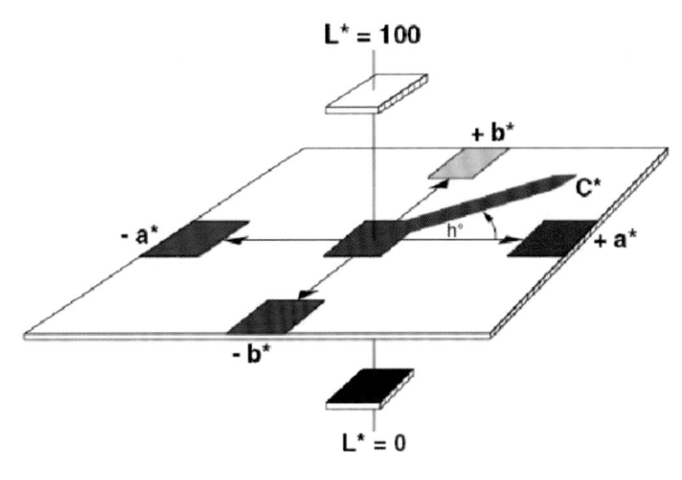

色差分析图

L 表示明度，a 表示红绿，b 表示黄蓝

ΔE 表示总色差的大小，$\Delta E=[(\Delta L)^2+(\Delta a)^2+(\Delta b)^2]^{1/2}$

ΔL=L 样品 –L 标准（明度差异）

Δa=a 样品 –a 标准（红 / 绿差异）

Δb=b 样品 –b 标准（黄 / 蓝差异）

+ΔL 表示偏白，–ΔL 表示偏黑

+Δa 表示偏红，–Δa 表示偏绿

+Δb 表示偏黄，–Δb 表示偏蓝

色差检测数据见下表。

冻融循环实验砖块色差检测数据表（红砖）

检测时间		实验前	7 天	14 天	21 天	与前一次测量色差
1 号	L	46.44	43.42	46.48	43.66	−2.78
	a	32.01	29.76	27.25	30.10	−1.91
	b	45.47	39.53	40.32	40.13	−5.34
	c	55.64	49.48	48.66	50.17	−5.47
	h	54.80	53.03	55.95	53.13	−1.67
	ΔE					6.32
2 号	L	39.89	48.90	51.19	48.40	8.51
	a	51.90	28.24	25.82	29.84	−22.06
	b	42.71	44.09	42.32	45.31	2.60
	c	67.23	52.36	49.57	54.25	−12.98
	h	39.47	57.37	58.61	56.63	17.16
	ΔE					23.80
3 号	L	45.14	41.13	43.28	44.00	−1.14
	a	24.97	26.11	26.30	27.32	2.35
	b	39.55	33.64	33.73	39.30	−0.25
	c	46.77	42.58	46.00	47.86	1.09
	h	57.73	52.18	55.12	55.20	−2.53
	ΔE					2.62
4 号	L	42.34	73.34	86.36	64.57	22.23
	a	40.41	10.12	3.91	13.75	−26.66
	b	43.24	14.93	7.69	19.07	−24.17
	c	59.18	18.07	8.62	23.52	−35.66
	h	46.94	57.74	63.06	54.21	7.27
	ΔE					42.30
5 号	L	41.77	77.28	78.90	79.89	38.12
	a	39.39	5.11	5.36	4.57	−34.82

续表

检测时间		实验前	7 天	14 天	21 天	与前一次测量色差
5 号	b	41.25	8.27	9.64	9.00	−32.25
	c	55.64	9.72	11.03	10.10	−45.54
	h	47.77	58.31	60.89	63.07	15.30
	ΔE					60.90
6 号	L	40.53	77.33	76.12	69.57	29.04
	a	46.07	5.78	6.20	9.33	−36.74
	b	42.21	7.85	8.85	11.99	−30.22
	c	62.49	9.74	10.81	15.19	−47.30
	h	42.49	53.65	54.98	52.09	9.60
	ΔE					55.70
7 号	L	44.90	51.94	52.29	51.66	6.76
	a	34.21	21.65	21.17	21.68	−12.53
	b	44.70	37.74	35.44	37.37	−7.33
	c	56.29	43.51	41.29	43.20	−13.09
	h	52.58	60.15	59.15	59.88	7.30
	ΔE					16.01
8 号	L	37.61	47.47	48.76	40.86	3.25
	a	55.42	23.25	22.38	29.75	−25.67
	b	41.43	34.45	35.21	35.55	−5.88
	c	69.43	41.56	41.72	46.35	−23.08
	h	37.04	55.98	57.56	50.08	13.04
	ΔE					26.53
9 号	L	42.07	48.51	45.18	50.19	8.12
	a	34.33	25.84	32.91	25.25	−9.08
	b	40.40	41.79	43.47	41.61	1.21
	c	53.02	49.13	54.52	48.67	−4.35
	h	49.65	58.27	52.87	58.76	9.11
	ΔE					12.24

冻融循环实验砖块色差检测数据表（一类青砖）

检测时间		实验前	7 天	14 天	21 天	与前一次测量色差
1 号	L	42.30	49.58	48.52	48.54	6.24
	a	5.19	12.55	11.36	11.84	6.65
	b	13.70	24.37	23.90	23.50	9.80
	c	14.60	27.41	26.46	26.31	11.71
	h	69.26	62.75	64.58	63.27	–5.99
	ΔE					13.39
2 号	L	42.48	46.50	43.86	47.77	5.29
	a	6.24	6.61	6.75	6.72	0.48
	b	17.42	15.34	17.01	15.33	–2.09
	c	18.51	16.70	18.30	16.73	–1.78
	h	70.28	66.70	68.36	66.33	–3.95
	ΔE					5.71
3 号	L	36.22	42.12	35.79	39.51	3.29
	a	3.27	4.80	5.75	5.44	2.17
	b	11.72	12.85	14.80	14.86	3.14
	c	12.17	13.72	15.88	15.83	3.66
	h	74.40	69.51	68.78	69.90	–4.50
	ΔE					5.04
4 号	L	46.61	74.69	75.67	77.07	30.46
	a	3.17	3.87	3.40	3.55	0.38
	b	8.85	8.26	8.01	8.34	–0.51
	c	9.40	9.12	8.70	8.06	–1.34
	h	70.27	64.88	67.02	66.91	–3.36
	ΔE					30.47
5 号	L	45.64	77.03	70.07	65.09	19.45
	a	3.46	3.00	2.78	3.45	–0.01
	b	10.14	7.45	7.27	7.45	–2.69
	c	10.72	8.03	7.78	8.21	–2.51

续表

检测时间		实验前	7天	14天	21天	与前一次测量色差
5号	h	71.15	68.09	69.03	65.17	−5.98
	ΔE					19.64
6号	L	44.87	57.70	78.26	53.11	8.24
	a	3.48	2.60	2.46	3.00	−0.48
	b	11.90	8.77	6.61	8.96	−2.94
	c	12.40	9.15	7.06	9.45	−2.95
	h	73.68	73.48	69.59	71.47	−2.21
	ΔE					8.76
7号	L	39.95	53.50	57.61	57.85	17.90
	a	3.86	4.25	4.66	5.43	1.57
	b	12.94	10.48	11.95	12.29	−0.65
	c	13.50	11.30	12.83	13.44	−0.06
	h	73.39	67.93	68.69	66.16	−7.23
	ΔE					17.98
8号	L	39.31	56.58	54.78	59.02	19.71
	a	3.11	4.75	4.95	5.65	2.54
	b	11.59	11.70	12.45	13.24	1.65
	c	12.00	12.62	13.40	14.40	2.40
	h	74.91	67.91	68.34	66.88	−8.03
	ΔE					19.94
9号	L	47.71	50.23	50.00	48.31	0.60
	a	3.99	6.39	5.61	6.09	2.10
	b	13.79	13.89	12.96	13.91	0.12
	c	14.36	15.29	14.12	15.19	0.83
	h	73.87	65.28	66.57	66.36	−7.51
	ΔE					2.19

冻融循环实验砖块色差检测数据表（二类青砖）

检测时间		实验前	7 天	14 天	21 天	与前一次测量色差
1 号	L	39.79	51.75	55.79	52.84	13.05
	a	15.54	3.54	3.03	3.01	−12.53
	b	27.28	10.09	9.30	9.04	−18.24
	c	31.39	10.69	9.78	9.52	−21.87
	h	60.34	70.68	71.96	71.60	11.26
	ΔE					25.69
2 号	L	34.27	47.46	49.23	47.99	13.72
	a	10.56	5.25	5.60	4.94	−5.62
	b	19.63	14.53	14.55	12.97	−6.66
	c	22.29	15.45	15.59	13.88	−8.41
	h	61.73	68.61	68.43	69.16	7.43
	ΔE					16.25
3 号	L	47.86	50.68	50.22	54.69	6.83
	a	4.69	2.79	2.27	3.38	−1.31
	b	12.40	8.50	6.76	10.09	−2.31
	c	13.26	8.94	7.13	10.64	−2.62
	h	69.28	71.84	71.48	71.47	2.19
	ΔE					7.33
4 号	L	45.26	81.49	71.58	75.16	29.90
	a	2.45	2.22	1.94	1.96	−0.49
	b	6.51	5.17	5.83	4.95	−1.56
	c	6.95	5.63	6.14	5.33	−1.62
	h	69.39	66.73	71.60	68.35	−1.04
	ΔE					29.94
5 号	L	32.50	79.14	67.29	69.58	37.08
	a	9.03	2.69	2.82	2.98	−6.05
	b	17.16	6.55	7.28	7.43	−9.73
	c	19.40	7.08	7.81	8.00	−11.40

续表

检测时间		实验前	7天	14天	21天	与前一次测量色差
5号	h	62.40	67.71	68.83	68.11	5.71
	ΔE					38.81
6号	L	30.30	62.92	59.46	61.05	30.75
	a	4.54	2.37	2.82	3.02	−1.52
	b	11.48	5.85	7.46	6.24	−5.24
	c	12.35	6.31	7.97	6.93	−5.42
	h	68.43	67.92	69.26	64.19	−4.24
	ΔE					31.23
7号	L	50.48	54.30	58.37	57.04	6.56
	a	4.64	3.43	3.16	3.92	−0.72
	b	12.11	9.13	9.42	11.04	−1.07
	c	12.97	9.76	9.94	11.71	−1.26
	h	69.03	69.40	71.44	70.47	1.44
	ΔE					6.69
8号	L	43.87	56.10	58.52	57.18	13.31
	a	2.75	3.97	3.78	3.88	1.13
	b	7.57	11.29	11.14	10.96	3.39
	c	8.05	11.97	11.76	11.63	3.58
	h	70.04	70.64	71.26	70.49	0.45
	ΔE					13.78
9号	L	39.25	51.06	51.09	49.92	10.67
	a	9.24	4.40	4.00	4.23	−5.01
	b	20.48	12.76	12.07	13.25	−7.23
	c	22.47	13.45	12.71	13.91	−8.56
	h	65.71	71.62	71.68	72.30	6.59
	ΔE					13.83

根据色差检测数据，发现采用增强剂 KSE OH300 加固处理红砖前后色差变化多数较小，采用微纳米石灰 NML-010 加固处理的红砖前后色差变化均较大，表明前者对红砖感观影响更小，该加固材料在感观方面性能更好。

根据色差检测数据，发现采用增强剂 KSE OH300 加固处理的一类青砖前后色差变化多数较小，采用微纳米石灰 NML-010 加固处理的一类青砖前后色差变化多数较大，表明前者对一类青砖感观影响更小，该加固材料在感观方面性能更好。

根据色差检测数据，发现采用增强剂 KSE OH300 加固处理的二类青砖前后色差变化部分较小，采用微纳米石灰 NML-010 加固处理的二类青砖前后色差变化均较大，表明前者对二类青砖感观影响更小，该加固材料在感观方面性能更好。

②体积质量检测

体积质量检测数据见下表。

冻融循环实验砖块体积质量检测数据表（红砖）

检测时间		实验前	7 天	14 天	21 天	与初始测量差值
1 号	质量（g）	56.8	55.8	55.8	55.8	-1.0
	体积（立方厘米）	37.1	37.1	37.1	37.1	0.0
2 号	质量（g）	54.8	52.3	52.4	52.3	-2.5
	体积（立方厘米）	35.0	35.0	35.0	35.0	0.0
3 号	质量（g）	61.1	61.0	60.9	60.8	-0.3
	体积（立方厘米）	39.5	37.5	41.1	41.1	1.6
4 号	质量（g）	71.7	62.5	62.8	62.6	-9.1
	体积（立方厘米）	48.7	48.7	48.7	48.7	0.0
5 号	质量（g）	56.0	48.1	48.4	48.3	-7.7
	体积（立方厘米）	35.7	35.7	35.7	35.7	0.0
6 号	质量（g）	60.7	56.3	56.3	56.3	-4.4
	体积（立方厘米）	39.5	39.5	39.5	41.1	1.6
7 号	质量（g）	57.5	54.0	54.1	54.1	-3.4
	体积（立方厘米）	37.1	37.1	37.1	37.1	0.0
8 号	质量（g）	62.1	56.3	56.3	56.3	-5.8
	体积（立方厘米）	38.5	38.5	38.5	38.5	0.0

续表

检测时间		实验前	7 天	14 天	21 天	与初始测量差值
9 号	质量（g）	68.3	62.7	62.7	62.7	–5.6
	体积（立方厘米）	45.2	44.1	45.2	45.2	0.0

冻融循环实验砖块体积质量检测数据表（一类青砖）

检测时间		实验前	7 天	14 天	21 天	与初始测量差值
1 号	质量（g）	54.2	53.8	54.2	53.8	–0.4
	体积（立方厘米）	36.9	37.8	37.8	37.8	0.9
2 号	质量（g）	51.1	52.8	53.3	51.0	–0.1
	体积（立方厘米）	35.0	36.5	35.0	35.0	0.0
3 号	质量（g）	45.1	45.1	44.8	44.7	–0.4
	体积（立方厘米）	28.2	28.2	28.2	29.0	0.8
4 号	质量（g）	50.1	49.5	50.1	49.5	–0.6
	体积（立方厘米）	34.8	35.7	36.7	35.7	0.9
5 号	质量（g）	48.8	48.4	48.8	48.4	–0.4
	体积（立方厘米）	32.6	35.8	34.3	33.4	0.8
6 号	质量（g）	52.0	51.7	52.0	51.8	–0.2
	体积（立方厘米）	37.3	40.8	39.1	38.3	1.0
7 号	质量（g）	41.3	40.6	40.9	40.6	–0.7
	体积（立方厘米）	29.2	29.2	29.8	29.8	0.6
8 号	质量（g）	58.0	56.4	57.2	56.4	–1.6
	体积（立方厘米）	42.6	38.7	38.7	38.7	–3.9
9 号	质量（g）	47.5	42.8	46.7	46.5	–1.0
	体积（立方厘米）	33.7	33.7	32.9	32.9	–0.8

冻融循环实验砖块体积质量检测数据表（二类青砖）

检测时间		实验前	7 天	14 天	21 天	与初始测量差值
1 号	质量（g）	63.9	57.0	60.4	60.4	–3.5
	体积（立方厘米）	42.6	42.6	42.6	42.6	0.0
2 号	质量（g）	49.3	47.7	47.6	47.6	–1.7
	体积（立方厘米）	34.2	34.2	34.2	34.2	0.0

续表

检测时间		实验前	7 天	14 天	21 天	与初始测量差值
3 号	质量（g）	51.4	49.8	49.6	49.8	-1.6
	体积（立方厘米）	34.3	35.1	36.8	35.1	0.8
4 号	质量（g）	61.7	57.6	57.5	57.5	-4.2
	体积（立方厘米）	39.6	39.6	40.6	39.6	0.0
5 号	质量（g）	57.1	56.7	56.7	56.7	-0.4
	体积（立方厘米）	38.7	38.7	38.7	39.6	0.9
6 号	质量（g）	38.8	38.3	38.3	38.3	-0.5
	体积（立方厘米）	27.3	28.0	28.0	28.0	0.7
7 号	质量（g）	43.5	37.8	37.8	37.8	-5.7
	体积（立方厘米）	28.2	28.2	28.2	28.2	0.0
8 号	质量（g）	65.6	64.4	64.6	64.4	-1.2
	体积（立方厘米）	62.2	45.9	45.9	45.9	-16.3
9 号	质量（g）	50.7	40.6	40.8	40.7	-10.0
	体积（立方厘米）	25.3	26.6	26.6	26.6	1.3

在砖块冻融循环实验的过程中，每个周期结束时对砖块进行质量与体积测量，以检测砖块的损耗程度，来观察不同加固材料的抗损耗效果。

电子秤测量

游标卡尺

根据体积质量检测数据，发现采用增强剂 KSE OH300 和微纳米石灰 NML-010 加固处理的红砖前后体积变化均较小，同时采用增强剂 KSE OH300 加固处理的红砖前后质量损耗更小，表明该加固剂对红砖的保护更好，能明显降低在老化环境中的损耗速度。

根据体积质量检测数据，发现两种加固材料加固处理后的一类青砖前后体积质量变化总体接近且变化较小，表明两种加固材料均能有效降低在老化环境中的损耗速度。

根据体积质量检测数据，发现两种加固材料加固处理后的二类青砖前后体积质量变化总体接近且变化较小，表明两种加固材料均能有效降低在老化环境中的损耗速度。

③硬度检测

在砖块冻融循环实验的过程中，每个周期结束时砖块进行硬度测量，可以直观地观察不同加固材料的加固效果。

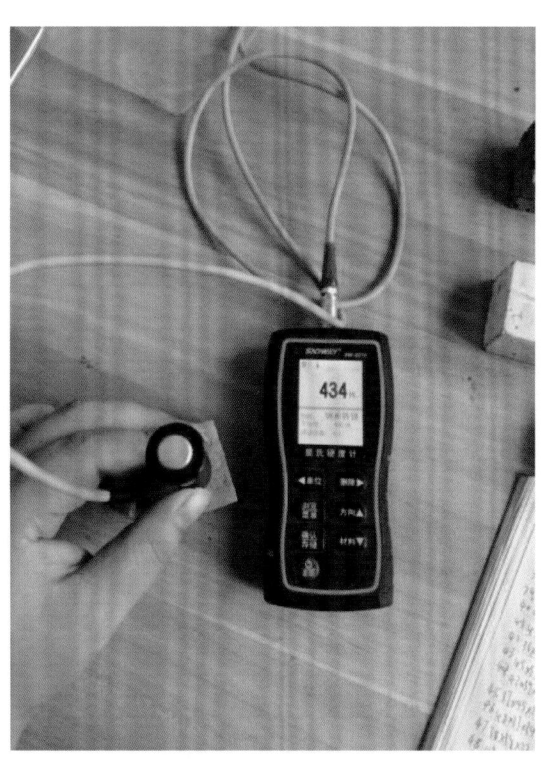

硬度计测量

硬度检测数据见下表。

冻融循环实验砖块硬度检测数据表（红砖 / 单位：HL）

检测时间	实验前	7 天	14 天	21 天	与初始测量差值
1 号	310.6	453.6	404.6	415.8	105.2
2 号	315.8	404.6	408.2	417.6	101.8
3 号	355.0	509.2	446.0	496.2	141.2
4 号	306.0	386.2	372.6	396.6	90.6
5 号	321.8	324.0	320.6	364.6	42.8
6 号	360.6	404.8	390.0	399.0	38.4
7 号	347.0	430.4	535.4	397.0	50.0
8 号	336.6	384.4	311.4	311.4	–25.2
9 号	357.6	447.6	448.2	394.0	36.4

冻融循环实验砖块硬度检测数据表（一类青砖 / 单位：HL）

检测时间	实验前	7 天	14 天	21 天	与初始测量差值
1 号	441.0	453.0	423.2	457.0	16.0
2 号	443.8	451.8	427.2	476.0	32.2
3 号	491.4	502.2	512.6	512.0	20.6
4 号	467.0	403.4	439.2	473.4	6.4
5 号	424.8	306.2	389.6	453.2	28.4
6 号	351.0	398.4	381.2	375.6	24.6
7 号	422.0	346.8	410.6	408.2	–13.8
8 号	434.0	410.6	344.2	416.0	–18.0
9 号	429.8	446.4	410.2	435.6	5.8

冻融循环实验砖块硬度检测数据表（二类青砖 / 单位：HL）

检测时间	实验前	7 天	14 天	21 天	与初始测量差值
1 号	379.2	520.0	541.4	442.8	63.6
2 号	454.6	416.6	423.2	475.0	20.4

续表

检测时间	实验前	7 天	14 天	21 天	与初始测量差值
3 号	424.0	433.6	457.4	430.0	6.0
4 号	395.6	513.6	516.8	493.8	98.2
5 号	345.2	445.2	492.6	451.8	106.6
6 号	326.2	402.6	351.8	389.4	63.2
7 号	317.8	320.0	321.6	312.2	-5.6
8 号	382.6	436.6	467.6	378.0	-4.6
9 号	393.6	339.0	302.0	335.6	-58.0

根据硬度检测数据，发现两种加固材料加固处理的红砖前后硬度均有增大，而增强剂 KSE OH300 加固处理的红砖硬度增大更明显，说明该加固材料加固效果更好。

根据硬度检测数据，发现两种加固材料加固处理的一类青砖前后硬度变化接近且均有增大，说明两种加固材料加固效果均较好。

根据硬度检测数据，发现两种加固材料加固处理的二类青砖前后硬度均有增大，而微纳米石灰 NML-010 加固处理的二类青砖硬度增大更明显，说明该加固材料加固效果更好。

④实验结论

在冻融循环实验中，从红砖的检测数据来看，增强剂 KSE OH300 在感观、加固效果和抗损耗方面性能均优于微纳米石灰 NML-010；从一类青砖的检测数据来看，两种加固材料在加固效果和抗损耗方面性能较为接近，其中增强剂 KSE OH300 在感观效果方面性能更好；从二类青砖的数据来看，两种加固材料在抗损耗方面性能较为接近，其中增强剂 KSE OH300 在感观效果方面性能更好，微纳米石灰 NML-010 在加固效果方面性能更好。

（3）酸碱盐浸泡实验

1）实验方法

①将已采集的砖块进行切割，尽量做到规则结构，按照红砖、一类青砖和二类青砖分类，其中一类青砖来自现场一层较高位置的砖墙，二类青砖来自现场二层较低位置的砖墙，表面附带部分的水泥，并对其做分组处理，详见下表。

砖块酸碱盐浸泡实验分组表（红砖）

处理方式 浸泡溶液	pH=4 HCl 溶液	pH=12.5 NaOH 溶液	pH=7 NaCl 溶液	对照组
增强剂 KSE OH300 加固处理	10、11、12 号	13、14、15 号	16、17、18 号	
微纳米石灰 NML-010 加固处理	19、20、21 号	22、23、24 号	25、26、27 号	
未做加固	28、29、30 号	31、32、33 号	34、35、36 号	58、59、60 号

砖块酸碱盐浸泡实验分组表（一类青砖）

处理方式 浸泡溶液	pH=4 HCl 溶液	pH=12.5 NaOH 溶液	pH=7 NaCl 溶液	对照组
增强剂 KSE OH300 加固处理	10、11、12 号	13、14、15 号	16、17、18 号	
微纳米石灰 NML-010 加固处理	19、20、21 号	22、23、24 号	25、26、27 号	
未做加固	28、29、30 号	31、32、33 号	34、35、36 号	58、59、60 号

砖块酸碱盐浸泡实验分组表（二类青砖）

处理方式 浸泡溶液	pH=4 HCl 溶液	pH=12.5 NaOH 溶液	pH=7 NaCl 溶液	对照组
增强剂 KSE OH300 加固处理	10、11、12 号	13、14、15 号	16、17、18 号	
微纳米石灰 NML-010 加固处理	19、20、21 号	22、23、24 号	25、26、27 号	
未做加固	28、29、30 号	31、32、33 号	34、35、36 号	58、59、60 号

②对砖块进行长、宽、高尺寸量取，并进行称重，用色差仪和硬度计分别测出色度、硬度。

③将分组后的砖块分别浸入两种加固材料中，使其充分接触 1 小时后，拿出放于试验台托盘自然晾干，养护 24 小时。

④调配 pH=4 的盐酸溶液、pH=12.5 的氢氧化钠碱性溶液和 pH=7 的氯化钠中性溶液，将养护完成的砖块根据预先分组分别浸入 3 种溶液中。

⑤砖块浸泡时间为 16 小时，浸泡完成后用干净纱布擦拭表面，放入干燥箱干燥，

干燥时间 6 小时，干燥温度 105 ± 2℃，冷却时间 2 小时，总时间 24 小时为一个周期。

⑥在每个周期结束时，用电子秤测定质量、用色度仪检测色度、用硬度计测量硬度、用游标卡尺测量体积。

酸碱盐浸泡实验用砖块

配制酸碱盐溶液

酸碱盐溶液浸泡

2）检测方法与数据分析

①色差检测

选取砖块，将砖块平放在试验台上，在环境相对湿度 60%，温度 (25 ± 2)℃的环境下；利用三恩便捷式电脑色差仪，选择测色大口径 8 毫米，在 D65/10°（指光源和测定角）和 SCE（排除镜面反射光）条件下，先对仪器进行黑白板校正，然后在每块砖块选取一个面进行取点测定。

色差检测数据见下表。

用增强剂 KSE OH300 加固处理的砖块色差检测数据表

检测时间		实验前	7 天	14 天	21 天	与初始测量色差
浸泡溶液		pH=4 HCl 溶液				
10 号（红砖）	L	40.96	49.70	49.25	49.43	8.47
	a	50.54	15.76	14.81	14.65	−35.89
	b	44.46	22.52	23.54	24.14	−20.32
	c	67.39	27.48	27.81	28.24	−39.15
	h	41.28	55.02	57.82	58.75	17.47
	ΔE					42.10
11 号（红砖）	L	38.16	49.61	48.66	47.59	9.43
	a	45.57	17.83	16.98	15.59	−29.98
	b	38.23	32.05	30.42	29.05	−9.18
	c	59.48	36.68	34.84	32.97	−26.51
	h	39.99	60.92	60.83	61.78	21.79
	ΔE					32.74
12 号（红砖）	L	41.18	45.46	48.74	46.94	5.76
	a	44.71	21.42	17.35	16.49	−28.22
	b	42.88	33.38	29.08	28.51	−14.37
	c	61.97	39.66	33.86	32.93	−29.04
	h	43.83	57.31	59.18	59.95	16.12
	ΔE					32.19
10 号（一类青砖）	L	44.05	47.77	48.21	47.00	2.95
	a	4.45	7.97	8.58	8.72	4.27
	b	15.25	17.07	19.20	20.54	5.29
	c	15.88	18.84	21.03	22.31	6.43
	h	73.74	64.99	65.91	67.00	−6.74
	ΔE					7.41
11 号（一类青砖）	L	41.19	50.07	48.80	46.94	5.75
	a	4.08	4.78	6.23	6.79	2.71
	b	14.49	12.86	16.45	18.16	3.67
	c	15.06	13.72	17.59	19.39	4.33
	h	74.21	69.60	69.25	69.50	−4.71
	ΔE					7.34

续表

检测时间		实验前	7 天	14 天	21 天	与初始测量色差
12 号（一类青砖）	L	43.02	54.86	53.67	51.27	8.25
	a	3.11	5.24	6.65	7.54	4.43
	b	10.08	13.58	15.91	18.47	8.39
	c	10.55	14.55	17.24	19.95	9.40
	h	72.85	68.89	67.30	67.80	–5.05
	ΔE					12.57
10 号（二类青砖）	L	42.36	46.50	45.33	47.45	5.09
	a	6.11	4.73	5.29	6.66	0.55
	b	15.44	14.13	15.05	18.31	2.87
	c	16.61	14.90	15.95	19.48	2.87
	h	68.42	71.50	70.63	70.02	1.60
	ΔE					5.87
11 号（二类青砖）	L	43.90	46.78	48.89	47.68	3.78
	a	2.95	4.63	5.87	6.02	3.07
	b	8.99	14.49	16.20	17.17	8.18
	c	9.46	15.21	17.23	18.20	8.74
	h	71.82	72.26	70.10	70.69	–1.13
	ΔE					9.52
12 号（二类青砖）	L	40.34	53.28	51.63	50.11	9.77
	a	3.16	4.53	6.97	6.47	3.31
	b	8.68	13.02	17.58	17.40	8.72
	c	9.24	13.79	18.91	18.56	9.32
	h	69.97	70.83	68.37	69.61	–0.36
	ΔE					13.51
浸泡溶液		pH=12.5　NaOH 溶液				
13 号（红砖）	L	40.47	51.41	49.12	45.11	4.64
	a	52.19	18.51	18.70	18.43	–33.76
	b	43.81	28.89	29.52	29.08	–14.73
	c	68.14	34.31	34.95	34.43	–33.71
	h	40.02	57.35	57.64	57.64	17.62
	ΔE					37.12

续表

检测时间		实验前	7 天	14 天	21 天	与初始测量色差
14 号（红砖）	L	44.75	48.15	49.06	48.59	3.84
	a	38.21	19.39	15.31	16.05	-22.16
	b	46.24	29.70	23.48	24.96	-21.28
	c	59.99	35.47	28.03	29.67	-30.32
	h	50.43	56.86	56.90	57.25	6.82
	ΔE					30.96
15 号（红砖）	L	53.37	51.63	51.56	51.03	-2.34
	a	20.42	14.65	13.32	12.88	-7.54
	b	41.09	26.11	24.03	23.65	-17.44
	c	45.89	29.94	24.47	26.93	-18.96
	h	63.57	60.71	61.00	61.43	-2.14
	ΔE					19.14
13 号（一类青砖）	L	44.95	51.55	48.62	49.28	4.33
	a	3.38	5.53	6.52	7.11	3.73
	b	11.16	12.86	16.08	17.11	5.95
	c	11.66	13.99	17.35	18.53	6.87
	h	73.17	66.74	67.93	67.43	-5.74
	ΔE					8.25
14 号（一类青砖）	L	25.01	42.49	46.33	45.58	20.57
	a	7.47	3.63	5.46	5.53	-1.94
	b	9.48	10.70	14.18	14.94	5.46
	c	12.07	11.29	15.19	15.93	3.86
	h	51.78	71.27	68.93	69.70	17.92
	ΔE					21.37
15 号（一类青砖）	L	48.73	54.94	53.14	52.70	3.97
	a	3.35	3.89	5.80	6.13	2.78
	b	8.89	10.44	13.64	14.68	5.79
	c	9.50	11.14	14.82	15.91	6.41
	h	69.36	69.55	66.95	67.33	-2.03
	ΔE					7.55

续表

检测时间		实验前	7 天	14 天	21 天	与初始测量色差
13 号（二类青砖）	L	53.70	50.23	50.54	49.40	−4.30
	a	3.78	3.35	5.35	5.90	2.12
	b	9.58	9.89	13.80	15.32	5.74
	c	10.30	10.44	14.80	16.41	6.11
	h	68.46	71.32	68.81	68.95	0.49
	ΔE					7.48
14 号（二类青砖）	L	10.53	50.08	50.01	45.80	35.27
	a	29.75	3.86	7.59	6.95	−22.80
	b	−2.71	10.91	13.57	17.96	20.67
	c	29.88	11.57	19.14	19.26	−10.62
	h	354.80	70.52	66.63	68.83	−285.97
	ΔE					46.81
15 号（二类青砖）	L	34.18	59.60	54.78	54.95	20.77
	a	4.00	3.60	6.83	6.91	2.91
	b	11.92	9.59	15.67	16.06	4.14
	c	12.57	10.52	17.09	17.48	4.91
	h	71.43	69.99	66.45	66.72	−4.71
	ΔE					21.38
浸泡溶液		pH=7 NaCl 溶液				
16 号（红砖）	L	38.51	41.91	42.28	45.63	7.12
	a	63.86	30.19	24.40	20.28	−43.58
	b	43.98	37.12	33.36	32.17	−11.81
	c	77.54	47.85	41.35	38.02	−39.52
	h	34.56	50.88	53.86	57.77	23.21
	ΔE					45.71
17 号（红砖）	L	44.71	48.97	49.32	46.61	1.90
	a	37.96	23.38	17.03	17.73	−20.23
	b	47.07	39.20	29.60	30.87	−16.20
	c	59.70	45.65	34.15	35.60	−24.10
	h	50.52	59.18	60.10	60.13	9.61
	ΔE					25.99

续表

检测时间		实验前	7 天	14 天	21 天	与初始测量色差
18 号（红砖）	L	44.96	47.72	46.51	46.81	1.85
	a	24.82	15.31	16.60	14.76	−10.06
	b	39.78	29.61	30.72	28.49	−11.29
	c	46.89	33.34	34.91	32.09	−14.80
	h	58.04	62.66	61.61	62.61	4.57
	ΔE					15.23
16 号（一类青砖）	L	41.99	55.65	52.71	50.07	8.08
	a	2.90	4.12	6.26	8.10	5.20
	b	11.26	11.56	15.20	19.57	8.31
	c	11.63	12.27	16.44	21.17	9.54
	h	75.58	70.39	67.62	67.52	−8.06
	ΔE					12.70
17 号（一类青砖）	L	43.24	40.78	43.97	43.60	0.36
	a	2.70	4.86	5.57	7.00	4.30
	b	7.87	13.60	15.44	19.09	11.22
	c	8.32	14.44	16.41	20.34	12.02
	h	71.04	70.32	70.15	69.78	−1.26
	ΔE					12.02
18 号（一类青砖）	L	40.75	46.99	48.33	46.93	6.18
	a	3.35	5.93	6.80	7.38	4.03
	b	10.97	16.55	17.91	19.61	8.64
	c	11.46	17.58	19.15	20.95	9.49
	h	73.02	70.30	69.20	69.38	−3.64
	ΔE					11.36
16 号（二类青砖）	L	47.09	44.22	47.67	44.93	−2.16
	a	3.48	3.62	4.62	5.83	2.35
	b	9.70	12.28	13.97	17.39	7.69
	c	10.30	12.80	14.71	18.34	8.04
	h	70.27	73.58	71.69	71.47	1.20
	ΔE					8.33

续表

检测时间		实验前	7天	14天	21天	与初始测量色差
17号 （二类青砖）	L	42.42	52.48	50.37	48.81	6.39
	a	4.67	4.03	5.15	6.46	1.79
	b	13.47	11.18	13.98	17.31	3.84
	c	14.25	11.89	14.89	18.48	4.23
	h	70.87	70.17	69.79	69.53	-1.34
	ΔE					7.67
18号 （二类青砖）	L	49.25	50.76	50.30	46.31	-2.94
	a	4.99	4.25	5.72	7.39	2.40
	b	12.15	12.27	15.26	19.72	7.57
	c	13.13	12.98	16.30	21.06	7.93
	h	67.69	70.90	69.47	69.45	1.76
	ΔE					8.47

用微纳米石灰 NML-010 加固处理的砖块色差检测数据表

检测时间		实验前	7天	14天	21天	与初始测量色差
浸泡溶液		pH=4　HCl 溶液				
19号 （红砖）	L	45.92	70.98	59.43	56.77	10.85
	a	26.09	6.78	11.43	12.26	-13.83
	b	41.85	14.11	21.59	24.09	-17.76
	c	49.32	15.65	24.43	27.03	-22.29
	h	58.02	64.32	62.12	63.02	5.00
	ΔE					24.99
20号 （红砖）	L	39.10	70.23	57.24	61.39	22.29
	a	52.56	8.95	14.56	12.87	-39.69
	b	41.34	15.30	23.87	22.78	-18.56
	c	66.87	17.73	27.96	26.17	-40.70
	h	38.19	59.69	58.63	60.53	22.34
	ΔE					49.16
21号 （红砖）	L	44.71	71.91	64.19	64.30	19.59
	a	29.10	6.64	9.58	9.31	-19.79

续表

检测时间		实验前	7天	14天	21天	与初始测量色差
21号（红砖）	b	42.03	12.82	18.60	19.58	−22.45
	c	51.14	14.43	20.93	21.68	−29.46
	h	55.32	62.63	62.72	64.56	9.24
	ΔE					35.77
19号（一类青砖）	L	43.09	61.33	58.92	56.87	13.78
	a	3.53	4.44	6.04	7.06	3.53
	b	11.59	11.08	14.96	17.24	5.65
	c	12.12	11.94	16.14	18.63	6.51
	h	73.06	68.16	68.00	67.73	−5.33
	ΔE					15.31
20号（一类青砖）	L	42.10	55.92	53.43	51.10	9.00
	a	3.36	5.59	7.73	7.42	4.06
	b	10.84	13.63	17.13	17.89	7.05
	c	11.35	14.73	18.80	19.37	8.02
	h	72.77	67.70	65.73	67.48	−5.29
	ΔE					12.13
21号（一类青砖）	L	44.24	62.10	58.29	56.60	12.36
	a	3.91	4.19	6.25	6.45	2.54
	b	12.74	10.76	15.89	6.18	−6.56
	c	13.32	11.55	17.16	17.41	4.09
	h	72.95	68.74	67.66	68.27	−4.68
	ΔE					14.22
19号（二类青砖）	L	45.88	63.76	58.50	58.25	12.37
	a	4.20	4.31	6.46	7.02	2.82
	b	11.35	11.48	15.61	17.09	5.74
	c	12.11	12.27	16.89	18.48	6.37
	h	69.71	69.44	67.50	67.68	−2.03
	ΔE					13.93

续表

检测时间		实验前	7 天	14 天	21 天	与初始测量色差
20 号（二类青砖）	L	43.22	68.74	50.46	57.08	13.86
	a	2.84	4.22	5.93	7.30	4.46
	b	7.99	10.91	15.19	17.95	9.96
	c	8.48	11.70	16.13	19.38	10.90
	h	70.44	68.84	68.68	67.86	−2.58
	ΔE					17.64
21 号（二类青砖）	L	65.63	62.68	60.65	56.49	−9.14
	a	2.79	3.73	5.95	6.77	3.98
	b	8.92	9.91	14.75	16.69	7.77
	c	9.35	10.59	15.90	18.01	8.66
	h	72.65	69.40	68.04	67.91	−4.74
	ΔE					12.64
浸泡溶液		pH=12.5 NaOH 溶液				
22 号（红砖）	L	38.88	79.48	66.20	67.26	28.38
	a	61.30	5.75	8.45	7.86	−53.44
	b	43.84	11.21	14.62	16.12	−27.72
	c	75.37	12.60	16.88	17.93	−57.44
	h	35.57	62.86	59.97	63.99	28.42
	ΔE					66.56
23 号（红砖）	L	43.98	71.89	58.50	65.34	21.36
	a	34.48	9.02	12.51	8.89	−25.59
	b	43.62	16.10	21.12	17.87	−25.75
	c	55.60	18.45	24.55	19.96	−35.64
	h	51.67	60.75	59.37	63.54	11.87
	ΔE					42.12
24 号（红砖）	L	44.27	78.32	65.56	66.26	21.99
	a	30.23	5.51	8.04	8.67	−21.56
	b	41.96	12.15	16.12	18.38	−23.58

续表

检测时间		实验前	7 天	14 天	21 天	与初始测量色差
24 号（红砖）	c	51.69	13.34	18.02	20.32	−31.37
	h	54.22	65.62	63.51	64.76	10.54
	ΔE					38.79
22 号（一类青砖）	L	45.60	63.20	68.32	57.07	11.47
	a	3.50	3.64	5.50	5.59	2.09
	b	10.39	9.53	12.85	13.52	3.13
	c	10.96	10.20	13.98	14.63	3.67
	h	71.39	69.10	66.82	67.53	−3.86
	ΔE					12.07
23 号（一类青砖）	L	34.60	55.88	53.82	55.37	20.77
	a	2.75	3.71	5.66	6.17	3.42
	b	10.03	10.32	13.09	14.85	4.82
	c	10.40	10.97	14.26	16.08	5.68
	h	74.65	70.22	66.62	67.44	−7.21
	ΔE					21.59
24 号（一类青砖）	L	36.30	63.19	60.43	56.29	19.99
	a	2.64	4.74	6.99	6.61	3.97
	b	9.40	11.13	15.20	15.52	6.12
	c	4.78	12.10	16.73	16.87	12.09
	h	74.05	66.93	65.31	66.93	−7.12
	ΔE					21.28
22 号（二类青砖）	L	42.68	75.93	63.30	61.82	19.14
	a	2.20	5.34	8.06	8.26	6.06
	b	6.86	12.14	16.28	17.44	10.58
	c	7.20	13.26	18.17	19.30	12.10
	h	72.22	66.25	63.67	64.65	−7.57
	ΔE					22.69
23 号（二类青砖）	L	50.90	63.97	59.36	58.97	8.07

续表

检测时间		实验前	7 天	14 天	21 天	与初始测量色差
23 号（二类青砖）	a	2.84	4.09	6.44	7.27	4.43
	b	7.38	10.15	14.67	15.72	8.34
	c	7.91	10.94	16.02	17.32	9.41
	h	68.98	68.05	66.29	65.17	−3.81
	ΔE					12.42
24 号（二类青砖）	L	43.48	51.53	56.01	51.66	8.18
	a	3.63	3.93	6.00	6.44	2.81
	b	10.45	10.58	14.58	15.55	5.10
	c	11.07	11.29	15.76	16.83	5.76
	h	70.85	69.62	67.63	67.51	−3.34
	ΔE					10.04
浸泡溶液		pH=7　NaCl 溶液				
25 号（红砖）	L	41.28	81.29	76.06	69.62	28.34
	a	37.03	3.81	6.74	8.36	−28.67
	b	40.22	8.55	15.05	17.99	−22.23
	c	54.67	9.35	16.49	19.84	−34.83
	h	47.37	65.98	65.90	65.06	17.69
	ΔE					46.04
26 号（红砖）	L	40.10	69.50	63.15	58.28	18.18
	a	42.67	7.72	10.49	11.36	−31.31
	b	40.56	13.90	18.00	20.95	−19.61
	c	58.87	15.90	20.84	23.83	−35.04
	h	43.55	60.95	59.77	61.53	17.98
	ΔE					41.18
27 号（红砖）	L	51.04	66.32	64.24	62.31	11.27
	a	23.94	10.49	10.73	11.43	−12.51

续表

检测时间		实验前	7 天	14 天	21 天	与初始测量色差
27 号（红砖）	b	42.28	16.20	18.59	20.16	−22.12
	c	48.58	19.31	21.46	23.18	−25.40
	h	60.48	57.11	60.00	60.46	−0.02
	ΔE					27.80
25 号（一类青砖）	L	44.07	67.02	63.77	60.88	16.81
	a	2.69	2.64	5.00	6.29	3.60
	b	9.40	8.01	13.03	15.54	6.14
	c	4.78	8.43	13.95	16.77	11.99
	h	74.05	71.78	68.99	67.97	−6.08
	ΔE					18.25
26 号（一类青砖）	L	48.16	58.56	56.51	52.92	4.76
	a	2.51	4.79	7.64	8.21	5.70
	b	9.25	12.57	17.48	19.05	9.80
	c	9.59	13.45	19.08	20.74	11.15
	h	74.85	69.16	66.40	66.68	−8.17
	ΔE					12.30
27 号（一类青砖）	L	49.50	58.27	56.97	54.67	5.17
	a	3.42	5.43	6.25	7.94	4.52
	b	10.04	13.20	14.54	18.00	7.96
	c	10.60	14.28	15.83	19.68	9.08
	h	71.16	67.65	66.76	66.20	−4.96
	ΔE					10.51
25 号（二类青砖）	L	52.24	69.94	63.04	59.80	7.56
	a	5.06	5.12	6.51	7.81	2.75
	b	12.30	12.20	15.25	18.13	5.83
	c	13.40	13.23	16.58	19.74	6.34
	h	67.62	67.23	66.89	66.70	−0.92
	ΔE					9.94

续表

检测时间		实验前	7 天	14 天	21 天	与初始测量色差
26 号（二类青砖）	L	42.19	66.32	59.24	51.62	9.43
	a	2.72	4.17	6.00	7.28	4.56
	b	8.26	8.85	14.44	16.47	8.21
	c	8.72	9.78	15.64	18.01	9.29
	h	71.38	64.78	67.45	66.14	–5.24
	ΔE					13.31
27 号（二类青砖）	L	47.52	69.22	64.23	57.70	10.18
	a	3.09	4.51	6.03	8.58	5.49
	b	7.33	11.50	14.76	19.70	12.37
	c	7.95	12.35	15.94	21.48	13.53
	h	67.15	68.56	67.77	66.47	–0.68
	ΔE					16.93

不做加固处理的砖块色差检测数据表

检测时间		实验前	7 天	14 天	21 天	与初始测量色差
浸泡溶液		pH=4　HCl 溶液				
28 号（红砖）	L	46.46	51.47	50.55	50.56	4.10
	a	31.65	22.84	19.81	17.62	–14.03
	b	45.67	37.07	32.17	31.78	–13.89
	c	55.57	43.54	37.78	36.34	–19.23
	h	55.28	58.36	58.37	61.00	5.72
	ΔE					20.16
29 号（红砖）	L	42.36	51.88	50.92	49.75	7.39
	a	37.55	17.68	16.72	19.32	–18.23
	b	42.23	32.48	30.66	29.42	–12.81
	c	56.51	36.98	34.93	33.17	–23.34
	h	48.36	61.44	61.40	62.48	14.12
	ΔE					23.47

续表

检测时间		实验前	7 天	14 天	21 天	与初始测量色差
30 号（红砖）	L	40.85	53.30	53.47	51.92	11.07
	a	39.78	19.41	18.13	16.83	−22.95
	b	40.63	34.84	31.98	30.46	−10.17
	c	56.86	39.88	36.76	34.80	−22.06
	h	45.61	60.88	60.45	61.07	15.46
	ΔE					27.43
28 号（一类青砖）	L	43.61	60.02	60.21	52.82	9.21
	a	4.39	3.25	5.94	6.49	2.10
	b	14.55	8.97	14.28	15.97	1.42
	c	15.19	9.54	15.47	17.24	2.05
	h	73.19	70.09	67.41	64.87	−8.32
	ΔE					9.55
29 号（一类青砖）	L	43.86	57.34	53.69	52.27	8.41
	a	3.05	4.15	5.92	7.27	4.22
	b	10.02	11.27	14.18	17.58	7.56
	c	10.47	12.01	15.37	19.03	8.56
	h	73.06	69.76	67.35	67.53	−5.53
	ΔE					12.07
30 号（一类青砖）	L	49.10	58.38	54.47	52.95	3.85
	a	2.96	5.53	7.74	8.28	5.32
	b	9.02	14.92	17.95	19.51	10.49
	c	9.50	15.91	19.50	21.20	11.70
	h	71.83	69.66	66.66	67.00	−4.83
	ΔE					12.38
28 号（二类青砖）	L	50.00	51.64	49.62	45.33	−4.67
	a	4.90	5.16	6.20	3.98	−0.92
	b	10.25	14.76	16.84	11.48	1.23
	c	11.36	15.63	17.94	12.15	0.79

续表

检测时间		实验前	7 天	14 天	21 天	与初始测量色差
28 号（二类青砖）	h	64.45	70.74	69.80	70.90	6.45
	ΔE					4.92
29 号（二类青砖）	L	41.09	55.68	53.33	52.17	11.08
	a	4.29	6.27	6.53	8.42	4.13
	b	10.72	14.17	15.55	19.17	8.45
	c	11.54	15.50	16.87	20.94	9.40
	h	68.19	66.13	67.23	66.28	−1.91
	ΔE					14.53
30 号（二类青砖）	L	46.85	54.83	54.42	51.32	4.47
	a	4.83	4.01	7.03	6.75	1.92
	b	14.02	10.69	16.32	16.63	2.61
	c	14.83	11.42	17.26	17.95	3.12
	h	70.98	69.42	66.70	67.91	−3.07
	ΔE					5.52
浸泡溶液		pH=12.5　NaOH 溶液				
31 号（红砖）	L	40.65	50.18	47.11	49.10	8.45
	a	38.85	17.86	16.43	14.67	−24.18
	b	39.74	33.17	30.58	26.93	−12.81
	c	55.57	37.67	34.71	30.67	−24.90
	h	45.65	61.69	61.76	61.41	15.76
	ΔE					28.64
32 号（红砖）	L	42.14	53.82	52.25	50.96	8.82
	a	43.36	18.09	17.79	15.63	−27.73
	b	43.99	29.91	30.01	26.67	−17.32
	c	61.77	34.95	34.89	30.91	−30.86
	h	45.42	58.84	59.34	59.63	14.21
	ΔE					33.86

续表

检测时间		实验前	7 天	14 天	21 天	与初始测量色差
33 号（红砖）	L	44.36	54.78	51.50	52.43	8.07
	a	35.49	16.57	16.98	16.09	−19.40
	b	44.53	27.93	30.13	28.20	−16.33
	c	56.94	32.47	34.59	32.47	−24.47
	h	51.45	59.32	60.61	60.29	8.84
	ΔE					26.61
31 号（一类青砖）	L	54.78	60.03	56.12	56.21	1.43
	a	4.14	4.31	6.27	6.47	2.33
	b	12.37	11.15	14.52	15.20	2.83
	c	13.05	11.95	15.82	16.52	3.47
	h	71.50	68.86	66.63	66.93	−4.57
	ΔE					3.93
32 号（一类青砖）	L	35.07	57.10	55.96	53.52	18.45
	a	4.99	4.59	6.46	6.95	1.96
	b	14.77	11.85	14.78	15.72	0.95
	c	15.59	12.71	16.13	17.19	1.60
	h	71.34	68.85	66.40	66.14	−5.20
	ΔE					18.58
33 号（一类青砖）	L	25.87	59.01	55.67	54.80	28.93
	a	6.23	4.39	7.17	6.80	0.57
	b	9.46	11.92	16.52	16.01	6.55
	c	11.33	12.70	18.01	17.39	6.06
	h	56.64	69.78	66.55	66.99	10.35
	ΔE					29.67
31 号（二类青砖）	L	48.63	52.16	52.11	51.34	2.71
	a	2.73	5.27	6.34	6.68	3.95
	b	7.54	14.41	15.60	16.74	9.20
	c	8.02	15.34	16.84	18.03	10.01

续表

检测时间		实验前	7 天	14 天	21 天	与初始测量色差
31 号（二类青砖）	h	70.06	69.89	67.88	68.24	-1.82
	ΔE					10.37
32 号（二类青砖）	L	45.51	51.47	49.98	50.49	4.98
	a	6.56	5.45	6.74	6.95	0.39
	b	13.94	14.17	16.16	16.82	2.88
	c	15.41	15.18	17.51	18.20	2.79
	h	64.79	68.98	67.35	47.55	-17.24
	ΔE					5.77
33 号（二类青砖）	L	44.93	45.07	47.49	45.89	0.96
	a	2.94	3.58	5.16	4.75	1.81
	b	8.36	11.54	14.17	13.61	5.25
	c	8.86	12.08	15.09	14.41	5.55
	h	70.61	72.76	69.99	70.74	0.13
	ΔE					5.64
浸泡溶液		pH=7　NaCl 溶液				
34 号（红砖）	L	53.91	52.43	53.25	50.76	-3.15
	a	22.10	16.02	16.26	14.88	-7.22
	b	38.47	29.34	29.35	27.52	-10.95
	c	44.59	33.43	33.56	31.28	-13.31
	h	60.63	61.36	61.01	61.60	0.97
	ΔE					13.49
35 号（红砖）	L	50.17	50.51	49.77	48.94	-1.23
	a	53.62	20.19	17.84	16.83	-36.79
	b	44.12	34.34	31.36	30.16	-13.96
	c	50.04	39.83	36.08	34.54	-15.50
	h	61.84	59.55	60.37	60.84	-1.00
	ΔE					39.37

续表

检测时间		实验前	7天	14天	21天	与初始测量色差
36号（红砖）	L	43.56	53.30	58.74	50.38	6.82
	a	40.11	20.15	18.11	20.71	−19.40
	b	45.22	35.77	31.73	36.67	−8.55
	c	60.44	41.05	36.54	42.11	−18.33
	h	48.43	60.60	60.29	60.54	12.11
	ΔE					22.27
34号（一类青砖）	L	42.72	59.81	55.38	53.04	10.32
	a	2.96	6.56	7.36	8.26	5.30
	b	9.50	15.01	17.09	18.79	9.29
	c	9.95	16.38	18.61	20.53	10.58
	h	72.67	66.38	66.69	66.28	−6.39
	ΔE					14.86
35号（一类青砖）	L	50.02	57.43	53.59	53.15	3.13
	a	3.56	3.71	6.44	7.44	3.88
	b	9.76	10.53	15.43	17.71	7.95
	c	10.39	11.16	16.73	19.21	8.82
	h	69.99	70.59	67.34	67.22	−2.77
	ΔE					9.38
36号（一类青砖）	L	33.93	55.01	54.22	53.09	19.16
	a	7.50	4.41	6.49	7.62	0.12
	b	11.35	11.40	15.50	17.68	6.33
	c	11.88	12.22	16.80	19.25	7.37
	h	72.88	68.83	67.26	66.67	−6.21
	ΔE					20.18
34号（二类青砖）	L	40.59	54.33	52.49	53.98	13.39
	a	2.90	4.54	5.81	6.65	3.75
	b	9.90	12.19	14.68	15.71	5.81
	c	10.31	13.01	15.80	17.06	6.75

续表

检测时间		实验前	7 天	14 天	21 天	与初始测量色差
34 号（二类青砖）	h	73.64	69.55	68.41	67.07	–6.57
	ΔE					15.07
35 号（二类青砖）	L	48.52	56.20	57.07	52.26	3.74
	a	3.00	4.41	5.09	7.23	4.23
	b	8.34	11.31	12.81	17.43	9.09
	c	8.86	12.14	13.79	18.89	10.03
	h	70.18	68.68	68.33	67.46	–2.72
	ΔE					10.70
36 号（二类青砖）	L	41.90	55.78	54.50	51.85	9.95
	a	3.19	3.91	5.44	6.50	3.31
	b	9.06	12.63	13.78	16.49	7.43
	c	9.61	12.27	14.82	17.72	8.11
	h	70.58	71.42	68.44	68.48	–2.10
	ΔE					18.25
浸泡溶液		无				
58 号（红砖）	L	52.52	49.91	51.29	48.89	–3.63
	a	21.22	21.59	21.88	23.23	2.01
	b	40.89	39.65	41.74	41.17	0.28
	c	46.07	45.15	47.12	47.27	1.20
	h	62.58	61.43	62.34	60.56	–2.02
	ΔE					4.16
59 号（红砖）	L	38.78	45.61	45.10	46.79	8.01
	a	52.28	28.47	30.22	24.78	–27.50
	b	41.91	39.87	40.77	37.98	–3.93
	c	67.00	48.99	50.75	45.35	–21.65
	h	38.71	54.47	53.45	56.88	18.17
	ΔE					28.91

续表

检测时间		实验前	7 天	14 天	21 天	与初始测量色差
60 号（红砖）	L	48.02	50.62	50.66	48.64	0.62
	a	34.58	27.58	30.02	32.29	−2.29
	b	49.86	47.80	50.22	49.59	−0.27
	c	60.68	55.18	58.51	59.18	−1.50
	h	55.26	60.02	59.13	56.94	1.68
	ΔE					2.39
58 号（一类青砖）	L	28.45	58.80	59.78	56.11	27.66
	a	7.13	5.71	9.15	10.34	3.21
	b	12.60	12.44	18.05	20.44	7.84
	c	14.48	13.68	20.24	22.90	8.42
	h	60.49	65.36	63.12	63.19	2.70
	ΔE					28.93
59 号（一类青砖）	L	43.13	61.16	62.12	59.11	15.98
	a	3.40	4.53	5.34	6.40	3.00
	b	12.59	10.69	11.95	14.03	1.44
	c	13.04	11.61	13.09	15.42	2.38
	h	74.88	67.04	65.94	65.46	−9.42
	ΔE					16.32
60 号（一类青砖）	L	53.02	56.68	56.96	59.39	6.37
	a	3.20	3.72	6.14	6.98	3.78
	b	9.84	10.13	14.41	15.90	6.06
	c	10.35	10.80	15.67	17.09	6.74
	h	71.98	69.83	66.93	65.88	−6.10
	ΔE					9.57
58 号（二类青砖）	L	48.45	40.75	37.78	42.74	−5.71
	a	3.45	3.21	3.78	4.26	0.81

续表

检测时间		实验前	7 天	14 天	21 天	与初始测量色差
58 号（二类青砖）	b	8.32	11.68	13.23	14.19	5.87
	c	9.01	12.11	13.76	14.82	5.81
	h	67.51	74.62	74.05	73.28	5.77
	ΔE					8.23
59 号（二类青砖）	L	53.78	54.12	50.61	40.86	-12.92
	a	3.20	4.09	4.55	3.75	0.55
	b	8.43	12.02	13.76	13.91	5.48
	c	9.02	12.59	14.49	14.41	5.39
	h	69.23	71.21	71.71	74.91	5.68
	ΔE					14.04
60 号（二类青砖）	L	45.68	56.80	52.18	51.86	6.18
	a	2.93	4.23	4.06	4.03	1.10
	b	8.23	12.29	12.09	11.97	3.74
	c	8.74	12.99	12.75	13.63	4.89
	h	70.40	71.01	71.41	71.39	0.99
	ΔE					7.31

根据色差检测数据，发现采用增强剂 KSE OH300 加固处理的砖块中，大部分的红砖前后色差变化较大，接近半数的一类青砖前后色差变化较小，多数的二类青砖前后色差变化较小；而采用微纳米石灰 NML-010 加固处理的砖块中，所有的红砖和一类青砖前后色差变化较大，大部分的二类青砖前后色差变化较大。经过综合对比可以得出，采用增强剂 KSE OH300 加固处理的砖块总体上前后色差变化相对较小，说明该加固材料在感观方面性能相对更好。

②体积质量检测

在砖块酸碱盐浸泡实验过程中，每个周期结束时对砖块进行质量与体积的测量，以检测砖块的损耗程度，来观察不同加固材料的抗损耗效果。

体积质量检测数据见下表。

用增强剂 KSE OH300 加固处理的砖块体积质量检测数据表

检测时间		实验前	7 天	14 天	21 天	与初始测量差值
浸泡溶液		pH=4　HCl 溶液				
10 号（红砖）	质量（g）	55.3	53.0	52.9	53.0	−2.3
	体积（立方厘米）	35.0	35.9	37.4	36.5	1.5
11 号（红砖）	质量（g）	58.1	51.1	51.0	51.1	−7.0
	体积（立方厘米）	37.8	38.7	39.7	38.3	0.5
12 号（红砖）	质量（g）	48.4	43.1	43.1	43.2	−5.2
	体积（立方厘米）	32.0	32.0	32.0	32.0	0.0
10 号（一类青砖）	质量（g）	44.3	44.0	43.9	44.0	−0.3
	体积（立方厘米）	28.9	29.6	30.4	28.9	0.0
11 号（一类青砖）	质量（g）	47.3	45.1	45.0	45.1	−2.2
	体积（立方厘米）	29.7	30.5	30.5	30.5	0.8
12 号（一类青砖）	质量（g）	46.0	45.5	45.4	45.5	−0.5
	体积（立方厘米）	29.9	33.2	32.5	32.5	2.6
10 号（二类青砖）	质量（g）	32.2	31.0	31.0	31.3	−0.9
	体积（立方厘米）	18.4	19.6	19.6	19.6	1.2
11 号（二类青砖）	质量（g）	47.9	43.8	43.8	44.2	−3.7
	体积（立方厘米）	25.8	26.6	26.6	25.8	0.0
12 号（二类青砖）	质量（g）	61.7	60.9	60.9	61.0	−0.7
	体积（立方厘米）	44.0	43.7	43.7	43.7	−0.3
浸泡溶液		pH=12.5　NaOH 溶液				
13 号（红砖）	质量（g）	58.0	57.0	56.8	57.0	−1.0
	体积（立方厘米）	39.2	39.3	39.3	37.9	−1.3
14 号（红砖）	质量（g）	57.7	56.8	56.6	56.7	−1.0
	体积（立方厘米）	38.6	40.5	38.6	38.6	0.0
15 号（红砖）	质量（g）	61.3	61.0	60.9	60.9	−0.4
	体积（立方厘米）	38.5	40.0	40.0	40.0	1.5
13 号（一类青砖）	质量（g）	46.4	45.8	45.7	45.7	−0.7
	体积（立方厘米）	32.1	32.1	34.8	33.8	1.7

续表

检测时间		实验前	7天	14天	21天	与初始测量差值
14号（一类青砖）	质量（g）	58.7	57.3	57.1	57.3	-1.4
	体积（立方厘米）	40.5	39.6	40.5	38.6	-1.9
15号（一类青砖）	质量（g）	50.0	48.8	48.7	48.7	-1.3
	体积（立方厘米）	33.7	33.7	32.3	32.3	-1.4
13号（二类青砖）	质量（g）	64.7	63.2	63.1	63.2	-1.5
	体积（立方厘米）	43.2	46.4	44.3	43.2	0.0
14号（二类青砖）	质量（g）	38.0	36.9	36.7	37.1	-0.9
	体积（立方厘米）	22.6	22.6	22.6	22.6	0.0
15号（二类青砖）	质量（g）	56.2	52.4	52.2	52.3	-3.9
	体积（立方厘米）	35.5	35.5	35.5	35.5	0.0
浸泡溶液		pH=7 NaCl溶液				
16号（红砖）	质量（g）	49.5	46.4	46.3	46.4	-3.1
	体积（立方厘米）	30.0	32.3	30.0	31.4	1.4
17号（红砖）	质量（g）	62.4	59.4	59.4	59.4	-3.0
	体积（立方厘米）	38.5	39.5	39.5	41.1	2.6
18号（红砖）	质量（g）	63.1	60.5	60.5	60.5	-2.6
	体积（立方厘米）	39.5	40.6	39.5	39.5	0.0
16号（一类青砖）	质量（g）	64.7	63.4	63.2	63.2	-1.5
	体积（立方厘米）	41.0	45.1	45.1	45.1	4.1
17号（一类青砖）	质量（g）	54.8	54.7	54.6	54.7	-0.1
	体积（立方厘米）	38.9	38.9	38.9	40.0	1.1
18号（一类青砖）	质量（g）	47.5	46.9	46.8	46.8	-0.7
	体积（立方厘米）	32.8	34.4	33.6	32.6	-0.2
16号（二类青砖）	质量（g）	68.6	62.4	62.3	62.0	-6.6
	体积（立方厘米）	44.4	44.4	45.6	45.6	1.2
17号（二类青砖）	质量（g）	56.6	47.8	47.8	47.8	-8.8
	体积（立方厘米）	32.6	32.6	32.6	32.6	0.0
18号（二类青砖）	质量（g）	50.8	50.5	50.5	50.4	-0.4
	体积（立方厘米）	36.5	34.8	34.8	35.6	-0.9

用微纳米石灰 NML-010 加固处理的砖块体积质量检测数据表

检测时间		实验前	7 天	14 天	21 天	与初始测量差值
浸泡溶液		pH=4　HCl 溶液				
19 号（红砖）	质量（g）	62.9	58.5	58.5	58.6	−4.3
	体积（立方厘米）	40.6	39.5	41.1	39.5	−1.1
20 号（红砖）	质量（g）	47.4	44.8	44.8	44.8	−2.6
	体积（立方厘米）	29.9	30.5	30.5	30.5	0.6
21 号（红砖）	质量（g）	47.9	45.6	45.6	45.6	−2.3
	体积（立方厘米）	30.9	32.2	32.2	32.2	1.3
19 号（一类青砖）	质量（g）	51.9	50.5	50.5	50.5	−1.4
	体积（立方厘米）	35.8	38.3	36.7	36.7	0.9
20 号（一类青砖）	质量（g）	49.9	47.3	47.3	47.3	−2.6
	体积（立方厘米）	32.2	34.6	34.6	35.4	3.2
21 号（一类青砖）	质量（g）	57.6	56.6	56.5	56.6	−1.0
	体积（立方厘米）	40.2	42.9	42.9	42.9	2.7
19 号（二类青砖）	质量（g）	61.4	60.6	60.6	60.7	−0.7
	体积（立方厘米）	41.5	44.5	44.5	44.5	3.0
20 号（二类青砖）	质量（g）	53.3	46.5	46.5	46.9	−6.4
	体积（立方厘米）	31.5	31.0	32.3	33.3	1.8
21 号（二类青砖）	质量（g）	42.7	41.0	41.1	41.1	−1.6
	体积（立方厘米）	31.5	32.0	31.2	31.2	−0.3
浸泡溶液		pH=12.5　NaOH 溶液				
22 号（红砖）	质量（g）	52.6	49.2	49.1	49.2	−3.4
	体积（立方厘米）	34.7	34.6	35.6	34.6	−0.1
23 号（红砖）	质量（g）	62.9	57.5	57.5	57.5	−5.4
	体积（立方厘米）	39.5	40.0	40.0	40.0	0.5
24 号（红砖）	质量（g）	64.5	59.7	59.7	59.7	−4.8
	体积（立方厘米）	38.5	41.1	40.0	40.0	1.5
22 号（一类青砖）	质量（g）	56.4	56.2	56.1	56.2	−0.2
	体积（立方厘米）	36.8	37.8	39.5	39.5	2.7

续表

检测时间		实验前	7 天	14 天	21 天	与初始测量差值
23 号（一类青砖）	质量（g）	45.0	43.7	43.7	43.7	−1.3
	体积（立方厘米）	30.5	29.2	30.5	30.5	0.0
24 号（一类青砖）	质量（g）	54.6	44.2	44.2	44.2	−10.4
	体积（立方厘米）	31.7	32.4	32.4	32.4	0.7
22 号（二类青砖）	质量（g）	49.4	45.6	45.6	45.6	−3.8
	体积（立方厘米）	31.1	31.1	34.0	31.1	0.0
23 号（二类青砖）	质量（g）	78.3	78.0	77.7	77.8	−0.5
	体积（立方厘米）	54.2	55.4	54.2	54.2	0.0
24 号（二类青砖）	质量（g）	50.7	50.3	50.1	50.5	−0.2
	体积（立方厘米）	30.1	31.0	33.3	31.0	0.9
浸泡溶液		pH=7　NaCl 溶液				
25 号（红砖）	质量（g）	58.4	53.0	53.0	53.1	−5.3
	体积（立方厘米）	36.0	37.3	36.0	36.0	0.0
26 号（红砖）	质量（g）	53.8	50.2	50.2	50.2	−3.6
	体积（立方厘米）	33.7	35.2	35.2	35.2	1.5
27 号（红砖）	质量（g）	49.3	47.8	47.8	47.8	−1.5
	体积（立方厘米）	32.4	33.5	33.5	33.5	1.1
25 号（一类青砖）	质量（g）	54.3	54.2	54.1	54.1	−0.2
	体积（立方厘米）	37.9	38.8	38.8	38.8	0.9
26 号（一类青砖）	质量（g）	53.3	53.3	53.2	53.2	−0.1
	体积（立方厘米）	38.3	39.3	39.3	40.2	1.9
27 号（一类青砖）	质量（g）	45.7	40.5	40.4	40.5	−5.2
	体积（立方厘米）	28.1	27.4	30.3	28.1	0.0
25 号（二类青砖）	质量（g）	47.5	47.2	47.2	47.2	−0.3
	体积（立方厘米）	33.0	35.0	35.7	35.7	2.7
26 号（二类青砖）	质量（g）	46.4	41.1	41.1	41.2	−5.2
	体积（立方厘米）	31.1	31.1	31.1	29.6	−1.5
27 号（二类青砖）	质量（g）	59.6	58.7	58.7	58.7	−0.9
	体积（立方厘米）	38.6	41.3	42.3	42.3	4.7

不做加固处理的砖块体积质量检测数据表

检测时间		实验前	7 天	14 天	21 天	与初始测量差值
浸泡溶液		pH=4　HCl 溶液				
28 号（红砖）	质量（g）	70.3	65.3	65.2	65.3	−5.0
	体积（立方厘米）	43.1	46.6	46.6	44.9	1.8
29 号（红砖）	质量（g）	62.9	56.3	56.7	56.8	−6.1
	体积（立方厘米）	38.5	38.5	38.5	38.5	0.0
30 号（红砖）	质量（g）	53.4	48.3	48.3	48.3	−5.1
	体积（立方厘米）	31.8	33.2	33.2	33.2	1.4
28 号（一类青砖）	质量（g）	56.1	40.7	40.6	40.6	15.5
	体积（立方厘米）	27.3	27.3	27.3	27.3	0.0
29 号（一	质量（g）	59.8	59.6	59.6	59.6	−0.2
类青砖）	体积（立方厘米）	41.6	45.4	45.4	45.4	3.8
30 号（一类青砖）	质量（g）	70.1	48.2	48.2	48.3	−21.8
	体积（立方厘米）	35.1	35.1	35.1	35.1	0.0
28 号（二类青砖）	质量（g）	71.6	70.3	70.2	70.8	−0.8
	体积（立方厘米）	43.5	44.6	46.1	43.4	−0.1
29 号（二类青砖）	质量（g）	68.7	50.6	50.6	50.6	−18.1
	体积（立方厘米）	34.0	35.0	34.0	34.0	0.0
30 号（二类青砖）	质量（g）	63.0	62.3	62.2	62.3	−0.7
	体积（立方厘米）	44.9	44.9	44.9	44.9	0.0
浸泡溶液		pH=12.5　NaOH 溶液				
31 号（红砖）	质量（g）	59.4	54.1	54.1	54.1	−5.3
	体积（立方厘米）	36.6	37.6	38.8	38.8	2.2
32 号（红砖）	质量（g）	47.7	40.4	40.3	40.4	−7.3
	体积（立方厘米）	32.0	32.8	32.8	32.8	0.8
33 号（红砖）	质量（g）	55.0	51.9	51.9	51.9	−3.1
	体积（立方厘米）	35.8	38.1	34.9	34.9	−0.9
31 号（一类青砖）	质量（g）	66.1	42.5	42.5	42.5	−23.6
	体积（立方厘米）	29.0	30.8	30.8	29.9	0.9

续表

检测时间		实验前	7天	14天	21天	与初始测量差值
32号（一类青砖）	质量（g）	54.7	45.4	45.4	45.4	-9.3
	体积（立方厘米）	31.5	31.5	31.5	31.5	0.0
33号（一类青砖）	质量（g）	80.3	58.6	58.5	58.5	-21.8
	体积（立方厘米）	30.3	41.6	43.5	40.7	10.4
31号（二类青砖）	质量（g）	72.7	71.9	71.6	72.2	-0.5
	体积（立方厘米）	44.6	46.1	46.1	44.6	0.0
32号（二类青砖）	质量（g）	49.2	48.9	48.6	49.1	-0.1
	体积（立方厘米）	29.7	29.7	30.6	30.6	0.9
33号（二类青砖）	质量（g）	74.0	73.2	73.0	73.5	-0.5
	体积（立方厘米）	44.6	47.4	47.4	47.4	2.8
浸泡溶液		pH=7　NaCl溶液				
34号（红砖）	质量（g）	55.0	54.5	54.5	54.5	-0.5
	体积（立方厘米）	37.5	39.6	38.5	38.5	1.0
35号（红砖）	质量（g）	50.5	49.0	48.9	49.0	-10.5
	体积（立方厘米）	37.9	33.2	33.2	33.2	-4.7
36号（红砖）	质量（g）	79.6	73.5	73.4	73.5	-6.1
	体积（立方厘米）	49.9	52.5	51.5	52.5	2.6
34号（一类青砖）	质量（g）	48.0	44.0	43.9	43.9	-4.1
	体积（立方厘米）	30.5	30.5	31.4	31.4	0.9
35号（一类青砖）	质量（g）	45.5	43.5	43.4	43.4	-2.1
	体积（立方厘米）	29.2	37.8	38.6	37.8	8.6
36号（一类青砖）	质量（g）	49.4	41.5	41.6	41.5	-7.9
	体积（立方厘米）	30.8	29.5	28.9	28.9	-1.9
34号（二类青砖）	质量（g）	50.2	41.6	41.5	40.8	-9.4
	体积（立方厘米）	30.5	31.9	30.5	29.1	-1.4
35号（二类青砖）	质量（g）	58.7	40.8	40.8	41.5	-17.2
	体积（立方厘米）	29.1	30.0	29.1	30.5	1.4
36号（二类青砖）	质量（g）	47.8	42.3	42.3	42.3	-5.5
	体积（立方厘米）	31.3	31.3	31.3	31.3	0.0

续表

检测时间		实验前	7天	14天	21天	与初始测量差值
浸泡溶液		无				
58号（红砖）	质量（g）	59.7	59.4	59.4	59.4	-0.3
	体积（立方厘米）	41.1	41.1	41.1	41.1	0.0
59号（红砖）	质量（g）	60.0	57.3	57.2	57.3	2.7
	体积（立方厘米）	40.0	39.0	40.0	39.0	1.0
60号（红砖）	质量（g）	64.6	63.3	63.0	63.3	-1.3
	体积（立方厘米）	42.3	44.5	42.3	42.3	0.0
58号（一类青砖）	质量（g）	48.4	47.9	47.7	47.9	-0.5
	体积（立方厘米）	32.2	32.2	32.2	32.2	0.0
59号（一类青砖）	质量（g）	41.9	41.5	41.4	41.5	-0.4
	体积（立方厘米）	27.3	27.3	27.3	27.3	0.0
60号（一类青砖）	质量（g）	43.5	43.1	42.9	43.1	-0.4
	体积（立方厘米）	29.7	29.7	29.7	29.7	0.0
58号（二类青砖）	质量（g）	53.3	35.5	35.3	35.4	-17.9
	体积（立方厘米）	22.0	22.0	22.0	22.0	0.0
59号（二类青砖）	质量（g）	43.9	39.2	39.0	39.1	-4.8
	体积（立方厘米）	25.2	25.0	23.1	25.0	-0.2
60号（二类青砖）	质量（g）	47.0	36.6	36.4	36.5	10.5
	体积（立方厘米）	23.8	23.8	23.8	22.6	-1.2

根据体积质量检测数据，发现采用增强剂KSE OH300和微纳米石灰NML-010加固处理的红砖前后体积变化均较小，同时采用增强剂KSE OH300加固处理的砖块前后质量损耗更小，表明该加固剂对红砖的保护更好，能明显降低在老化环境中的损耗速度。

③硬度检测

在砖块酸碱盐浸泡实验的过程中，每个周期结束时砖块进行硬度测量，可以直观地观察不同加固材料的加固效果。

硬度检测数据见下表。

用增强剂 KSE OH300 加固处理的砖块硬度检测数据表（单位：HL）

检测时间	实验前	7 天	14 天	21 天	与初始测量差值
浸泡溶液	pH=4　HCl 溶液				
10 号（红砖）	326.4	490.6	501.0	417.6	91.2
11 号（红砖）	326.8	406.4	435.4	396.2	69.4
12 号（红砖）	313.0	318.6	381.0	343.0	30.0
10 号（一类青砖）	351.0	442.2	355.8	466.8	115.5
11 号（一类青砖）	366.6	491.6	373.4	404.4	37.8
12 号（一类青砖）	370.8	405.0	430.8	380.0	9.2
10 号（二类青砖）	349.0	367.8	352.2	359.4	10.4
11 号（二类青砖）	362.8	358.0	410.4	464.8	102.0
12 号（二类青砖）	386.6	506.8	553.4	529.4	142.8
浸泡溶液	pH=12.5　NaOH 溶液				
13 号（红砖）	307.2	397.8	330.2	380.4	73.2
14 号（红砖）	376.4	464.6	525.8	534.2	157.8
15 号（红砖）	376.6	562.2	549.6	446.0	69.4
13 号（一类青砖）	356.2	448.8	509.2	525.2	169.0
14 号（一类青砖）	534.2	413.4	451.6	542.0	7.8
15 号（一类青砖）	428.6	414.0	423.6	433.0	4.4
13 号（二类青砖）	409.2	425.4	345.2	440.8	31.6
14 号（二类青砖）	337.2	315.8	343.6	350.2	13.0
15 号（二类青砖）	318.8	426.4	355.6	443.0	124.2
浸泡溶液	pH=7　NaCl 溶液				
16 号（红砖）	330.2	384.0	368.0	345.6	15.4
17 号（红砖）	407.2	355.8	407.8	423.0	15.8
18 号（红砖）	389.0	490.6	529.8	530.2	141.2
16 号（一类青砖）	354.4	529.6	515.6	549.6	195.2
17 号（一类青砖）	408.8	315.0	494.2	483.8	75.0
18 号（一类青砖）	367.8	569.8	474.8	552.6	184.8
16 号（二类青砖）	396.6	499.8	517.6	488.4	91.8
17 号（二类青砖）	500.0	427.2	490.0	527.2	27.2
18 号（二类青砖）	412.0	362.4	422.6	483.8	71.8

用微纳米石灰 NML-010 加固处理的砖块硬度检测数据表（单位：HL）

检测时间	实验前	7 天	14 天	21 天	与初始测量差值
浸泡溶液	pH=4　HCl 溶液				
19 号（红砖）	355.0	452.8	408.0	418.4	63.4
20 号（红砖）	315.6	387.0	390.6	400.2	84.6
21 号（红砖）	351.6	433.8	396.4	421.4	69.8
19 号（一类青砖）	459.0	449.0	478.2	476.8	17.8
20 号（一类青砖）	431.0	457.8	359.6	436.0	5.0
21 号（一类青砖）	359.4	488.0	462.0	467.0	107.6
19 号（二类青砖）	399.0	434.0	451.4	486.4	87.4
20 号（二类青砖）	377.0	406.2	382.4	404.0	27.0
21 号（二类青砖）	339.8	417.4	416.8	430.2	90.4
浸泡溶液	pH=12.5　NaOH 溶液				
22 号（红砖）	320.4	369.8	566.2	370.4	50.0
23 号（红砖）	348.8	469.2	384.2	382.8	34.0
24 号（红砖）	376.6	408.2	426.4	506.8	130.2
22 号（一类青砖）	391.4	355.8	423.8	398.0	6.6
23 号（一类青砖）	403.0	484.4	426.2	406.6	3.6
24 号（一类青砖）	368.2	419.4	370.0	400.0	31.8
22 号（二类青砖）	376.2	404.4	382.0	434.0	57.8
23 号（二类青砖）	398.2	453.8	531.8	514.0	115.8
24 号（二类青砖）	349.0	320.4	410.6	360.0	11.0
浸泡溶液	pH=7　NaCl 溶液				
25 号（红砖）	394.8	478.2	462.8	433.8	39.0
26 号（红砖）	320.6	420.8	408.6	387.8	67.2
27 号（红砖）	340.4	456.6	430.8	348.8	8.4

不做加固处理的砖块硬度检测数据表（单位：HL）

检测时间	实验前	7 天	14 天	21 天	与初始测量差值
浸泡溶液	pH=4　HCl 溶液				
28 号（红砖）	373.8	419.2	440.8	408.8	35.0
29 号（红砖）	359.6	413.6	455.2	456.8	97.2
30 号（红砖）	352.4	354.6	404.6	432.6	80.2
28 号（一类青砖）	402.4	373.8	415.0	448.4	46.0

续表

检测时间	实验前	7 天	14 天	21 天	与初始测量差值
29 号（一类青砖）	593.0	433.6	450.4	486.8	−106.2
30 号（一类青砖）	527.2	376.2	337.0	347.4	−179.8
28 号（二类青砖）	387.8	345.0	399.2	385.6	−2.2
29 号（二类青砖）	508.6	478.4	530.6	451.2	−57.4
30 号（二类青砖）	319.4	444.4	386.6	484.4	165.0
浸泡溶液	pH=12.5　NaOH 溶液				
31 号（红砖）	345.0	424.0	412.6	445.2	100.2
32 号（红砖）	354.0	401.8	440.6	341.4	−12.6
33 号（红砖）	330.6	446.6	457.0	425.4	94.8
31 号（一类青砖）	336.8	390.8	422.8	443.2	106.4
32 号（一类青砖）	339.0	387.0	384.8	425.0	86.0
33 号（一类青砖）	340.2	431.4	508.6	512.4	172.2
31 号（二类青砖）	372.4	411.8	381.2	385.8	13.4
32 号（二类青砖）	446.4	364.2	402.8	376.0	−70.4
33 号（二类青砖）	483.8	348.4	363.6	367.6	−116.2
浸泡溶液	pH=7　NaCl 溶液				
34 号（红砖）	355.4	466.2	428.2	446.4	91.0
35 号（红砖）	298.4	321.2	377.8	382.0	83.6
36 号（红砖）	378.6	399.6	478.0	412.4	33.8
34 号（一类青砖）	489.4	404.0	396.0	444.2	−45.2
35 号（一类青砖）	478.0	394.8	373.0	370.4	−107.6
36 号（一类青砖）	339.8	462.2	349.0	397.8	58.0
34 号（二类青砖）	425.0	440.2	374.4	404.6	−20.4
35 号（二类青砖）	386.6	449.6	421.4	384.8	−1.8
36 号（二类青砖）	399.8	348.4	338.8	431.2	31.4
浸泡溶液	无				
58 号（红砖）	377.6	396.8	449.4	432.2	54.6
59 号（红砖）	342.6	404.0	404.0	406.8	64.2
60 号（红砖）	320.6	456.8	431.6	411.8	91.2
58 号（一类青砖）	513.0	488.2	537.8	535.2	22.2
59 号（一类青砖）	478.3	480.6	476.0	494.6	16.3

续表

检测时间	实验前	7 天	14 天	21 天	与初始测量差值
60 号（一类青砖）	414.6	428.8	400.4	404.8	-9.8
58 号（二类青砖）	516.6	330.8	374.4	370.6	-146.0
59 号（二类青砖）	491.2	310.6	338.2	342.8	-148.4
60 号（二类青砖）	362.0	355.8	391.6	308.0	-54.0

根据硬度检测数据，发现用两种加固材料加固处理后，砖块前后硬度均有增强，而用增强剂 KSEO H300 加固处理的砖块硬度增强更明显，说明该加固材料加固效果更好。

④实验结论

在酸碱盐浸泡实验中，增强剂 KSEO H300 在感观、加固效果和抗损耗方面均优于微纳米石灰 NML-010。

2. 防水、防潮材料实验室实验

（1）防水材料

本次防水材料实验室实验采用外立面憎水剂 RS96 和外立面憎水乳液 WS98 这两种防水材料。

1）外立面憎水剂 RS96 为低聚物硅氧烷制剂，溶剂型无机建筑材料憎水材料，无色透明，具有极佳的抗碱性，优异的泼水性能，优异的耐候性能，基本不影响建筑物的透气性和基材表面颜色。

2）外立面憎水乳液 WS98 为水性硅氧烷乳液，具有极佳的渗透性；固化后，可降低材料的毛细吸水率，具有极佳的抗碱性，优异的泼水性能，优异的耐候性能。

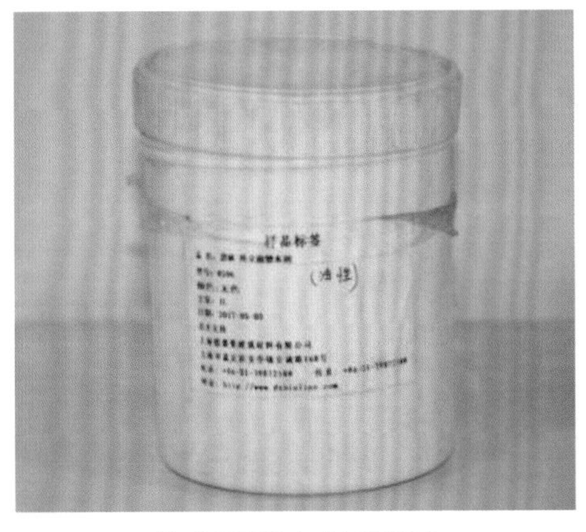

外立面憎水剂 RS96

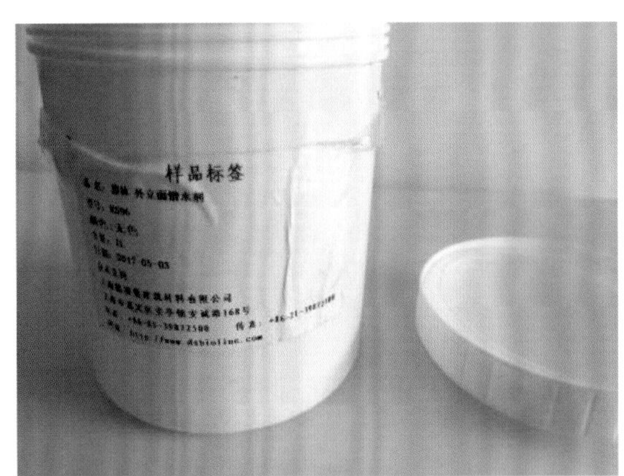

外立面憎水乳液 WS98

（2）防潮材料

本次防潮材料实验室实验采用防潮剂 BS16-18、BS10019 和特种防潮剂这 3 种防潮材料进行防潮效果实验。

防潮剂 BS16-18 为有机硅类避潮层毛细水隔阻材料，pH 值约等于 13，外表为无色透明液体，具有水性、环保、优异的防水性能，施工后基本不影响砌体的透气性。

防潮剂 BS10019 为有机硅类避潮层毛细水隔阻材料，pH 值约等于 7，外表为乳白色液体，具有水性、环保、优异的防水性能，施工后基本不影响砌体的透气性。

特种防潮剂为采用专利配方复合而成的反应型无机防潮产品，材料无色无味，本身为无机物，耐盐碱、酸等化学物质的侵蚀，不受基面形状的限制，具有良好的边缘密封性。

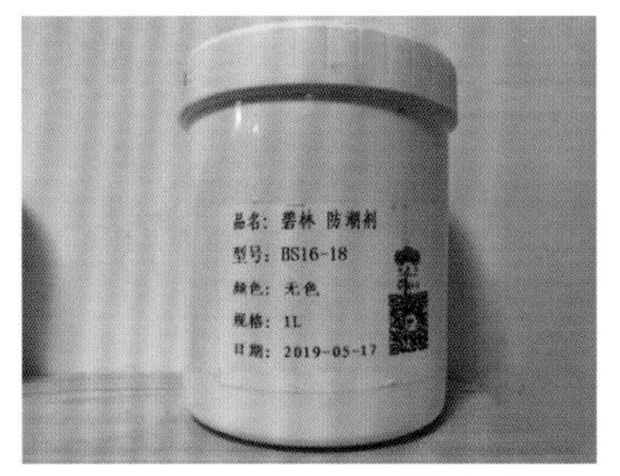

防潮剂 BS16-18

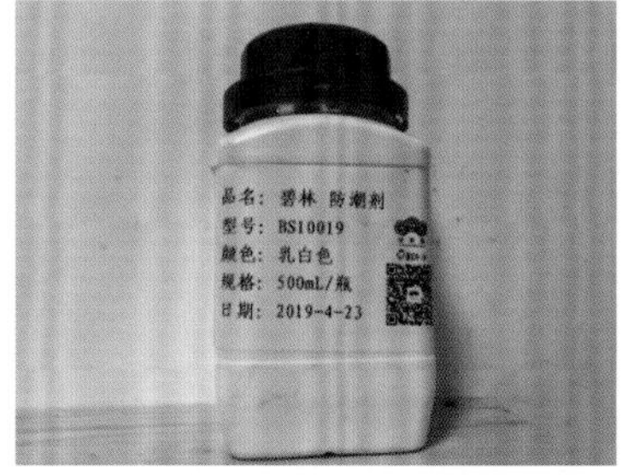

防潮剂 BS10019

特种防潮剂

（3）干湿循环实验

1）实验方法

①将已采集的砖块进行切割，尽量做到规则结构，并对其做分组处理，详见下表。

砖块干湿循环实验分组表（红砖）

编号	49、50、51 号	52、53、54 号	55、56、57 号	
分组处理方式	外立面憎水剂 RS96	外立面憎水乳液 WS98	不做处理	
防水周期	24 小时	24 小时	24 小时	
编号	37、38、39 号	40、41、42 号	43、44、45 号	46、47、48 号
分组处理方式	防潮剂 BS16-18	防潮剂 BS10019	特种防潮剂	不做处理
防潮周期	24 小时	24 小时	24 小时	24 小时

砖块干湿循环实验分组表（一类青砖）

编号	49、50、51 号	52、53、54 号	55、56、57 号	
分组处理方式	外立面憎水剂 RS96	外立面憎水乳液 WS98	不做处理	
防水周期	24 小时	24 小时	24 小时	
编号	37、38、39 号	40、41、42 号	43、44、45 号	46、47、48 号
分组处理方式	防潮剂 BS16-18	防潮剂 BS10019	特种防潮剂	不做处理
防潮周期	24 小时	24 小时	24 小时	24 小时

砖块干湿循环实验分组表（二类青砖）

编号	49、50、51 号	52、53、54 号	55、56、57 号	
分组处理方式	外立面憎水剂 RS96	外立面憎水乳液 WS98	不做处理	
防水周期	24 小时	24 小时	24 小时	
编号	37、38、39 号	40、41、42 号	43、44、45 号	46、47、48 号
分组处理方式	防潮剂 BS16-18	防潮剂 BS10019	特种防潮剂	不做处理
防潮周期	24 小时	24 小时	24 小时	24 小时

②对砖块进行长、宽、高尺寸量取，并对其进行称重，用色差仪分别测出其色度。

③将分组后的砖块分别浸入两种防水材料和三种防潮材料中，使其充分接触 1 小时后，拿出放于试验台托盘自然晾干，养护 24 小时。

④将砖块放入恒温干燥箱中干燥，干燥时间 6 小时，温度为 50℃，冷却 2 小时，冷却后取出浸泡在室温水箱中，浸泡时间 16 小时，总时间 24 小时为一个周期。

⑤在每个周期结束时，用电子秤测定质量、用色度仪检测色度、用游标卡尺测量体积，同时在每个周期中的干燥冷却后用电子秤测定质量，结合每个周期结束后的质量求得吸水率。

2）检测方法与数据分析

①吸水率检测

在砖块干湿循环实验每个周期中的干燥冷却后，用电子秤检测砖块的干燥质量，并在每个周期完成后（浸泡后）检测砖块的水饱和质量，根据每个周期砖块的干燥质量和水饱和质量求得吸水率。

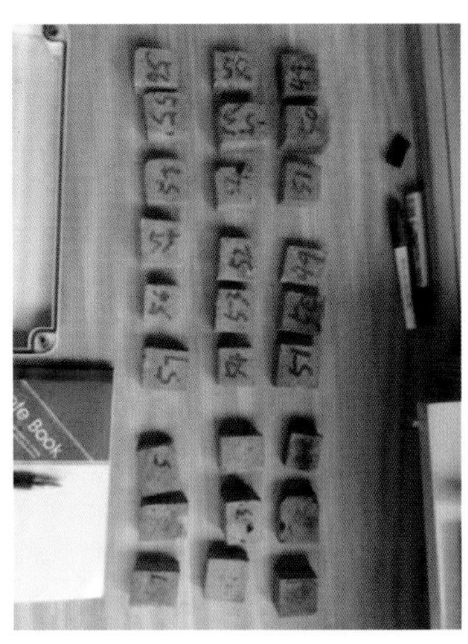
干湿循环实验用砖块

浸泡的砖块

吸水率检测数据见下表。

干湿循环实验砖块吸水率检测数据表（红砖）

检测时间	实验前	7 天	14 天	21 天	与初始测量差值
37 号	20.6%	1.4%	2.1%	1.2%	-19.4%
38 号	26.7%	2.4%	3.5%	2.4%	-24.3%
39 号	22.3%	2.0%	2.5%	1.9%	-20.4%
40 号	21.9%	16.4%	12.5%	9.3%	-12.6%
41 号	25.1%	24.6%	18.6%	23.4%	-1.7%
42 号	25.7%	23.8%	12.6%	18.0%	-7.7%
43 号	21.3%	2.6%	3.0%	2.4%	-18.9%
44 号	23.3%	2.3%	3.0%	2.3%	-21.0%
45 号	24.1%	3.9%	4.4%	3.9%	-20.2%
46 号	24.7%	28.5%	17.9%	28.0%	3.3%
47 号	18.4%	19.2%	17.3%	19.0%	0.6%
48 号	21.5%	21.5%	15.3%	21.2%	-0.3%
49 号	21.1%	1.1%	0.9%	0.7%	-20.4%
50 号	18.2%	1.9%	1.9%	1.6%	-16.6%
51 号	28.4%	2.5%	2.3%	1.8%	-26.6%
52 号	27.0%	8.6%	7.2%	5.3%	-21.7%

续表

检测时间	实验前	7 天	14 天	21 天	与初始测量差值
53 号	18.9%	14.2%	8.9%	4.7%	−14.2%
54 号	29.8%	22.3%	21.3%	20.3%	−9.5%
55 号	20.7%	21.3%	20.7%	20.4%	−0.3%
56 号	26.9%	29.4%	29.3%	28.5%	1.6%
57 号	26.8%	29.4%	29.3%	28.5%	1.7%

干湿循环实验砖块吸水率检测数据表（一类青砖）

检测时间	实验前	7 天	14 天	21 天	与初始测量差值
37 号	18.2%	3.0%	2.7%	1.9%	−16.3%
38 号	18.0%	1.8%	2.8%	1.8%	−16.2%
39 号	20.0%	2.1%	2.8%	5.5%	−14.5%
40 号	18.5%	9.3%	4.9%	2.1%	−16.4%
41 号	19.7%	19.9%	14.8%	19.5%	−0.2%
42 号	20.3%	20.1%	17.2%	19.8%	−0.5%
43 号	19.1%	9.9%	9.7%	11.1%	−8.0%
44 号	19.5%	8.4%	8.8%	9.0%	−10.5%
45 号	19.8%	8.6%	8.8%	8.8%	−11.0%
46 号	21.0%	22.9%	20.7%	22.7%	1.7%
47 号	14.5%	24.1%	21.8%	24.0%	9.5%
48 号	17.6%	23.0%	15.9%	22.8%	5.2%
49 号	19.6%	2.7%	2.7%	2.4%	−17.2%
50 号	21.8%	1.5%	1.7%	1.5%	−20.3%
51 号	20.1%	1.8%	1.9%	1.8%	−18.3%
52 号	16.3%	15.7%	14.9%	13.9%	−2.4%
53 号	16.8%	1.0%	1.0%	0.8%	−16.0%
54 号	21.5%	1.7%	1.4%	6.5%	−15.0%
55 号	21.3%	23.7%	23.5%	23.3%	2.0%
56 号	19.7%	22.8%	22.5%	22.0%	2.3%
57 号	20.7%	23.5%	23.5%	23.1%	2.4%

干湿循环实验砖块吸水率检测数据表（二类青砖）

检测时间	实验前	7 天	14 天	21 天	与初始测量差值
37 号	14.5%	1.6%	2.1%	1.3%	-13.2%
38 号	16.7%	1.1%	1.9%	1.3%	-15.4%
39 号	17.8%	2.9%	3.3%	2.7%	-15.1%
40 号	13.8%	13.7%	13.5%	14.2%	0.4%
41 号	19.3%	19.4%	14.2%	18.5%	-0.8%
42 号	18.7%	13.2%	9.6%	11.7%	-7.0%
43 号	27.6%	10.4%	10.4%	10.9%	-16.7%
44 号	22.2%	2.1%	2.5%	1.6%	-20.6%
45 号	18.5%	1.6%	2.0%	1.4%	-17.1%
46 号	24.2%	26.4%	19.8%	25.8%	1.6%
47 号	36.6%	25.9%	17.5%	26.3%	-10.3%
48 号	19.1%	16.7%	14.3%	16.2%	-2.9%
49 号	17.8%	1.7%	1.9%	1.4%	-16.4%
50 号	18.7%	1.0%	1.0%	0.8%	-17.9%
51 号	16.3%	1.1%	1.1%	1.1%	-15.2%
52 号	19.9%	14.5%	13.5%	11.6%	-8.3%
53 号	20.0%	16.3%	15.4%	14.8%	-5.2%
54 号	16.2%	13.9%	12.2%	8.8%	-7.4%
55 号	18.0%	17.9%	17.9%	17.5%	-0.5%
56 号	17.2%	26.1%	26.4%	26.2%	9.0%
57 号	20.3%	25.3%	25.4%	24.9%	4.6%

根据吸水率检测数据，发现采用两种防水材料防水处理后的砖块前后吸水率均明显减小，其中用外立面憎水剂 RS96 防水处理的砖块吸水率减小得更多，说明该防水材料防水性能更好。根据吸水率检测数据，发现采用防潮剂 BS16-18 和特种防潮剂防潮处理的砖块前后吸水率均明显减小，其中用前者防潮处理的砖块吸水率减小得更多，而采用防潮剂 BS10019 防潮处理的砖块虽然大部分前后吸水率有所减小，但多数砖块减小幅度并不明显，说明防潮剂 BS16-18 防潮性能最好。

②色差检测

选取砖块，将砖块平放在试验台上，在环境相对湿度 60%，温度 (25±2)℃的环境下；利用三恩便捷式电脑色差仪，选择测色大口径 8 毫米，在 D65/10°（指光源和测定角）和 SCE（排除镜面反射光）条件下，先对仪器进行黑白板校正，然后在每块砖块选取一个面进行取点测定。

色差检测数据见下表。

干湿循环实验砖块色差检测数据表（红砖）

检测时间		实验前	7 天	14 天	21 天	与前一次测量色差
37 号	L	40.71	38.57	37.69	37.00	−3.71
	a	39.35	22.90	24.34	24.56	−14.79
	b	40.06	28.94	29.56	29.25	−10.81
	c	56.16	36.91	38.29	38.20	−17.96
	h	45.51	51.64	50.52	49.98	4.47
	ΔE					18.69
38 号	L	39.78	47.57	50.51	49.10	9.32
	a	50.42	20.94	17.80	20.95	−29.47
	b	42.22	34.36	31.17	36.53	−5.69
	c	65.76	40.24	35.89	42.11	−23.65
	h	39.94	58.65	60.27	60.17	20.23
	ΔE					31.43
39 号	L	39.43	50.86	53.11	51.09	11.66
	a	54.76	21.00	21.60	21.35	−33.41
	b	43.20	31.98	34.48	35.31	−7.89
	c	69.75	38.26	40.69	41.31	−28.44
	h	38.27	56.71	57.93	58.89	20.62
	ΔE					36.26
40 号	L	39.23	45.93	52.94	51.05	11.82
	a	41.11	20.13	22.56	23.26	−17.85
	b	38.81	33.55	40.25	41.88	3.07
	c	56.54	39.13	46.14	47.91	−8.63
	h	43.35	59.03	60.73	60.95	17.60
	ΔE					21.63

续表

检测时间		实验前	7 天	14 天	21 天	与前一次测量色差
41 号	L	38.46	49.14	48.02	47.55	9.09
	a	58.90	26.87	28.13	27.68	-31.22
	b	43.60	42.35	43.66	42.87	-0.73
	c	72.76	50.16	51.94	51.03	-21.73
	h	36.82	57.60	57.21	57.15	20.33
	ΔE					32.52
42 号	L	44.29	47.80	46.15	45.71	1.42
	a	37.84	27.12	24.19	23.23	-14.61
	b	45.26	32.12	37.78	39.38	-5.88
	c	59.00	38.77	44.86	45.92	-13.08
	h	50.10	55.93	57.37	59.04	8.94
	ΔE					15.81
43 号	L	43.16	53.03	52.56	50.13	6.97
	a	50.19	23.53	23.69	23.62	-26.57
	b	47.97	37.74	39.54	39.38	-8.59
	c	69.43	44.47	46.10	45.92	-23.51
	h	43.71	58.05	59.07	59.04	15.33
	ΔE					28.78
44 号	L	44.33	47.49	47.69	49.89	5.56
	a	37.44	17.30	20.93	18.89	-18.55
	b	45.25	27.41	35.74	32.45	-12.80
	c	58.73	32.42	41.42	37.55	-21.18
	h	50.39	57.75	59.65	59.80	9.41
	ΔE					23.21
45 号	L	41.46	49.87	48.88	47.62	6.16
	a	49.72	24.49	29.09	27.30	-22.42
	b	44.86	41.07	46.38	43.12	-1.74
	c	66.98	47.81	54.75	51.04	-15.94
	h	42.07	59.19	57.90	57.66	15.59
	ΔE					23.32

续表

检测时间		实验前	7 天	14 天	21 天	与前一次测量色差
46 号	L	40.42	48.32	40.99	47.35	6.93
	a	50.68	25.98	50.28	27.41	−23.27
	b	43.40	42.45	43.68	43.45	0.05
	c	66.72	49.72	66.61	51.37	−15.35
	h	40.57	58.63	40.99	57.76	17.19
	ΔE					24.28
47 号	L	41.01	46.54	47.42	46.08	5.07
	a	48.55	22.31	24.60	58.90	10.35
	b	44.02	33.04	37.99	38.45	−5.57
	c	65.53	39.88	45.26	46.36	−19.17
	h	42.20	55.95	57.07	56.05	13.85
	ΔE					12.80
48 号	L	52.38	51.36	49.79	48.89	−3.49
	a	20.31	16.91	17.99	18.81	−1.50
	b	39.48	32.24	35.06	36.87	−2.61
	c	44.40	36.41	39.40	41.39	−3.01
	h	62.78	62.32	62.83	62.97	0.19
	ΔE					4.61
49 号	L	54.46	40.92	42.19	41.48	−12.98
	a	17.98	18.90	19.89	21.51	3.53
	b	35.34	29.22	31.64	32.68	−2.66
	c	39.65	33.96	37.37	39.12	−0.53
	h	63.03	56.18	57.85	52.65	−10.38
	ΔE					13.71
50 号	L	40.56	32.89	35.14	41.61	1.05
	a	37.11	28.88	45.40	26.92	−10.19
	b	40.76	29.35	36.39	35.91	−4.85
	c	55.12	41.18	58.19	44.88	−10.24
	h	47.69	45.46	38.71	53.14	5.45
	ΔE					11.33

续表

检测时间		实验前	7天	14天	21天	与前一次测量色差
51号	L	47.27	47.65	40.97	42.53	-4.74
	a	30.51	18.35	32.66	29.09	-1.42
	b	41.35	32.25	37.80	38.05	-3.30
	c	55.49	37.10	49.95	47.90	-7.59
	h	56.65	60.36	49.17	52.60	-4.05
	ΔE					5.95
52号	L	50.62	46.12	48.81	45.68	-4.94
	a	22.33	24.36	22.97	27.14	4.81
	b	40.51	39.94	41.01	41.85	1.34
	c	46.26	46.78	47.00	49.88	3.62
	h	61.14	58.62	60.74	57.04	-4.10
	ΔE					7.02
53号	L	46.08	46.39	47.35	46.90	0.82
	a	33.82	31.65	29.80	31.12	-2.70
	b	45.97	55.56	44.66	46.20	0.23
	c	57.07	55.47	53.69	55.71	-1.36
	h	53.66	55.22	56.29	56.04	2.38
	ΔE					2.83
54号	L	48.90	51.98	51.38	51.48	2.58
	a	26.90	23.98	23.90	24.19	-2.71
	b	42.36	41.31	41.33	43.04	0.68
	c	50.47	47.77	47.74	49.38	-1.09
	h	57.69	59.86	59.96	60.66	2.97
	ΔE					2.97
55号	L	48.00	52.39	49.83	49.58	1.58
	a	29.04	21.78	23.53	24.37	-4.67
	b	45.23	39.24	39.81	41.95	-3.28
	c	54.02	44.88	46.25	48.51	-5.51
	h	56.85	60.97	59.41	59.84	2.99
	ΔE					5.92

续表

检测时间		实验前	7 天	14 天	21 天	与前一次测量色差
56 号	L	55.87	48.02	53.63	52.20	−3.67
	a	22.17	25.33	22.56	22.82	0.65
	b	41.84	40.56	39.88	41.56	−0.28
	c	47.35	47.82	45.82	47.41	0.06
	h	62.08	58.02	60.51	61.30	−0.78
	ΔE					3.74
57 号	L	51.18	51.32	50.75	50.49	−0.69
	a	22.68	25.46	26.07	25.58	2.90
	b	41.82	43.32	42.89	44.07	2.25
	c	47.57	50.25	50.19	50.96	3.39
	h	51.53	59.56	58.71	59.81	8.28
	ΔE					3.73

干湿循环实验砖块色差检测数据表（一类青砖）

检测时间		实验前	7 天	14 天	21 天	与前一次测量色差
37 号	L	53.85	39.41	39.36	38.54	−15.31
	a	3.21	2.29	3.34	3.66	0.45
	b	8.34	7.29	10.43	12.50	4.16
	c	8.93	7.64	10.95	13.03	4.10
	h	68.94	72.56	72.22	73.66	4.72
	ΔE					15.87
38 号	L	56.88	45.37	41.80	42.70	−14.18
	a	2.41	2.55	3.13	3.84	1.43
	b	7.46	6.74	10.44	13.30	5.84
	c	7.84	7.20	10.90	13.84	6.00
	h	72.07	69.25	73.31	73.90	1.83
	ΔE					15.40

续表

检测时间		实验前	7 天	14 天	21 天	与前一次测量色差
39 号	L	54.61	57.70	57.58	55.16	0.55
	a	2.89	5.95	6.56	8.46	5.57
	b	9.41	13.72	16.38	20.30	10.89
	c	9.85	14.96	17.64	21.99	12.14
	h	72.94	66.55	68.17	67.37	–5.57
	ΔE					12.24
40 号	L	35.07	58.32	52.31	57.00	21.93
	a	3.71	4.73	6.24	6.66	2.95
	b	11.68	11.95	14.28	16.94	5.26
	c	12.25	12.85	15.59	18.21	5.96
	h	72.39	68.43	66.41	68.55	–3.84
	ΔE					22.74
41 号	L	42.85	59.22	56.94	57.36	14.51
	a	3.31	4.27	5.55	5.35	2.04
	b	10.65	10.49	9.97	13.00	2.35
	c	11.15	11.32	11.41	14.06	2.91
	h	71.72	67.86	60.88	67.63	–4.09
	ΔE					14.84
42 号	L	27.31	54.85	52.18	51.72	24.41
	a	5.82	6.71	6.61	8.19	2.37
	b	10.26	15.15	15.65	19.64	9.38
	c	11.79	16.57	16.99	21.28	9.49
	h	60.43	66.13	67.10	67.37	6.94
	ΔE					26.26
43 号	L	39.37	57.93	53.03	52.71	13.34
	a	2.67	4.99	7.30	7.32	4.65
	b	9.50	10.88	11.49	15.53	6.03
	c	9.87	11.98	13.61	17.16	7.29
	h	74.28	65.35	57.58	64.77	–9.51
	ΔE					15.36

续表

检测时间		实验前	7 天	14 天	21 天	与前一次测量色差
44 号	L	42.74	58.62	56.36	55.31	12.57
	a	2.89	4.02	6.81	7.07	4.18
	b	9.80	9.82	12.80	14.95	5.15
	c	10.21	10.61	14.50	16.53	6.32
	h	73.54	67.75	61.98	64.68	−8.86
	ΔE					14.21
45 号	L	40.25	59.10	57.00	55.64	15.39
	a	3.59	4.67	5.65	7.04	3.45
	b	10.62	10.83	13.51	15.76	5.14
	c	11.21	11.79	14.65	18.17	6.96
	h	71.29	66.66	67.30	67.20	−4.09
	ΔE					16.59
46 号	L	50.92	50.15	48.30	47.28	−3.64
	a	6.29	6.12	6.81	7.25	0.96
	b	13.63	13.47	16.27	17.72	4.09
	c	15.06	14.79	17.64	19.14	4.08
	h	65.31	65.58	67.30	67.75	2.44
	ΔE					5.56
47 号	L	38.38	57.68	52.24	53.92	15.54
	a	3.93	2.53	4.84	4.88	0.95
	b	12.85	7.96	11.93	13.22	0.37
	c	13.44	8.36	12.69	14.09	0.65
	h	72.98	72.40	67.56	69.73	−3.25
	ΔE					15.57
48 号	L	56.34	58.23	57.36	56.32	−0.02
	a	3.13	4.78	6.39	6.37	3.24
	b	10.32	12.12	15.92	16.46	6.14
	c	10.78	13.03	17.15	17.65	6.87
	h	73.15	68.47	68.11	68.84	−4.31
	ΔE					6.94

续表

检测时间		实验前	7 天	14 天	21 天	与前一次测量色差
49 号	L	49.32	52.17	53.37	51.22	1.90
	a	3.54	6.17	7.01	8.69	5.15
	b	10.53	13.50	15.48	19.12	8.59
	c	11.11	14.85	16.99	21.00	9.89
	h	71.42	65.43	65.62	65.56	−5.86
	ΔE					10.19
50 号	L	62.07	34.18	35.32	36.24	−25.83
	a	2.69	4.83	6.34	7.68	4.99
	b	7.94	9.92	15.47	18.45	10.51
	c	8.39	11.03	16.72	19.99	11.60
	h	71.30	64.01	67.72	67.41	−3.89
	ΔE					28.33
51 号	L	47.67	39.04	40.70	39.23	−8.44
	a	4.68	5.29	5.16	6.10	1.42
	b	15.17	12.60	15.27	16.17	1.00
	c	15.87	13.67	16.11	17.28	1.41
	h	72.85	67.23	71.33	69.35	−3.50
	ΔE					8.62
52 号	L	46.05	49.98	50.06	50.73	4.68
	a	2.70	6.61	9.43	8.81	6.11
	b	9.22	15.95	20.65	20.32	11.10
	c	9.61	17.26	22.70	22.14	12.53
	h	73.65	67.49	65.45	66.57	−7.08
	ΔE					13.51
53 号	L	53.37	54.04	57.39	55.49	2.12
	a	4.30	6.00	3.94	4.53	0.23
	b	12.35	11.24	9.25	10.95	−1.40
	c	13.08	12.74	10.05	11.85	−1.23
	h	70.79	61.92	66.92	67.52	−3.27
	ΔE					2.55

续表

检测时间		实验前	7天	14天	21天	与前一次测量色差
54号	L	52.70	53.22	50.65	50.24	−2.46
	a	3.25	7.53	8.02	9.38	6.13
	b	11.20	16.82	18.24	22.19	10.99
	c	11.66	18.43	19.92	24.10	12.44
	h	73.82	65.88	66.25	67.08	−6.74
	ΔE					12.82
55号	L	42.55	56.13	56.23	53.00	10.45
	a	4.02	5.19	4.63	5.38	1.36
	b	14.12	10.93	10.79	11.79	−2.33
	c	14.68	12.10	11.74	12.96	−1.72
	h	74.11	64.63	60.78	65.47	−8.64
	ΔE					10.79
56号	L	54.06	56.42	60.76	55.43	1.37
	a	2.75	5.52	8.05	8.09	5.34
	b	7.69	11.72	16.30	18.03	10.34
	c	8.17	12.96	18.18	19.76	11.59
	h	70.35	64.77	63.71	65.83	−4.52
	ΔE					11.72
57号	L	59.01	50.62	52.73	50.97	−8.04
	a	2.33	8.56	7.34	6.94	4.61
	b	8.53	15.96	16.21	11.61	3.08
	c	8.84	18.11	17.80	18.00	9.16
	h	74.74	61.80	65.63	67.30	−7.44
	ΔE					9.77

干湿循环实验砖块色差检测数据表（二类青砖）

检测时间		实验前	7天	14天	21天	与前一次测量色差
37号	L	24.64	56.03	55.38	52.16	27.52
	a	5.52	5.29	8.30	8.61	3.09
	b	7.70	11.15	18.60	20.18	12.48

续表

检测时间		实验前	7 天	14 天	21 天	与前一次测量色差
37 号	c	9.48	12.24	20.37	21.94	12.46
	h	54.39	64.61	65.96	66.90	12.51
	ΔE					30.38
38 号	L	26.00	50.43	49.13	49.26	23.26
	a	5.80	5.22	6.53	6.89	1.09
	b	9.25	11.97	16.74	18.23	8.98
	c	10.92	13.06	17.97	19.49	8.57
	h	57.92	66.43	68.68	69.28	11.36
	ΔE					24.96
39 号	L	43.76	46.07	45.83	45.89	2.13
	a	4.66	3.69	5.18	5.55	0.89
	b	14.42	9.38	14.76	16.35	1.93
	c	15.15	10.09	15.64	17.26	2.11
	h	72.09	68.52	70.64	71.25	−0.84
	ΔE					3.01
40 号	L	45.96	49.46	50.01	48.53	2.57
	a	3.83	6.94	8.55	9.57	5.74
	b	9.41	15.05	20.28	23.82	14.41
	c	10.16	16.57	22.07	25.67	15.51
	h	69.95	65.23	67.13	68.12	−1.83
	ΔE					15.72
41 号	L	44.29	55.32	55.14	52.11	7.82
	a	3.88	4.90	6.82	7.45	3.57
	b	11.96	11.02	16.00	18.40	6.44
	c	12.58	12.06	17.39	19.85	7.27
	h	72.02	66.01	60.91	67.95	−4.07
	ΔE					10.74

续表

检测时间		实验前	7天	14天	21天	与前一次测量色差
42号	L	41.17	42.60	43.91	41.75	0.58
	a	4.47	5.74	7.35	6.95	2.48
	b	14.86	14.07	19.23	19.12	4.26
	c	15.52	15.20	20.59	20.91	5.39
	h	73.24	67.81	69.10	70.59	−2.65
	ΔE					4.96
43号	L	38.96	54.95	56.87	49.72	10.76
	a	4.72	3.74	8.04	7.58	2.86
	b	14.72	9.21	16.98	19.02	4.30
	c	15.46	9.94	18.79	20.47	5.01
	h	72.23	67.91	64.67	68.28	−3.95
	ΔE					11.94
44号	L	53.21	48.87	46.06	46.63	−6.58
	a	3.11	3.17	5.25	5.50	2.39
	b	7.89	8.23	14.61	16.07	8.18
	c	8.49	8.82	15.52	16.98	8.49
	h	68.47	68.92	70.24	71.11	2.64
	ΔE					10.77
45号	L	38.97	51.93	51.80	53.03	14.06
	a	2.19	3.95	5.56	5.26	3.07
	b	6.09	8.63	13.96	1.74	−4.35
	c	6.47	9.49	15.03	14.70	8.23
	h	70.17	65.39	68.30	69.04	−1.13
	ΔE					15.03
46号	L	34.21	58.15	55.59	53.10	18.89
	a	5.26	5.15	7.73	7.04	1.78
	b	13.39	12.54	18.37	17.25	3.86
	c	14.39	13.56	19.93	18.61	4.22
	h	68.55	67.66	67.78	67.77	−0.78
	ΔE					19.36

续表

检测时间		实验前	7天	14天	21天	与前一次测量色差
47号	L	41.72	43.59	54.55	52.21	10.49
	a	2.24	5.03	6.39	6.01	3.77
	b	7.63	13.29	16.59	15.96	8.33
	c	7.95	14.21	17.78	17.05	9.10
	h	73.67	69.25	68.92	69.35	-4.32
	ΔE					13.92
48号	L	46.63	50.28	42.23	43.09	-3.54
	a	3.07	4.55	4.87	6.61	3.54
	b	8.33	12.54	15.45	20.29	11.96
	c	8.87	13.34	16.20	21.34	12.47
	h	69.76	70.04	72.50	71.94	2.18
	ΔE					12.97
49号	L	41.82	47.90	50.32	48.50	6.68
	a	3.09	6.43	7.43	8.20	5.11
	b	8.80	9.77	15.31	20.06	11.26
	c	9.33	11.67	17.02	21.67	12.34
	h	70.67	56.63	64.12	67.77	-2.90
	ΔE					14.05
50号	L	26.39	39.70	41.10	40.42	14.03
	a	6.39	8.99	8.12	10.09	3.70
	b	10.06	19.00	19.83	24.02	13.96
	c	11.91	21.02	21.43	26.05	14.14
	h	57.57	64.67	67.73	67.22	9.65
	ΔE					20.13
51号	L	22.88	40.11	42.17	39.61	16.73
	a	11.93	7.87	8.55	12.50	0.57
	b	9.12	18.50	20.83	25.62	16.50
	c	15.02	20.10	22.20	28.51	13.49
	h	37.40	66.94	67.69	64.00	26.60
	ΔE					23.50

续表

检测时间		实验前	7 天	14 天	21 天	与前一次测量色差
52 号	L	67.61	53.63	57.39	53.78	-13.83
	a	3.03	4.67	5.47	8.10	5.07
	b	8.47	8.68	13.35	19.85	11.38
	c	8.99	9.86	14.43	21.44	12.45
	h	70.34	61.76	67.71	67.79	-2.55
	ΔE					18.61
53 号	L	42.02	51.01	52.09	52.46	10.44
	a	3.34	7.05	7.45	7.78	4.44
	b	9.60	11.95	17.15	19.19	9.59
	c	10.16	13.87	18.70	20.70	10.54
	h	70.82	59.47	66.51	67.92	-2.90
	ΔE					14.86
54 号	L	43.14	50.32	53.00	48.38	5.24
	a	2.46	6.18	5.94	6.73	4.27
	b	6.79	10.28	14.79	18.52	11.73
	c	7.22	11.99	15.93	19.71	12.49
54 号	h	70.08	59.00	68.12	70.03	-0.05
	ΔE					13.54
55 号	L	44.77	44.67	46.34	44.40	-0.37
	a	2.91	6.92	7.36	9.04	6.13
	b	7.54	16.51	19.24	23.99	16.45
	c	8.09	17.91	20.60	25.64	17.55
	h	68.89	67.25	69.07	69.35	0.46
	ΔE					17.56
56 号	L	53.30	53.00	54.96	50.36	-2.94
	a	3.24	6.40	6.15	8.12	4.88
	b	8.35	11.29	14.51	19.87	11.52
	c	8.96	12.97	15.76	21.47	12.51
	h	68.82	60.46	67.62	67.77	-1.05
	ΔE					12.85

续表

检测时间		实验前	7 天	14 天	21 天	与前一次测量色差
57 号	L	43.61	54.17	53.41	50.40	6.79
	a	2.85	5.63	6.88	8.18	5.33
	b	8.73	12.98	17.16	21.18	12.45
	c	9.18	12.34	18.49	22.70	13.52
	h	71.90	62.84	68.16	68.89	-3.01
	ΔE					15.15

根据色差检测数据，发现采用两种防水材料防水处理的砖块多数前后色差变化较大，其中采用外立面憎水剂 RS96 防水处理的三种砖块中有两个砖块前后色差变化较小，采用外立面憎水乳液 WS98 防水处理的三种砖块中有四个砖块前后色差变化较小，说明外立面憎水乳液 WS98 在感观方面性能相对更好。

根据色差检测数据，发现采用三种防潮材料防潮处理的砖块大部分前后色差变化较大，其中采用三种材料防潮处理的三种砖块中均只有一个砖块前后色差变化较小，说明三种防潮材料在感观方面性能均一般。

③体积检测

在砖块干湿循环实验过程中，每个周期结束时对砖块进行体积测量，以检测砖块的损耗程度，来观察不同防水材料的抗损耗效果。

检测数据见下表。

干湿循环实验砖块体积检测数据表（红砖）

检测时间	实验前	7 天	14 天	21 天	与初始测量差值
37 号	39.5	38.5	38.5	38.5	-1.0
38 号	29.6	28.9	28.9	28.9	-0.7
39 号	39.5	39.5	42.1	42.1	2.6
40 号	40.6	40.6	40.6	42.1	1.5
41 号	28.8	45.9	29.5	30.3	1.5
42 号	33.6	35.3	35.3	36.2	2.6
43 号	33.5	34.3	34.3	31.2	-2.3

续表

检测时间	实验前	7 天	14 天	21 天	与初始测量差值
44 号	37.1	37.1	37.1	37.1	−0.1
45 号	38.5	38.5	38.5	38.5	0.0
46 号	25.8	30.4	31.2	30.4	4.6
47 号	25.3	26.0	37.6	26.9	1.6
48 号	44.1	44.1	44.1	44.1	0.0
49 号	35.0	38.0	18.5	38.0	3.0
50 号	50.1	51.8	51.8	50.1	0.0
51 号	30.4	34.4	34.4	34.4	4.0
52 号	28.8	30.6	30.6	30.6	1.8
53 号	66.4	51.3	50.2	50.2	−16.2
54 号	30.4	28.8	30.4	29.5	−0.9
55 号	30.4	40.6	39.5	39.5	9.1
56 号	51.7	39.0	39.0	39.0	−12.7
57 号	33.4	35.1	33.4	35.1	1.7

干湿循环实验砖块体积检测数据表（一类青砖）

检测时间	实验前	7 天	14 天	21 天	与初始测量差值
37 号	33.2	33.2	33.2	33.2	0.0
38 号	40.7	44.5	41.6	44.5	3.8
39 号	36.7	38.6	36.7	38.6	1.9
40 号	34.0	34.9	34.9	34.9	0.9
41 号	36.1	36.1	36.1	37.8	1.7
42 号	34.6	34.6	34.6	34.6	0.0
43 号	43.9	43.9	45.0	43.9	0.0
44 号	36.7	37.7	36.0	37.7	1.0
45 号	30.8	33.3	30.8	32.4	1.6
46 号	30.7	32.8	32.1	32.8	2.1

续表

检测时间	实验前	7 天	14 天	21 天	与初始测量差值
47 号	30.1	31.8	30.1	30.9	0.8
48 号	32.8	32.8	32.8	33.6	0.8
49 号	43.3	27.2	27.8	28.0	−15.3
50 号	35.9	37.8	36.9	36.9	1.0
51 号	43.5	44.5	43.5	44.5	1.0
52 号	34.9	34.9	34.9	34.9	0.0
53 号	34.9	34.9	36.7	34.9	0.0
54 号	29.3	30.1	30.1	30.1	0.8
55 号	39.6	37.8	39.6	39.6	0.0
56 号	26.9	28.1	27.7	26.9	0.0
57 号	34.3	35.2	34.3	35.2	0.9

干湿循环实验砖块体积检测数据表（二类青砖）

检测时间	实验前	7 天	14 天	21 天	与初始测量差值
37 号	43.5	43.5	43.5	43.5	0.0
38 号	32.0	32.0	32.8	32.0	0.0
39 号	31.4	31.4	32.2	32.2	0.8
40 号	28.8	31.9	29.6	29.6	0.8
41 号	35.3	37.9	35.3	37.9	2.6
42 号	27.1	27.1	27.1	27.1	0.0
43 号	30.0	30.0	30.0	30.0	0.0
44 号	35.7	38.2	38.2	38.2	2.5
45 号	37.0	37.0	37.0	37.0	0.0
46 号	34.8	34.8	34.8	35.6	0.8
47 号	49.3	50.8	49.3	49.3	0.0
48 号	33.6	36.1	36.1	36.1	2.5

续表

检测时间	实验前	7天	14天	21天	与初始测量差值
49号	25.0	25.7	25.7	25.7	0.7
50号	40.5	41.5	41.5	41.5	1.0
51号	36.0	36.0	36.0	36.9	0.9
52号	41.4	35.7	35.7	35.7	-5.7
53号	42.0	44.6	44.6	43.4	1.4
54号	32.0	32.0	32.0	32.8	0.8
55号	28.5	45.9	30.1	30.1	1.6
56号	32.1	31.2	31.2	32.7	0.6
57号	28.4	29.8	29.8	29.8	1.4

根据体积检测数据，发现采用两种防水材料防水处理的砖块大部分前后体积变化较小且变化幅度总体上较为接近，说明两种防水材料的抗损耗性能均较好。根据体积检测数据，发现采用三种防潮材料防潮处理的砖块前后体积变化均较小且变化幅度总体上较为接近，说明三种防潮材料的抗损耗性能均较好。

④实验结论

在干湿循环实验中，两种防水材料在抗损耗方面性能较为接近，其中外立面憎水剂 RS96 在防水性能方面更好，外立面憎水乳液 WS98 在感观效果方面更好；三种防潮材料在感观效果和抗损耗方面性能较为接近，其中防潮剂 BS16-18 在防潮效果方面更好。

3. 实验室实验结论

（1）在冻融循环实验中，增强剂 KSE OH30 总体上在加固性能、感观效果和抗损耗方面优于微纳米石灰 NML-010；在酸碱盐浸泡实验中，增强剂 KSE OH300 在加固性能、感观效果和抗损耗方面均优于微纳米石灰 NML-010。因此，优先选用增强剂 KSE OH300 作为本方案表面防风化设计中的加固材料。

（2）在干湿循环实验中，两种防水材料在抗损耗方面性能较为接近，其中外立面憎水剂 RS96 在防水性能方面更好，外立面憎水乳液 WS98 在感观效果方面更好。因此，结合现场防水试验的效果来决定本方案表面防水设计中的防水材料。

（3）在干湿循环实验中，三种防潮材料在感观效果和抗损耗方面性能较为接近，其中防潮剂 BS16-18 在防潮效果方面性能更好。因此，优先选用防潮剂 BS16-18 作为本方案表面防潮设计中的防潮材料。

（二）现场试验

1. 砖块修补加固试验

（1）修补材料

本次试验采用的修补材料为标准修复砖粉 BP10，本品是以无机骨料添加天然水硬石灰、低碱水泥等黏结剂和其他填料及助剂配制而成的干粉料，现场加水搅拌均匀后即可直接使用。施工方便，硬化后，低收缩、不开裂。

标准修复砖粉 BP10 材料性能表

外表	粉状
颜色	标准色 / 定制色
容重	约每升 1.4 千克～1.5 千克
经过 28 天的硬化	
抗折强度	2.0 兆帕～4.0 兆帕（GB/T17671）
抗压强度	5.0 兆帕～10.0 兆帕（GB/T17671）
黏结强度	≥ 0.2 兆帕

（2）修补方法

1）确认现场（锦堂学校旧址）试验区域，清除表面砖粉、碎块，然后用去离子水预湿。

2）根据实验室材料配比，进行现场称量、配制。

3）修补材料利用注射器或灰刀进行修补处理。

4）进行修补加固试验效果检测。

修补中

修补后

现场修补试验

（3）试验检测与评估

待修复完成经过一段时间的硬化，在现场采用色差仪和硬度计进行数据检测。

色度检测数据表

参数	L	a	b	c	h	ΔE
修补红砖	36.98	58.62	46.86	75.05	38.64	
附近红砖	34.54	54.66	42.25	47.35	42.93	
差值	2.44	3.96	4.61	27.70	–4.29	6.55
修补青砖	2.77	58.26	–43.65	72.81	323.59	
附近青砖	2.66	60.87	–45.38	75.94	323.29	
差值	–0.11	2.61	–1.73	3.13	–0.30	3.13

硬度检测数据表

检测区域	硬度最大值	硬度最小值	平均值
修补红砖	408	331	362.6
附近红砖	379	330	353.2
修补青砖	492	321	402.2
附近青砖	475	334	395.3

根据现场色差检测结果可得，修补后的青砖和红砖与附近原有砖块的总色差均较小，说明修复材料在感观上效果良好。根据现场硬度检测结果可得，修补后的青砖和红砖的硬度略微大于附近原有砖块，说明修复材料在硬度方面效果良好。根据以上检测数据，现场砖块修补加固试验总体上效果良好。

2. 灰缝注浆加固试验

（1）注浆材料

本次试验采用的注浆材料为天然水硬性石灰微收缩注浆料 NHL-i07，本品由符合欧洲 EN459 标准的天然水硬石灰（NHL）作为黏结剂，添加助剂精制而成，现场加水搅拌均匀后即可使用。流动性好，硬化后，低收缩，强吸水，高透气透水，水溶盐含量极低。

天然水硬性石灰微收缩注浆料 NHL-i07 材料性能表

外表	标准石灰颜色的粉状
容重	每升 0.74 千克～0.8 千克
经过 28 天的硬化	
抗折强度	2.5 兆帕～3.5 兆帕（GB/T17671）
抗压强度	6.5 兆帕～7.5 兆帕（GB/T17671）
毛细吸水率	≥ 10.0kg/m^2/√h（DIN52617）

（2）注浆加固方法

1）确认现场（锦堂学校旧址）试验区域，清除表面砖粉、尘土，然后对修复部位用去离子水清洗，清洗可采用喷壶配合软毛刷轻缓清洗，并用棉纸吸干清洗部位。

2）根据实验室材料配比，进行现场称量、配制。

3）注浆材料利用注射器或灰刀进行灌浆处理。

4）进行注浆加固试验效果检测。

注浆中

注浆后

现场注浆试验

（3）试验检测与评估

待注浆完成经过一段时间的硬化后，现场采用贯入式砂浆强度检测仪和红外热成像仪进行数据检测。

注浆材料贯入数据表

试验编号		表面抹灰贯入度平均值（毫米）	抗压强度换算值 f（兆帕）
侧墙体	1	2.35	>16.6
	2	3.67	13.9
	3	5.04	6.5
	4	4.95	6.8
	5	11.76	0.8

注：墙体注浆材料抗压强度换算值参考《贯入法检测砌筑砂浆抗压强度技术规程》（JGJT136–2017）中砌筑砂浆抗压强度换算表的预拌砂浆。

根据现场贯入检测结果可得，注浆后不同点位的抗压强度换算值相差较大，除去5号点位可能由于现场注浆工艺不良好导致抗压强度换算值偏小以外，其余点位均符合抗压强度要求。

根据注浆材料红外热成像检测结果可得，1、2点位的注浆加固效果良好，3、4和5点位的注浆加固效果一般。具体红外热成像检测情况如下：

灰缝注浆加固 1 号点位洒水前

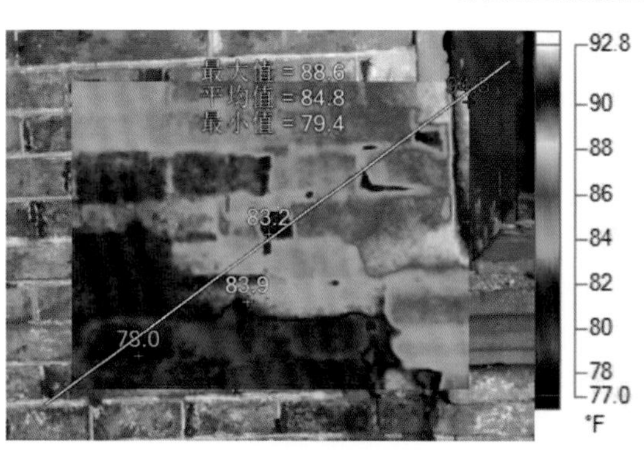

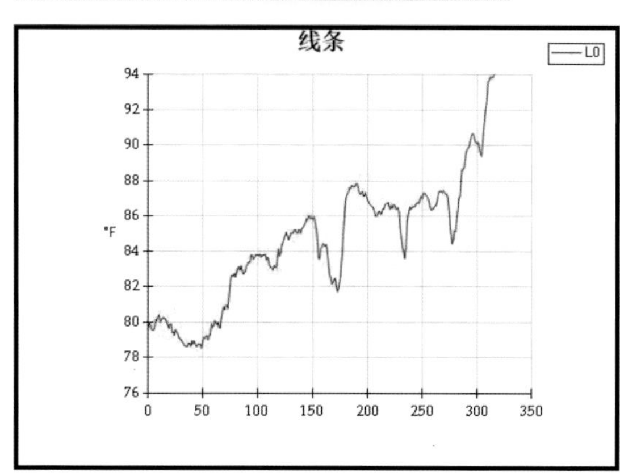

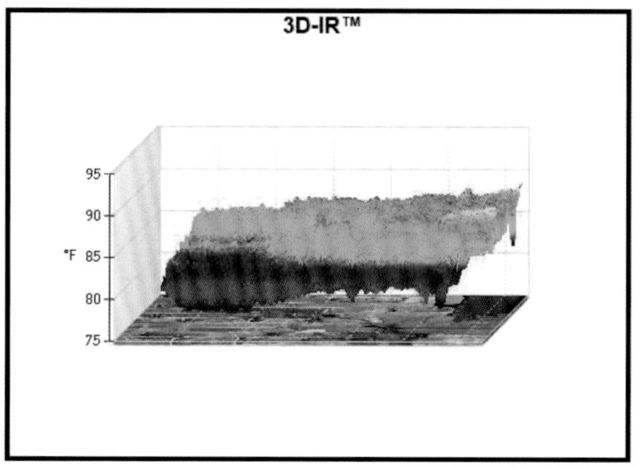

主要图像标记

吊称	平均	最小	最大	发射率	背景	标准差
L0	84.8 ℉	79.4 ℉	88.6 ℉	0.95	55.4 ℉	2.46

吊称	温度	发射率	背景
中心点	83.2 ℉	0.95	55.4 ℉
热	94.5 ℉	0.95	55.4 ℉
冷	78.0 ℉	0.95	55.4 ℉
P0	83.9 ℉	0.95	55.4 ℉

灰缝注浆加固 1 号点位洒水后

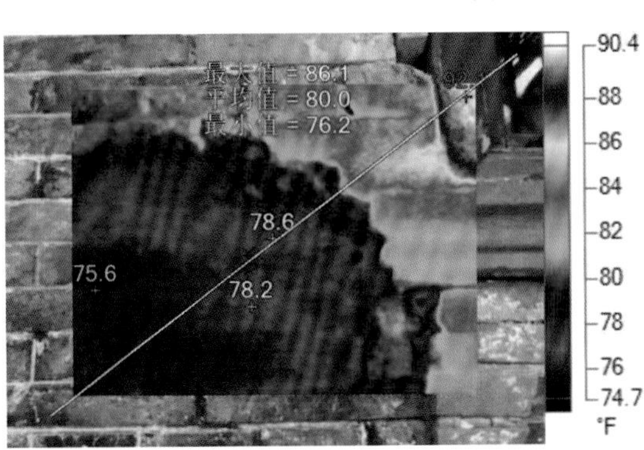

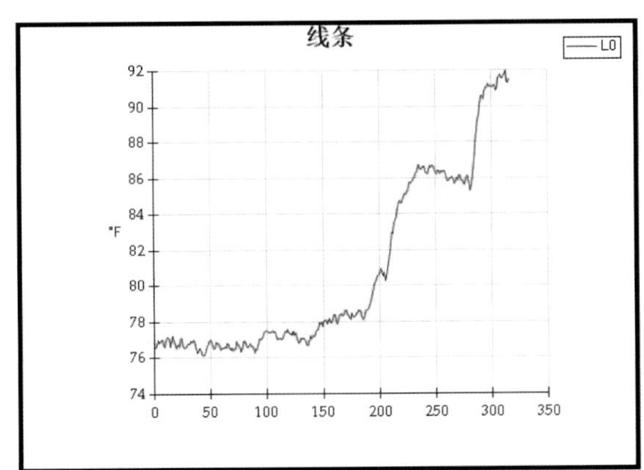

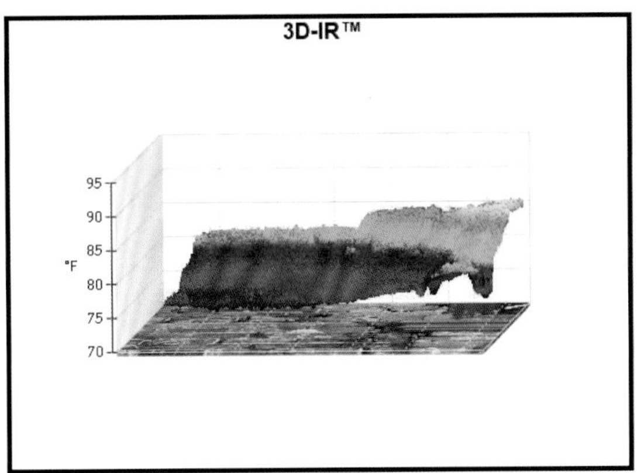

主要图像标记

吊称	平均	最小	最大	发射率	背景	标准差
L0	80.0 ℉	76.2 ℉	86.1 ℉	0.95	55.4 ℉	3.37

吊称	温度	发射率	背景
中心点	78.6 ℉	0.95	55.4 ℉
热	92.1 ℉	0.95	55.4 ℉
冷	75.6 ℉	0.95	55.4 ℉
P0	78.2 ℉	0.95	55.4 ℉

1 号点位灰缝注浆加固区域红外热成像与周围相近，且该区域洒水前后温度变化较为均匀，说明该区域注浆加固效果良好。

灰缝注浆加固 2 号点位洒水前

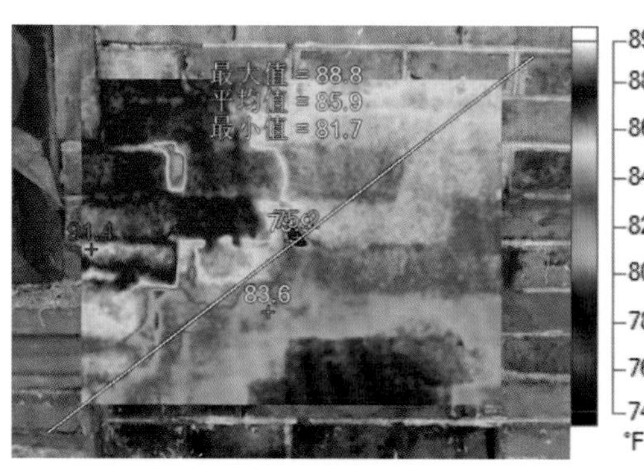

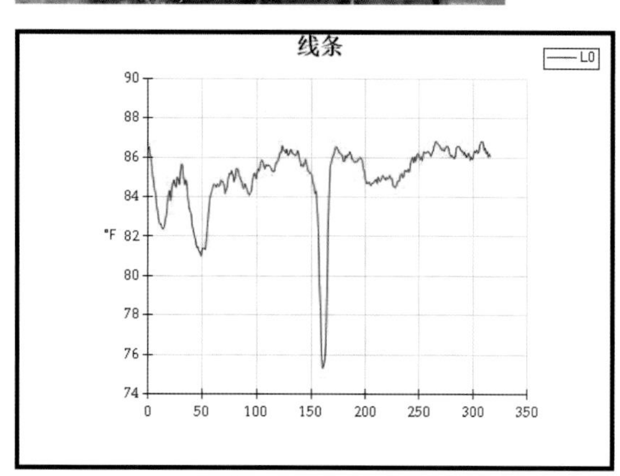

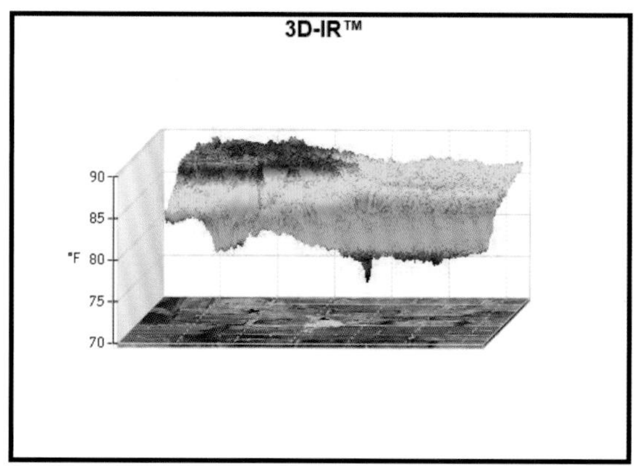

主要图像标记

吊称	平均	最小	最大	发射率	背景	标准差
L0	85.9 °F	81.7 °F	88.8 °F	0.95	55.4 °F	1.43

吊称	温度	发射率	背景
中心点	79.9 °F	0.95	55.4 °F
热	91.4 °F	0.95	55.4 °F
冷	75.2 °F	0.95	55.4 °F
P0	83.6 °F	0.95	55.4 °F

灰缝注浆加固 2 号点位洒水后

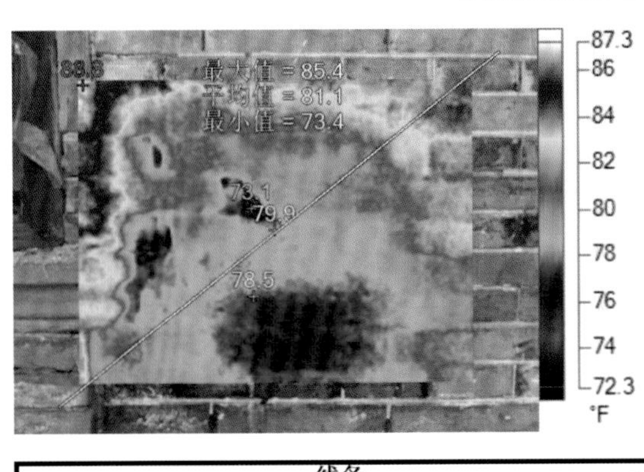

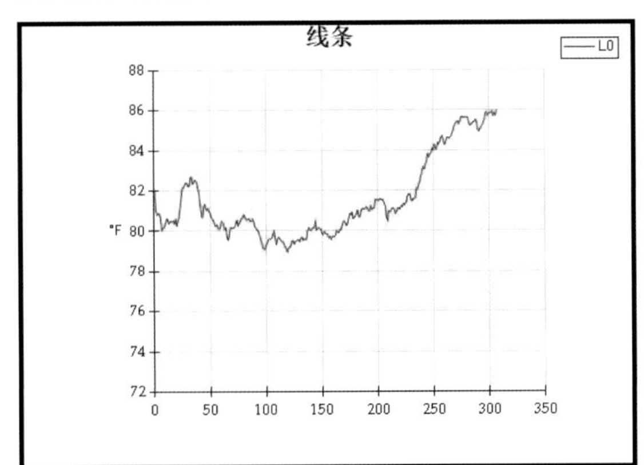

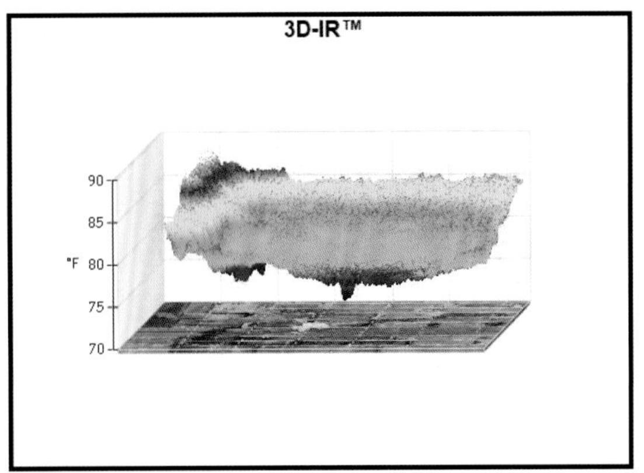

主要图像标记

吊称	平均	最小	最大	发射率	背景	标准差
L0	81.1 ℉	73.4 ℉	85.4 ℉	0.95	55.4 ℉	2.25

吊称	温度	发射率	背景
中心点	79.9 ℉	0.95	55.4 ℉
热	88.8 ℉	0.95	55.4 ℉
冷	73.1 ℉	0.95	55.4 ℉
P0	78.5 ℉	0.95	55.4 ℉

2 号点位灰缝注浆加固区域红外热成像与周围相近，且该区域洒水前后温度变化较为均匀，说明该区域注浆加固效果良好。

灰缝注浆加固 3 号点位洒水

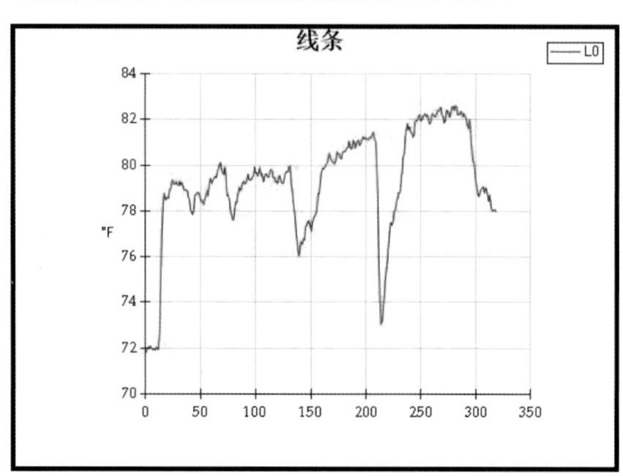

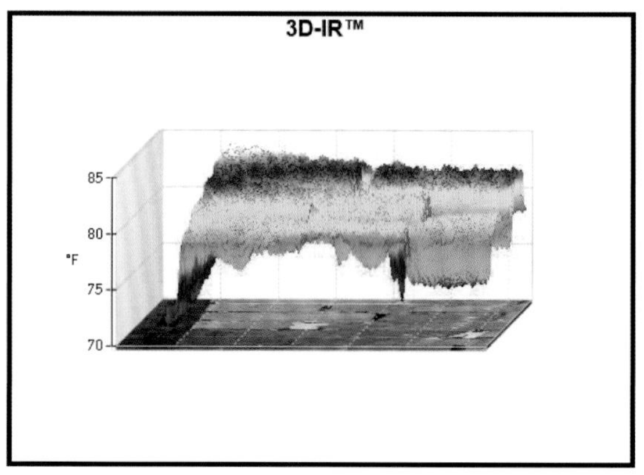

主要图像标记

吊称	平均	最小	最大	发射率	背景	标准差
L0	79.9 ℉	72.2 ℉	82.6 ℉	0.95	55.4 ℉	2.20

吊称	温度	发射率	背景
中心点	78.3 ℉	0.95	55.4 ℉
热	84.6 ℉	0.95	55.4 ℉
冷	71.0 ℉	0.95	55.4 ℉
P0	80.0 ℉	0.95	55.4 ℉

灰缝注浆加固 3 号点位洒水后

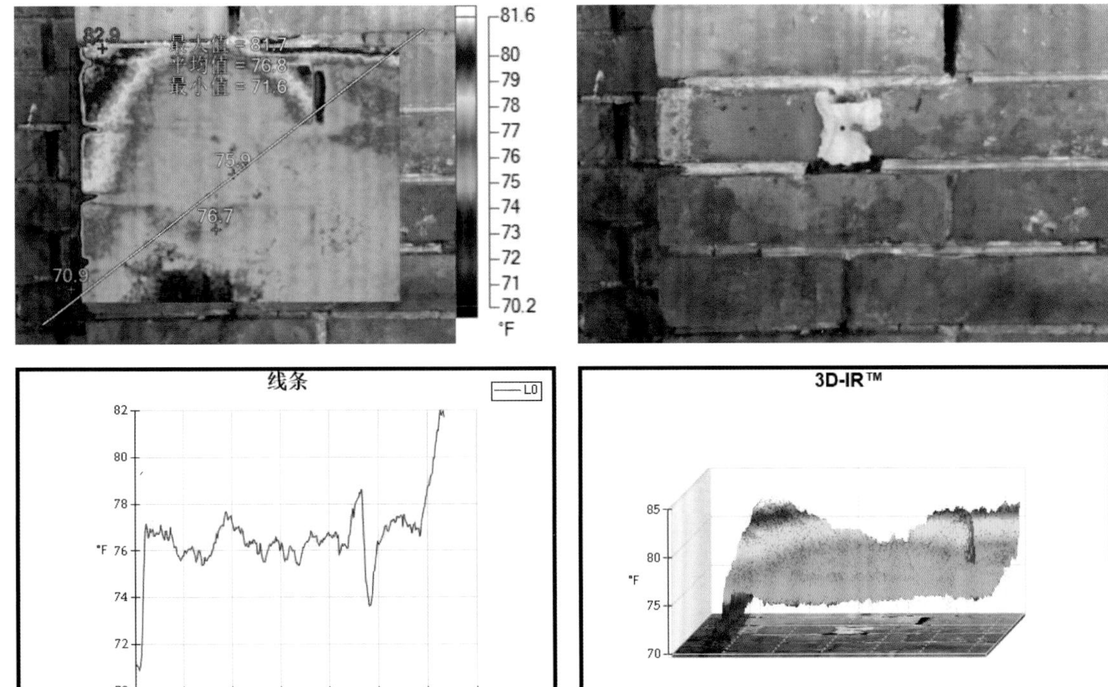

主要图像标记

吊称	平均	最小	最大	发射率	背景	标准差
L0	76.8 ℉	71.6 ℉	81.7 ℉	0.95	55.4 ℉	1.96

吊称	温度	发射率	背景
中心点	75.9 ℉	0.95	55.4 ℉
热	82.9 ℉	0.95	55.4 ℉
冷	70.9 ℉	0.95	55.4 ℉
P0	76.7 ℉	0.95	55.4 ℉

3 号点位灰缝注浆加固区域洒水前的红外热成像与周围存在一定差别，但该区域洒水前后温度变化较为均匀，说明该区域注浆加固效果一般。

灰缝注浆加固 4 号点位洒水前

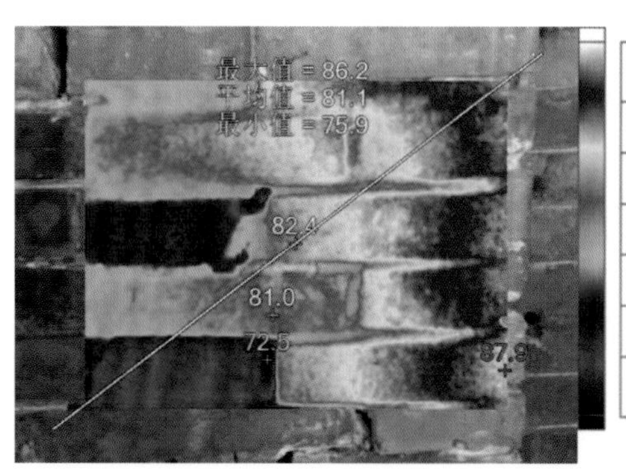

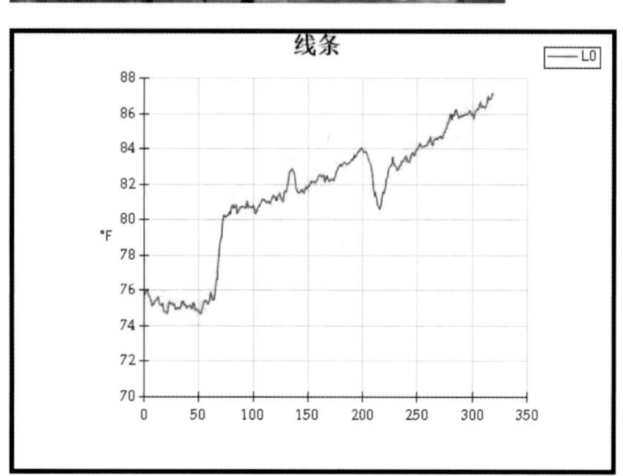

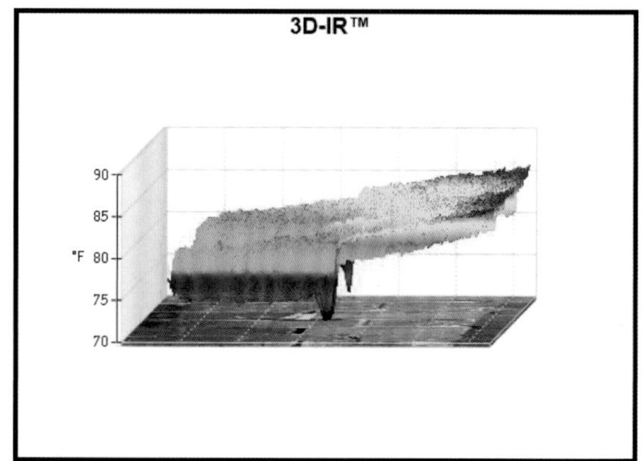

主要图像标记

吊称	平均	最小	最大	发射率	背景	标准差
L0	81.1 ℉	75.9 ℉	86.2 ℉	0.95	55.4 ℉	2.63

吊称	温度	发射率	背景
中心点	82.4 ℉	0.95	55.4 ℉
热	87.9 ℉	0.95	55.4 ℉
冷	72.5 ℉	0.95	55.4 ℉
P0	81.0 ℉	0.95	55.4 ℉

灰缝注浆加固 4 号点位洒水后

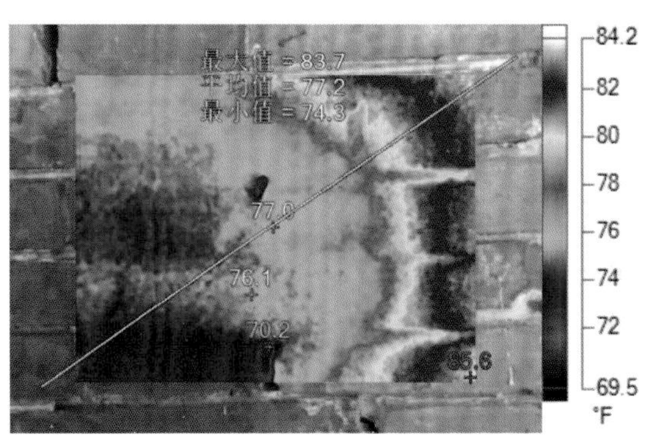

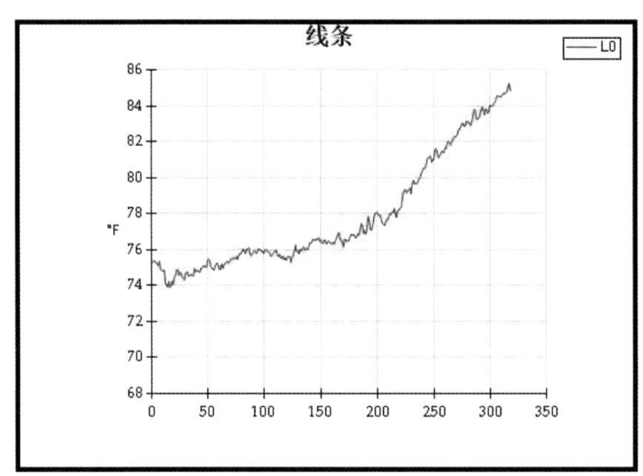

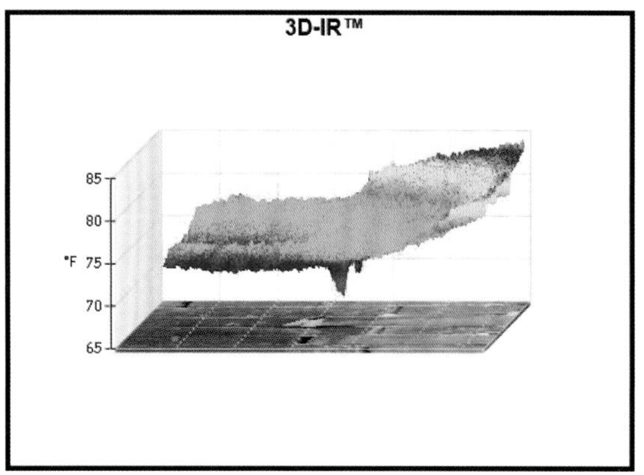

主要图像标记

吊称	平均	最小	最大	发射率	背景	标准差
L0	77.2 ℉	74.3 ℉	83.7 ℉	0.95	55.4 ℉	2.50

吊称	温度	发射率	背景
中心点	77.0 ℉	0.95	55.4 ℉
热	85.6 ℉	0.95	55.4 ℉
冷	70.2 ℉	0.95	55.4 ℉
P0	76.1 ℉	0.95	55.4 ℉

4 号点位灰缝注浆加固区域洒水前的红外热成像与周围存在一定差别，但该区域洒水前后温度变化较为均匀，说明该区域注浆加固效果一般。

灰缝注浆加固 5 号点位洒水前

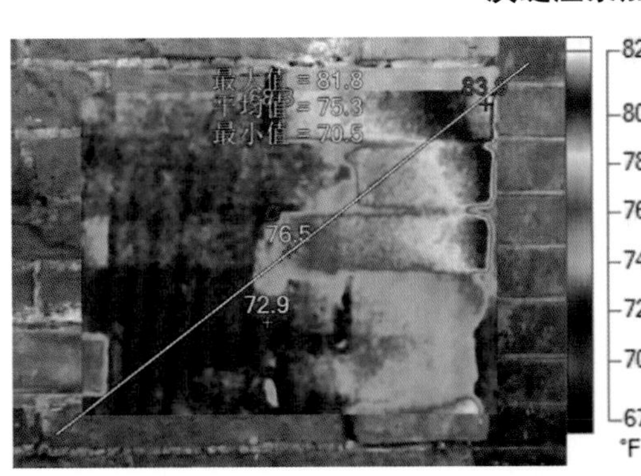

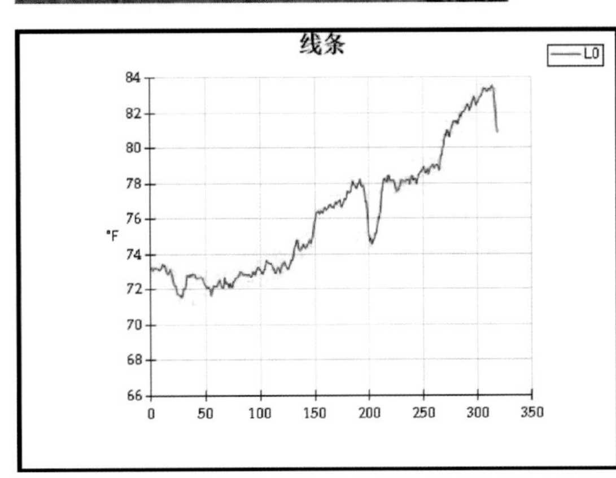

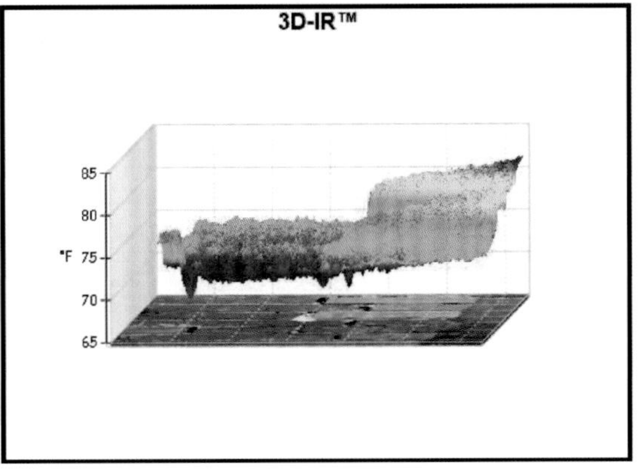

主要图像标记

吊称	平均	最小	最大	发射率	背景	标准差
L0	75.3 ℉	70.5 ℉	81.8 ℉	0.95	55.4 ℉	2.96

吊称	温度	发射率	背景
中心点	55.4 ℉	0.95	55.4 ℉
热	55.4 ℉	0.95	55.4 ℉
冷	55.4 ℉	0.95	55.4 ℉
P0	55.4 ℉	0.95	55.4 ℉

灰缝注浆加固 5 号点位洒水后

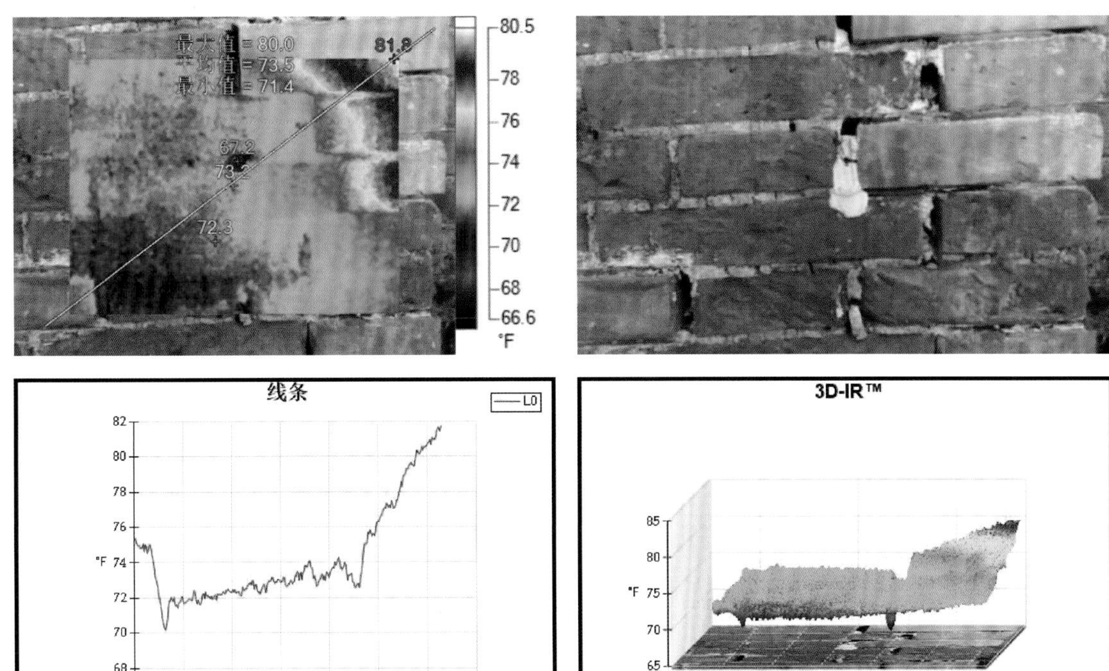

主要图像标记

吊称	平均	最小	最大	发射率	背景	标准差
L0	73.5 °F	71.4 °F	80.0 °F	0.95	55.4 °F	2.13

吊称	温度	发射率	背景
中心点	73.2 °F	0.95	55.4 °F
热	81.8 °F	0.95	55.4 °F
冷	67.2 °F	0.95	55.4 °F
P0	72.3 °F	0.95	55.4 °F

5 号点位灰缝注浆加固区域洒水前的红外热成像与周围存在一定差别，但该区域洒水前后温度变化较为均匀，说明该区域注浆加固效果一般。

根据以上检测数据，现场灰缝注浆加固试验总体上效果良好。

3. 表面防风化试验

（1）加固材料

本次表面防风化试验分别采用增强剂 KSE OH300 和微纳米石灰 NML-010 这两种加固材料。

增强剂 KSE OH300 材料性能表

外表	无色透明
有效成分及含量	硅酸乙酯，≥ 99%
密度	约每升 0.1 千克（在 20℃）

微纳米石灰 NML-010 材料性能表

外表	乳白色液体
有效成分	$Ca(OH)_2$
溶剂	醇类
固含量	≤ 5 克 / 升

（2）表面防风化方法

1）在现场划分试验区域，清除表面砖粉、尘土。

2）用硬度计和色差仪记录初始数据。

3）将已配制好的加固材料均匀涂抹于砖墙表面，待溶剂挥发后，间隔一段时间，按照上述方法再涂抹一遍，使砖墙充分吸收加固材料。

4）进行防风化试验效果检测。

现场试验

（3）试验检测与评估

待加固完成后，现场采用硬度计和色差仪进行数据检测。

硬度检测数据表

试验区域	类别	加固前（4 月 13 日）	加固后（5 月 12 日）	与初始差值
红砖墙体	微纳米石灰 NML-010	28.7	29.0	0.3
	增强剂 KSE OH300	28.5	30.5	2.0
	对照区域	33.9	30.0	-3.9
青砖墙体	微纳米石灰 NML-010	35.6	37.2	1.6
	增强剂 KSE OH300	28.4	29.6	1.2
	对照区域	33.2	32.6	-0.6
墙底青砖墙体	微纳米石灰 NML-010	30.0	30.4	0.4
	增强剂 KSE OH300	33.0	36.0	3.0
	对照区域	41.0	38.6	-2.4
红砖立柱	微纳米石灰 NML-010	32.1	36.8	4.7
	增强剂 KSE OH300	29.9	33.4	3.5
	对照区域	31.2	30.4	-0.8

色度检测数据表

参数	红砖墙体								
	微－纳米石灰 NML-010			增强剂 KSE OH300			对照区域		
	加固前（4月13日）	加固后（5月12日）	差值	加固前（4月13日）	加固后（5月12日）	差值	加固前（4月13日）	加固后（5月12日）	差值
L	38.01	43.25	5.24	38.75	34.50	-4.25	38.50	39.43	0.93
a	46.34	4.01	-42.33	27.04	7.14	-19.90	26.65	6.54	-20.11
b	37.86	9.18	-28.68	32.94	16.00	-16.94	32.46	16.38	-16.08
c	59.87	10.02	-49.85	42.61	17.52	-25.09	42.02	17.64	-24.38
h	39.39	66.37	26.98	50.62	65.97	15.35	50.64	68.24	17.60
ΔE			51.40			26.48			25.77

续表

参数	青砖墙体								
	微－纳米石灰 NML-010			增强剂 KSE OH300			对照区域		
	加固前（4月13日）	加固后（5月12日）	差值	加固前（4月13日）	加固后（5月12日）	差值	加固前（4月13日）	加固后（5月12日）	差值
L	41.94	53.54	11.6	24.77	8.29	-16.48	25.53	9.4	-16.13
a	2.62	0.25	-2.37	4.65	24.76	20.11	5.90	28.68	22.78
b	7.52	2.18	-5.34	6.75	8.18	1.43	8.73	3.56	-5.17
c	7.96	2.20	-5.76	8.23	30.92	22.69	10.54	29.93	19.39
h	70.75	93.42	22.67	55.50	135.82	80.32	56.01	68.07	12.06
ΔE			12.99			26.04			28.39
参数	墙底青砖墙体								
	微－纳米石灰 NML-010			增强剂 KSE OH300			对照区域		
	加固前（4月13日）	加固后（5月12日）	差值	加固前（4月13日）	加固后（5月12日）	差值	加固前（4月13日）	加固后（5月12日）	差值
L	32.35	37.52	5.17	37.66	48.61	10.95	41.36	44.86	3.5
a	7.68	23.93	16.25	5.37	27.83	22.46	6.08	19.18	13.1
b	15.64	28.59	12.95	14.44	32.61	18.17	15.95	30.92	14.97
c	17.42	37.20	19.78	15.4	42.95	27.55	17.57	36.38	18.81
h	63.86	50.09	-13.77	69.61	49.66	-19.95	69.03	58.19	-10.84
ΔE			21.41			30.90			20.20
参数	红砖立柱								
	微－纳米石灰 NML-010			增强剂 KSE OH300			对照区域		
	加固前（4月13日）	加固后（5月12日）	差值	加固前（4月13日）	加固后（5月12日）	差值	加固前（4月13日）	加固后（5月12日）	差值
L	49.80	57.89	8.09	54.17	53.28	-0.89	50.37	49.43	-0.94
a	18.87	12.66	-6.21	17.2	18.41	1.21	20.8	18.85	-1.95
b	35.13	17.59	-17.54	34.25	35.70	1.45	36.06	35.63	-0.43
c	39.87	21.67	-18.2	38.32	40.17	1.85	41.63	40.31	-1.32
h	61.75	54.25	-7.5	63.35	62.72	-0.63	60.02	32.12	-27.9
ΔE			20.29			2.09			2.21

通过现场试验前后对比硬度发现，在采用增强剂 KSE OH300 和微－纳米石灰 NML-010 加固后，硬度值均有增长，同时增强剂 KSE OH300 加固后的硬度增长相对更明显，说明该材料防风化效果较好。

通过现场试验前后的色差测量，根据色差分析图，可以看出除采用增强剂 KSE OH300 加固的红砖立柱色度变化较小以外，对照区域在相应期间内的色度变化总体上与增强剂 KSE OH300 加固区域较为接近，说明采用该材料加固在感观上效果相对较好。

综上所述，在现场防风化试验中，增强剂 KSE OH300 的综合性能要优于微－纳米石灰 NML-010。结合实验室实验结论，选取增强剂 KSE OH300 作为本方案表面防风化设计中的加固材料。

4. 表面防水试验

（1）防水材料

本次表面防水试验分别采用了外立面憎水剂 RS96 和外立面憎水乳液 WS98 这两种防水材料。

外立面憎水剂 RS96 材料性能表

外表	无色透明液体
有效成分	硅氧烷（约 7wt%）
使用完产品后的材料	
吸水率	≤ 0.5kg/（$m^2/\sqrt{h}$）
抗碱性	达至 pH14
抗紫外线性能	很好
耐久性	多达 10 年以上

外立面憎水乳液 WS98 材料性能表

外表	乳白色液体
pH 值	7 ± 0.5
使用完产品后的材料	
毛细吸水率	≤ 0.5kg/（$m^2/\sqrt{h}$）（DIN52617）
抗碱性	达至 pH14
抗紫外线性能	5 级（GB5237.4-2004）

（2）表面防水方法

1）在现场划分试验区域，清除表面砖粉、尘土。

2）用水分仪、色差仪记录初始数据。

3）将已配制好的防水材料均匀涂抹于砖墙表面，待溶剂挥发后，按照上述方法再涂抹一遍，直至砖墙本体不再吸收防水材料。

4）进行防水试验效果检测。

现场试验

（3）试验检测与评估

待防水完成后，现场采用水分仪和色差仪进行检测。

色度检测数据表

参数	红砖墙体								
	外立面憎水剂 RS96			外立面憎水乳液 WS98			对照区域		
	防水前（4月13日）	防水后（5月12日）	差值	防水前（4月13日）	防水后（5月12日）	差值	防水前（4月13日）	防水后（5月12日）	差值
L	34.69	30.03	-4.66	34.64	35.40	0.76	36.39	34.39	-2.00
a	34.22	34.86	0.64	42.48	42.69	0.21	38.16	49.89	11.73
b	32.7	56.49	23.79	43.04	78.90	35.86	34.81	44.32	9.51
c	47.33	66.39	19.06	60.48	89.72	29.24	51.65	66.73	15.08
h	43.7	58.30	14.6	45.39	61.57	16.18	42.37	41.67	-0.70
ΔE			24.25			35.87			15.23

续表

参数	青砖墙体								
	外立面憎水剂 RS96			外立面憎水乳液 WS98			对照区域		
	防水前（4月13日）	防水后（5月12日）	差值	防水前（4月13日）	防水后（5月12日）	差值	防水前（4月13日）	防水后（5月12日）	差值
L	21.15	24.55	3.40	29.28	34.22	4.94	26.16	31.94	5.78
a	11.46	8.15	-3.31	7.16	9.86	2.7	8.37	8.09	-0.28
b	7.82	21.66	13.84	13.46	20.15	6.69	11.21	16.15	4.94
c	13.87	81.19	67.32	15.25	22.44	7.19	13.99	18.08	4.09
h	34.34	344.91	310.57	62.01	63.93	1.92	53.24	63.43	10.19
ΔE			14.63			8.74			7.61
参数	墙底青砖墙体								
	外立面憎水剂 RS96			外立面憎水乳液 WS98			对照区域		
	防水前（4月13日）	防水后（5月12日）	差值	防水前（4月13日）	防水后（5月12日）	差值	防水前（4月13日）	防水后（5月12日）	差值
L	34.67	24.92	-9.75	42.22	44.65	2.43	32.81	31.38	-1.43
a	4.26	21.83	17.57	3.58	4.38	0.80	6.68	8.43	1.75
b	11.34	14.81	3.47	11.51	12.14	0.63	14.68	16.03	1.35
c	12.12	26.42	14.30	12.05	12.90	0.85	16.13	18.25	2.12
h	69.42	34.10	-35.32	72.71	40.15	-32.56	65.55	61.42	-4.13
ΔE			20.39			2.63			2.63
参数	红砖立柱								
	外立面憎水剂 RS96			外立面憎水乳液 WS98			对照区域		
	防水前（4月13日）	防水后（5月12日）	差值	防水前（4月13日）	防水后（5月12日）	差值	防水前（4月13日）	防水后（5月12日）	差值
L	45.73	37.37	-8.36	49.75	45.26	-4.49	41.47	34.30	-7.17
a	18.71	67.22	48.51	21.25	26.85	5.6	24.23	46.91	22.68
b	29.96	52.31	22.35	37.12	39.13	2.01	34.51	45.42	10.91
c	35.33	86.07	50.74	42.78	47.46	4.68	42.17	65.46	23.29
h	58.02	38.17	-19.85	60.21	55.54	-4.67	54.93	43.96	-10.97
ΔE			54.06			7.45			26.17

含水率变化数据表

试验区域	类别	防水前（4月13日）			防水后（5月12日）		
		洒水前	洒水后	差值	洒水前	洒水后	差值
红砖墙体	外立面憎水剂 RS96	18.7	21.9	3.2	16.3	17.8	1.5
	外立面憎水乳液 WS98	18.5	23.6	5.1	24.0	21.5	–2.5
	对照区域	19.3	22.5	3.2	15.8	18.4	2.6
青砖墙体	外立面憎水剂 RS96	17.1	19.8	2.7	16.0	14.3	–1.7
	外立面憎水乳液 WS98	20.1	24.1	4.0	19.7	14.5	–5.2
	对照区域	18.1	20.3	2.2	15.6	16.3	0.7
墙底青砖墙体	外立面憎水剂 RS96	7.1	13.8	6.7	5.3	5.3	0.0
	外立面憎水乳液 WS98	7.9	13.5	5.6	5.8	6.2	0.4
	对照区域	9.0	13.7	4.7	8.5	11.1	2.6
红砖立柱	外立面憎水剂 RS96	5.2	11.8	6.2	4.5	4.1	–0.4
	外立面憎水乳液 WS98	6.4	14.8	8.4	5.1	4.9	–0.2
	对照区域	19.6	22.8	3.2	14.0	14.8	0.8

通过现场试验前后对比含水率变化值发现，在采用外立面憎水剂 RS96 和外立面憎水乳液 WS98 防水后，含水率变化值均有减小，但后者减小程度更加明显，说明采用外立面憎水乳液 WS98 在防水效果上相对较好。

通过现场试验前后的色差测量，根据色差分析图，可以看出采用外立面憎水剂 RS96 防水的区域色度变化均较大，采用外立面憎水乳液 WS98 防水的区域除去红色砖墙色度变化较大以外，其余区域色度变化均较小。说明采用外立面憎水乳液 WS98 防水在感观上效果相对较好。综上所述，在现场防水试验中，外立面憎水乳液 WS98 的综合性能要优于外立面憎水剂 RS96。

结合实验室实验结论，选取外立面憎水乳液 WS98 作为本方案表面防水设计中的防水材料。

5. 表面防潮试验

（1）防潮材料

本次表面防潮试验采用防潮剂 BS16–18、防潮剂 BS10019 和特种防潮剂。

防潮剂 BS16-18 材料性能表

外表	无色透明液体
密度	约为每立方厘米 1.0 克
有效成分含量	约 5%
pH 值	约 13

（2）表面防潮方法

1）在现场划分试验区域，清除表面砖粉、尘土、青苔。

2）用色差仪、水分仪等记录初始数据。

3）将已配制好的防潮材料均匀涂抹于砖墙表面，待溶剂挥发后，按照上述方法再涂抹一遍，直至砖墙本体不再吸收防潮材料。

4）进行防潮试验效果检测。

现场试验

（3）试验检测与评估

待防水完成后，现场采用水分仪和色差仪进行检测。

含水率变化数据表

试验区域	类别	防潮前（4 月 13 日）			防潮后（5 月 12 日）		
		洒水前	洒水后	差值	洒水前	洒水后	差值
红砖墙体	对照区域	20.8	21.6	0.8	16.3	17.8	1.5
	防潮剂 BS16-18	13.0	17.3	3.2	16.8	13.6	-3.2

续表

试验区域	类别	防潮前（5月12日）			防潮后（6月26日）		
		洒水前	洒水后	差值	洒水前	洒水后	差值
青砖墙体	对照区域	20.0	23.7	3.7	17.9	19.0	1.1
	特种防潮剂	24.1	27.2	3.1	15.9	15.3	-0.6
	防潮剂 BS10019	18.8	22.4	3.6	16.5	17.6	1.1
红砖墙体	对照区域	14.8	18.2	3.4	16.0	18.6	2.6
	特种防潮剂	22.5	23.9	1.4	12.3	13.1	0.8
	防潮剂 BS10019	17.9	20.1	2.2	14.8	16.0	1.1

色度检测数据表

参数	红砖墙体					
	防潮剂 BS16-18			对照区域		
	防潮前（4月13日）	防潮后（5月12日）	差值	防潮前（4月13日）	防潮后（5月12日）	差值
L	36.36	38.49	2.13	32.02	32.63	0.61
a	40.70	33.91	-6.79	33.83	67.64	33.81
b	33.39	35.03	1.64	26.50	53.21	26.71
c	52.64	48.75	-3.89	42.98	86.07	43.09
h	39.37	45.93	6.56	38.07	38.17	0.1
ΔE			7.30			43.09

参数	青砖墙体								
	特种防潮剂			防潮剂 BS10019			对照区域		
	防潮前（5月12日）	防潮后（6月27日）	差值	防潮前（5月12日）	防潮后（6月27日）	差值	防潮前（5月12日）	防潮后（6月27日）	差值
L	46.91	30.73	-16.18	37.46	24.79	37.46	14.71	36.83	22.12
a	3.56	4.16	0.60	3.18	4.33	3.18	24.23	3.74	-20.49
b	11.52	9.96	-1.56	10.53	6.65	10.53	1.61	11.28	9.67
c	12.06	10.79	-1.27	11.00	7.93	11.00	20.28	11.88	-8.40
h	72.85	67.33	-5.52	73.21	56.98	73.21	3.80	71.66	67.86
ΔE			16.27			13.30			31.66

续表

参数	红砖墙体								
	特种防潮剂			防潮剂 BS10019			对照区域		
	防潮前（5月12日）	防潮后（6月27日）	差值	防潮前（5月12日）	防潮后（6月27日）	差值	防潮前（5月12日）	防潮后（6月27日）	差值
L	54.66	34.04	-20.62	36.65	46.34	9.69	38.99	34.82	-4.17
a	12.61	42.87	30.26	44.96	17.07	-27.89	20.26	45.83	25.57
b	19.26	36.70	17.44	36.10	23.84	-12.26	29.27	36.08	6.81
c	23.02	52.44	29.42	57.57	29.32	-28.25	35.61	58.33	22.72
h	56.79	40.56	-16.23	38.77	54.89	16.12	55.32	38.21	-17.11
ΔE			40.56			31.97			26.79

通过现场试验前后对比含水率变化值发现，在采用三种防潮剂防潮后，防潮区域的含水率变化值均有所减小，其中采用防潮剂 BS16-18 防潮的区域含水率前后减小幅度更大，说明该材料防潮效果更好。

通过现场试验前后的色差测量，根据色差分析图，可以看出采用防潮剂 BS16-18 防潮的区域色度变化较小，而采用防潮剂 BS10019 和特种防潮剂防潮的区域色度变化均较大，说明采用防潮剂 BS16-18 防潮在感观上效果较好。

综上所述，在现场防潮试验中，防潮剂 BS16-18 在防潮、感观效果方面的性能均优于防潮剂 BS10019 和特种防潮剂，与实验室实验的结论相符。因此，选取防潮剂 BS16-18 作为本方案砖墙防潮设计中的防潮材料。

6. 现场试验结论

（1）在现场砖块修补加固试验中，修复后的砖块防水性能较好，表面较为密实，与附近原有砖块的总色差较小，硬度略高于附近原有砖块，在感观上和硬度方面效果良好。因此，选取标准修复砖粉 BP10 作为本方案砖块修补加固设计的修补材料。

（2）根据现场检测结果可得，注浆后不同点位的注浆材料抗压强度换算值相差较大，多数点位符合抗压强度要求，总体上现场灰缝注浆加固试验效果良好。

（3）在现场防风化试验中，增强剂 KSE OH300 的综合性能要优于微 - 纳米石灰 NML-010。结合实验室实验结论，选取增强剂 KSE OH300 作为本方案表面防风化设计中的加固材料。

（4）在现场防水试验中，外立面憎水乳液 WS98 的综合性能要优于外立面憎水剂 RS96。结合实验室实验结论，选取外立面憎水乳液 WS98 作为本方案表面防水设计中的防水材料。

（5）在现场防潮试验中，防潮剂 BS16–18 在防潮、感观效果方面的性能均优于防潮剂 BS10019 和特种防潮剂，与实验室实验的结论相符。因此，选取防潮剂 BS16–18 作为本方案表面防潮设计中的防潮材料。

三、墙体材料保护研究

（一）文物修复原则

1. 不改变原状原则

为切实保持好文物的历史信息，本次修缮将严格按照其原状进行修复，对现场留存痕迹、历史照片及文史资料做严格考证和认真比对，并在充分论证的基础上加以实施。

2. 可识别性原则

考虑到维修后立面和视觉效果的统一，对新补和新换的构件，采用相应手段进行区分，最大程度保护锦堂学校旧址。

3. 原形制、原结构、原材料、原工艺原则

为保持锦堂学校旧址的风格、特色，尽可能地使用原来的材料，完整保存原有的构件，在维修过程中以锦堂学校旧址现有传统做法为主要的修复手法，消除现存的各种隐患，维修工程的补配构件，做到用原材料、原工艺、原做法修复。

4. 可逆性原则

所采用的技术和材料必须具有可逆性，以免损害文物。

（二）安全处理原则

1. 安全处理目标

确保文物本体及周边环境安全，一般以不再出现新的破坏和不出现重大安全隐患为处理目标，具体根据整体、各组成部分、各构件的重要性、价值高低、修复或处理

的难易程度、修复或处理的代价来综合考虑。

2. 工程保护和管理保护并存

工程保护指工程处理，如落架、归安、替换、加固等，管理保护指日常监测、使用限制、环境控制、应急预案等，两者结合、互补，以实现最少干预和确保安全。

3. 管理保护优先

如果管理保护能解决问题的，尽量采用管理保护的手段，尽量少用工程手段，以实现不干预或最少干预。

4. 安全处理不得违背文物修缮原则

安全处理时不得有损文物价值，除特殊情况外，一般不得有损文物本体。安全处理需遵守修缮原则。

（三）保护措施

1. 表面防风化小范围试验设计

表面防风化设计主要针对锦堂学校旧址外墙表面风化、破损较为明显的区域，以风化损害导致的缺失和酥松体积超过 30% 的区域为主。施工时先在现场进行小范围试验，在一二层四个立面的外墙和内部侧墙各选取 5 平方米的试验区域，然后对试验区域进行两年的效果跟踪监测，具体试验效果要求同施工效果监测，待监测结果显示处理效果良好后，再进行大面积区域施工。

（1）防风化目的

通过加固材料提高文物本体表面强度，降低风蚀等现象对文物的物理破坏影响，从而达到抗风化目的。

（2）保护原则

1）加固剂渗入文物材质中，不与其发生化学反应，不生成新的物质；

2）通过加固极大提高文物本体机械强度，增加其抗风化性能；

3）加固之后保证文物材质与外界的交流通道仍然畅通。

（3）加固材料

根据实验室实验和现场试验的结论，选取增强剂 KSE OH300 作为本方案加固材料。该加固材料的材料性能见下表。

增强剂 KSE OH300 材料性能表

外表	无色透明
有效成分及含量	硅酸乙酯，≥ 99%
密度	约每升 0.1 千克（在 20℃）
经过 28 天的硬化	
抗折强度	2.5 兆帕～3.5 兆帕（GB/T17671）
抗压强度	6.5 兆帕～7.5 兆帕（GB/T17671）
毛细吸水率	≥ 10.0kg/m²/√h（DIN52617）

（4）工艺流程

在加固前，先对防风化区域进行清理，去除表面风化层，然后对其进行喷涂加固材料。加固时，采用喷壶装取一定的加固剂，然后壶口对着防风化区域，自上而下进行表面加固。为使砖墙表面充分吸收加固剂，在用喷壶喷涂防风化区域时，配合毛刷进行涂刷，必须要均匀操作，且喷刷次数最好在三次以上，每次间隔时间为半个小时。为防止加固剂过快蒸发，在喷刷完后需贴膜覆盖，并自然养护 2～7 天。

（5）施工效果监测

砖墙表面加固效果评估主要通过色差仪和硬度计这两种仪器进行加固效果监测。

1）砖墙表面防风化前后，砖墙表面色差 ΔE 小于 6；

2）表面防风化后的砖墙表面硬度增加，增强幅度≥ 5% ± 2%。

2. 砖块置换设计

砖块置换设计针对锦堂学校旧址外墙砖块风化损害导致的缺失和酥松体积超过 30% 或处于松动状态的区域。具体砖块置换区域详见施工图。

（1）保护原则

1）新置换的砖块不会影响文物本体原有的风貌；

2）砖块置换之后文物本体与外界的交流通道仍然畅通。

（2）置换砖块

置换砖块的材质与尺寸应与现场砖块相同，按砖块类别分为青砖和红砖，并采用相应的制造工艺。置换砖块的强度等级不应低于 MU10，吸水率应小于 10%。

（3）工艺流程

先对置换区域进行清理，去除风化损害导致的缺失和酥松体积超过 30% 或处于松动状态的砖块，再采用新制的砖块进行置换。在完成置换之后，对墙面进行勾缝和做旧处理，内部采用去硫水泥砂浆涂抹，外部采用天然水硬性石灰黏结料 NHL-A05 作为勾缝的黏结材料（水胶比采用 0.17～0.2）。勾缝顺序应由上而下，先勾水平缝，后勾立缝。

勾水平缝时用长溜子，左手拿托灰板，右手拿溜子，将灰板顶在要勾的缝口下边，右手用溜子将黏结材料塞入缝内，自右向左移动，随勾缝移动托灰板，勾完一段后，用溜子在砖缝内左右拉推移动，使缝内的黏结材料压实、压光，深浅一致。

勾立缝时用短溜子，可用溜子将黏结材料从托灰板上刮起塞入立缝中，使溜子在缝中上下移动，将缝内的黏结材料压实，且注意与水平缝的深浅一致，一般勾凹缝深度为 4 毫米～5 毫米。

（4）施工效果监测

砖块置换效果评估主要通过色差仪和回弹仪这两种仪器进行加固效果监测。

（1）砖块置换前后，与周边区域色差 ΔE 小于 6；

（2）砖块置换后的砖墙表面抗压强度换算值不低于 7.5 兆帕；

（3）新替换的青、红砖的强度是否满足结构安全性要求，需由原修缮设计方进一步评估。

3. 砖块修补加固设计

砖块修补加固设计针对锦堂学校旧址外墙表面风化深度大于 0.5 厘米但砖块风化损害导致的缺失和酥松体积小于 30% 的区域。具体修补区域详见施工图。

（1）保护原则

1）修补材料具有可逆性，不与文物本体发生化学反应，不生成新的物质；

2）修补硬化之后的强度不高于旧砖的强度。

（2）修补材料

根据现场试验的结论，选取标准修复砖粉 BP10 作为本方案修补材料。该修补材料的材料性能见下表。

标准修复砖粉 BP10 材料性能表

外表	粉状
颜色	标准色 / 定制色
容重	约每升 1.4 千克～1.5 千克

续表

经过 28 天的硬化	
抗折强度	2.0 兆帕～4.0 兆帕（GB/T17671）
抗压强度	5.0 兆帕～10.0 兆帕（GB/T17671）
黏结强度	≥ 0.2 兆帕

（3）工艺流程

在修补区域进行防风化并完成自然养护之后，开始进行砖块修补。修补时采用灰刀将正常稠度的修复砖粉（加水比例为粉末：水 =5：1，重量比，需搅拌均匀）涂抹在修补区域，厚度要高于周围砖块 1 毫米～2 毫米。3～4 小时后用石雕刀修出表面质感及砖块形状，并自然养护 48 小时。根据周围砖块的颜色，可采用碧林拼色剂进行拼色处理，同时进行做旧处理。在完成养护之后，对墙面进行勾缝处理，勾缝材料选用石灰基勾缝剂 JM05（水胶比采用 0.17～0.2）。勾缝顺序应由上而下，先勾水平缝，后勾立缝。如果缝的宽度≥ 15 毫米，建议添加 10%～20% 的粒径≥ 2 毫米的河砂或其他无机填料。

勾水平缝时用长溜子，左手拿托灰板，右手拿溜子，将灰板顶在要勾的缝口下边，右手用溜子将勾缝材料塞入缝内，自右向左移动，随勾缝移动托灰板，勾完一段后，用溜子在砖缝内左右拉推移动，使缝内的勾缝材料压实、压光，深浅一致。

勾立缝时用短溜子，可用溜子将勾缝材料从托灰板上刮起塞入立缝中，使溜子在缝中上下移动，将缝内的勾缝材料压实，且注意与水平缝的深浅一致，一般勾凹缝深度为 4 毫米～5 毫米。

（4）施工效果监测

砖块修补加固效果评估主要通过色差仪和回弹仪这两种仪器进行加固效果监测。

1）砖块修补加固前后，与周边区域色差 ΔE 小于 6；

2）砖块修补加固后的砖墙表面抗压强度换算值不低于 5 兆帕。

4. 灰缝注浆加固设计

灰缝注浆加固设计针对锦堂学校旧址外墙表面灰缝砂浆空鼓、流失、脱落的区域。施工时先在现场进行小范围试验，然后对试验区域进行一段时间的效果跟踪监测，待监测结果显示处理效果良好后，再进行大面积区域施工。具体注浆区域详见施工图。

（1）保护原则

1）注浆材料渗入文物材质中，不与其发生化学反应，不生成新的物质；

2）注浆之后保证文物材质与外界的交流通道仍然畅通。

（2）注浆材料

根据现场试验的结论，选取天然水硬性石灰微收缩注浆料 NHL–i07 作为本方案灰缝注浆材料。该注浆材料的材料性能见下表。

天然水硬性石灰微收缩注浆料 NHL–i07 材料性能表

外表	粉状
颜色	标准石灰颜色
容重	每升 0.74 千克～0.8 千克
经过 28 天的硬化	
抗折强度	2.5 兆帕～3.5 兆帕（GB/T17671）
抗压强度	6.5 兆帕～7.5 兆帕（GB/T17671）
毛细吸水率	≥ 10.0kg/m^2/√h（DIN52617）

（3）工艺流程

先清除已风化、酥松的且不具备保留价值的灰缝，再采用针管注射器无压力注浆方式将配置完成的注浆材料（水胶比采用 0.17～0.2）注入砖缝中（先水平缝后立缝），注浆应平整且深浅一致，通过敲击等方法检测注浆饱满性。外部采用石灰基勾缝剂 JM05（水胶比采用 0.17～0.2）作为勾缝材料。勾缝具体工序同砖块修补加固设计。

（4）效果评估与检测

灰缝注浆加固效果评估主要通过红外热成像仪和贯入仪这两种仪器进行注浆效果监测。

1）灰缝注浆加固前后，材料养护 28 天后的贯入度检测抗压强度不低于 6.5 兆帕；

2）注浆后红外热成像照片中，灰缝部位温度与周围区域相近，温度变化较为均匀，说明注浆材料较为饱满，注浆效果良好。

5. 表面防水小范围试验设计

表面防水设计针对锦堂学校旧址的内墙渗水现象较严重的区域。施工时先在现场进行小范围试验，在一二层四个立面的外墙和内部侧墙各选取 5 平方米的试验区域，然后对试验区域进行两年的效果跟踪监测，具体试验效果要求同施工效果监测，如监测结果显示处理效果良好后，再对内墙渗水严重区域进行施工。

（1）防水目的

提高防水性，防水性能的提高，可以降低水蚀现象的发生，并杜绝水对其他环境因素的促进劣化作用，从而达到抗风化的效果；同时，防水性能的提高可以有效提高砖墙表面自洁性能。

（2）保护原则

1）防水材料渗入文物材质中，不与其发生化学反应，不生成新的物质；

2）通过防水提高文物表面疏水性能，屏蔽自然界紫外光，增加文物表面自洁性能，减少文物风化因素，延长文物自然寿命；

3）防水之后保证文物材质与外界的交流通道仍然畅通。

（3）防水材料

根据实验室实验和现场试验的结论，选取外立面憎水剂 RS96 作为本方案防水材料。该防水材料的材料性能见下表。

外立面憎水乳液 WS98 材料性能表

外表	乳白色液体
pH 值	7 ± 0.5
使用完产品后的材料	
毛细吸水率	≤ 0.5kg/（m^2/√ h）（DIN52617）
抗碱性	达至 pH14
抗紫外线性能	5 级（GB5237.4-2004）

（4）工艺流程

防水施工在内墙粉刷前进行。

防水施工时，采用喷壶装取一定的防水材料，然后壶口对着防水区域，自上而下进行表面防水措施。为使砖块表面充分吸收防水材料，在用喷壶喷涂防水区域时，配合毛刷进行涂刷，必须要均匀操作，且喷刷次数最好在三次以上，每次间隔时间为半个小时。为反止防水材料过快蒸发，在喷刷完后需贴膜覆盖。

（5）施工效果监测

砖墙表面防水效果评估主要通过色差、含水率、覆水试验等进行质量控制。

1）砖墙表面防水施工前后，表面色差 ΔE 小于 6；

2）表面防水施工前后，砖墙表面含水率减小或不变；

3）防水施工后，在砖墙表面进行覆水试验，防水区域砖块表面呈水珠状，无明显湿润、吸收现象。

6. 表面防潮设计

表面防潮设计针对锦堂学校旧址外墙墙面及墙底受潮、苔藓滋生的区域，防潮区域范围为地下基础到地面以上 30 厘米。具体表面防潮区域详见施工图。

（1）防潮目的

通过防潮降低砖墙表面的湿度，减少或避免砖墙表面的受潮及苔藓、地衣等植物的滋生。

（2）保护原则

1）防潮材料渗入文物材质中，不与其发生化学反应，不生成新的物质；

2）防潮之后保证文物材质与外界的交流通道仍然畅通。

（3）防潮材料

根据实验室实验和现场试验的结论，选取防潮剂 BS16-18 作为本方案防潮材料。该防潮材料的材料性能见下表。

防潮剂 BS16-18 材料性能表

外表	无色透明液体
密度	约为每立方厘米 1.0 克
有效成分含量	约 5%
pH 值	约 13

（4）工艺流程

在砖墙表面达到干燥稳定状态后，方可进行防潮材料的施工。采用低压注射法，沿砖缝水平方向钻入一排或两排的孔直径为 12 毫米的孔，钻孔数量以每延米 5～9 个为宜（可根据现场实际情况进行调整），孔顶端距离对面墙体 50 毫米～60 毫米为宜，钻孔深度不宜小于墙体厚度的三分之二，然后清理掉洞附近的沙尘，再低压注射防潮材料，48 小时后孔用碧林封孔清浆封护。

（5）施工效果监测

表面防潮效果评估主要通过含水率和高清照片对比进行质量控制。

1）砖墙表面防潮施工前后，砖墙表面含水率减小或不变；

2）经过一段时间的自然环境保存后，防潮施工区域砖块表面无青苔、微生物等生长。

7. 苔藓清洗及防霉防菌设计

苔藓清洗及防霉防菌设计针对锦堂学校旧址外墙墙面及墙底受潮、苔藓滋生的区域，按照先物理、后化学、先水剂、后溶剂的顺序，逐一清洗表面的苔藓等污染物。具体苔藓清洗及防霉防菌区域详见施工图。

（1）保护原则

1）不伤害文物本体，施工速度可以控制，并根据施工情况进行调节，或在一定情况下终止清洗；

2）工艺结束后，不在文物上留下有害物质，不引起二次污染。

（2）保护材料

选取杀菌剂 BFA10 作为本方案苔藓清洗及防霉防菌的保护材料。该保护材料的材料性能见下表。

杀菌剂 BFA10 材料性能表

外表	无色
密度	每立方厘米 1.0 克（在 20℃）
溶解性	易溶解于水
pH 值	8

（3）工艺流程

用高温蒸汽清洗机喷射高温蒸汽对苔藓滋生部位进行刷洗，蒸汽清洗连续作用时间不宜过长，用清水去除残留的污液，自然干燥后，观察砖墙表面的清洗状况。对局部未清洗干净区域采用杀菌剂 BFA10 进行化学清洗，可利用刷子或自然喷涂设备将保护材料施工于相应区域对苔藓进行清洗。在清洗结束之后，采用杀菌剂 BFA10 对防霉防菌区域再进行一次保护处理，可利用刷子或自然喷涂设备将保护材料施工于相应区域，切忌用水冲刷施工后的表面，残留的保护材料仍可起到持续防菌抑藻的功效。

（4）施工效果监测

表面防潮效果评估主要通过高清照片对比进行。

经过一段时间的自然环境保存后，施工区域砖块表面无青苔、微生物等生长。

8. 周边环境治理

锦堂学校旧址“口”字形教学楼坐北朝南，中间正方形庭院绿树掩映，建筑四周花坛环绕紧贴，北侧有水塘。考虑到锦堂学校旧址墙体保护受周边环境及后期管理的影响较大，方案对建筑周边环境控制提出了以下几点要求。

（1）保持合理的绿化。绿化距离建筑外墙建议保持在 50 厘米～100 厘米，灌木间距不宜过密，保持一楼室内采光和通风为宜。乔木低枝要定期修剪，高枝也不要倚靠到建筑本体。

（2）树种建议选择四季常绿型，避免落叶造成的通风口淤塞，减少清洁难度。灌木尽量选择花香清淡，且不易招致大量蚊虫的品种。

（3）对于可能产生花粉和絮状分泌物的植物，建议以注射的方式定期进行处理，避免影响文物以及人员健康。

（4）喷洒除虫药水或其他相关作业时，要尽量避免直接喷溅到文物建筑表面或人员活动区域内。

9. 其他

在锦堂学校旧址砖墙材料保护修缮工程施工结束后，建议对各项保护设计每隔半年进行一次材料保护效果监测，保证墙体材料性能的稳定性。

勘察篇

第一章　现状评估与分析

一、勘察与残损分析

（一）现状勘察

1. 台基地面

由于年久失修，门廊及面向中间正方形天井走廊阶沿石风化严重，局部松动，断裂。北面走廊阶沿石后期全部更换。门廊、门厅石板地面碎裂严重，走廊内石板地面基础空虚，石板局部下陷。一层室内地面全部为后期装修强化地板，原来木地板通气孔全部堵塞。

2. 墙体墙面

"口"字形教学楼外墙为青、红砖清水错缝平砌，白灰嵌缝。外墙墙厚 370 毫米，天井走廊墙厚 300 毫米。一层外墙 1.3 米以下部分后期增加水泥抹面，清水砖砌墙体风化破损，尤以西立面最为严重，高度 1100 毫米～1200 毫米。面向中间天井走廊外墙底部 400 毫米高水泥勒脚。南面内天井砖柱后期增加水泥抹面至砖柱顶，砖柱压顶石局部水泥修补。一层窗拱券和二层窗下部之间的墙体局部出现裂缝：南立面 1～2 轴二层窗下，西立面 A～B 轴、C～D 轴、D～E 轴、S～T 轴二层窗下，北立面 N-9-～N-10 轴二层窗边，北立面 N-16～N-17 轴、N-17～N-18 轴二层窗下。根据现场勘察分析，裂缝是由于上部荷载作用，墙体局部下沉，导致墙体开裂，又由于砖块表面风化、酥碱，砂浆流失，导致了裂缝加剧发展。墙体与门窗洞口交界处局部脱开，产生裂缝，后期修补。一层北、西外立面窗洞后期加固维修，砖平券外抹红色涂料，南、东外立面窗洞后期加固维修，砖平券修补，重新勾缝。一层外立面窗上部墙体后期增加白色抹灰。内隔墙为灰板条墙，白色抹灰。后期由于使用功能的要求，部分隔墙拆除，增设扶壁柱。室内墙面抹灰大量泛黄发黑，潮湿脱落，霉斑滋生。

3. 木桁架

木桁架保存状况较好。教学楼四面各 15 间，进深 9 檩。在历年修缮中，已更换部分不能使用的檩、大梁，东、西两侧木桁架梁头后期进行墩接修补。

4. 屋顶瓦面

“口”字形教学楼屋面从上而下为小青瓦，防水卷材，望砖 180 毫米 ×150 毫米，60 毫米 ×40 毫米方木椽间距 180 毫米。屋面现状保存情况较好，后期维修木椽 80% 已更换。漏雨是屋面最常遇到的问题，教学楼屋面由于年久脱灰、积土或生草，瓦件的质量，渗水，防护层不密实，加上南方多雨，产生屋面漏雨的情况，引起椽子和檩条的腐烂，45 度转角处最严重。在经过历次维修以后，屋面漏雨问题基本解决，但是在二层转角灰板条吊顶等处，现仍然留有发霉脱落痕迹。东侧面向中间天井檐口局部下沉。封檐板局部破损，脱落。

5. 门窗装修

口字楼的门窗基本保留了内层木窗，外层百叶窗已缺失。南面中间门厅两扇大门为教学楼主入口，东侧原有连廊与周边建筑相连，现已无存。转角木楼梯处均开门可通室外。南立面 2～4 轴、15～17 轴和西立面 P～Q 轴之间原有门后期被改为窗。二层楼梯间原有门后期封堵，共 4 扇。

6. 楼梯楼面

二层楼面为 25 厚木地板，原为美国杨松，135 毫米宽。木楼板为 2002 年按原材料原规格修缮更换，现保存状况较好。木楼梯保存较好，东南转角处扶手有松动。

7. 天棚吊顶

建筑室内原为灰板条吊顶，表面白色抹灰。部分教室经过装修后改为纸面石膏板等现代材料。一层走廊吊顶经过历年维修，原来的灰板条吊顶已无踪影，已经全部改为木板吊顶。二层走廊保留了灰板条吊顶，局部由于屋面漏雨发霉，脱落，尤其以四个转角位置和檐口较多。

8. 油漆断白

锦堂学校旧址经过历次的修缮，原油饰材料已不可考。根据现场勘察情况，所有木门窗、木楼梯、栏杆扶手、挂落和木柱均为暗红色调和漆，屋架隐蔽部位无油饰。油漆现局部脱落。

（二）残损成因分析

“口”字形教学楼基本保持着初建时的格局风貌和建筑形制，其历史真实性和风貌完整性保持较好。目前“口”字形教学楼基础基本稳定，建筑整体存在一定的相对不均匀沉降，结构体系完整，未出现严重的结构安全问题。其残损主要是由于自然和人为两种因素造成的，建筑受长期风雨侵袭，日常维护不足，使用功能不当，使文物本体存在着不同程度的损毁。此次修缮的重点是防水、防漏、防潮、防护等问题，解决风雨空气对建筑物的侵蚀，减缓砖砌体的风化、建筑构件的老化，补强结构薄弱点，加强整体稳定性，改善文物建筑的保存环境，遏制残损的发展趋势。

二、结构勘察和检测评估

（一）房屋建筑结构概况

学校主体建筑为“口”字形教学楼一幢，二层，长 56.77 米，宽 56.70 米，占地面积 3223 平方米，一层高 3.7 米，二层至屋面檐口高为 3.0 米，檐口至屋脊高度为 2.91 米，室内外高差 0.505 米，总建筑高度为 7.16 米（室外地坪至檐口高度），整体为二层的砖木结构西式风格特点的建筑物。

房屋建筑呈东西向对称布置，外立面采用清水砖墙（局部嵌红砖）错缝平砌，白灰嵌缝。南立面为主立面，沿中轴线东西对称，正面中间出三开间半圆形抱厅，下为门斗，上做训导台，大门正立面山花墙是典型的“巴洛克”风格。东西立面呈对称布置。面向天井一侧设通廊，一楼走廊石板铺地，二楼木地板、铁护栏；转角设楼梯。屋面为人字桁架结构，其屋面做法为桁架上置檩条、椽子、望砖、屋面铺小青瓦。内有隔断、吊顶，用灰板条抹灰。

（二）房屋结构体系的确认

现场调查结果表明，学校主体建筑结构形式为砖墙、木柱、木屋架、木梁、搁栅等为主要承重构件的混合结构。

房屋屋面采用三角形木屋架承重，屋架上架设木檩条并铺设望砖和小青瓦，屋架一端支撑于外侧的砖墙上，内侧支撑在木柱上。由此可知，屋面荷载通过木屋架直接传递

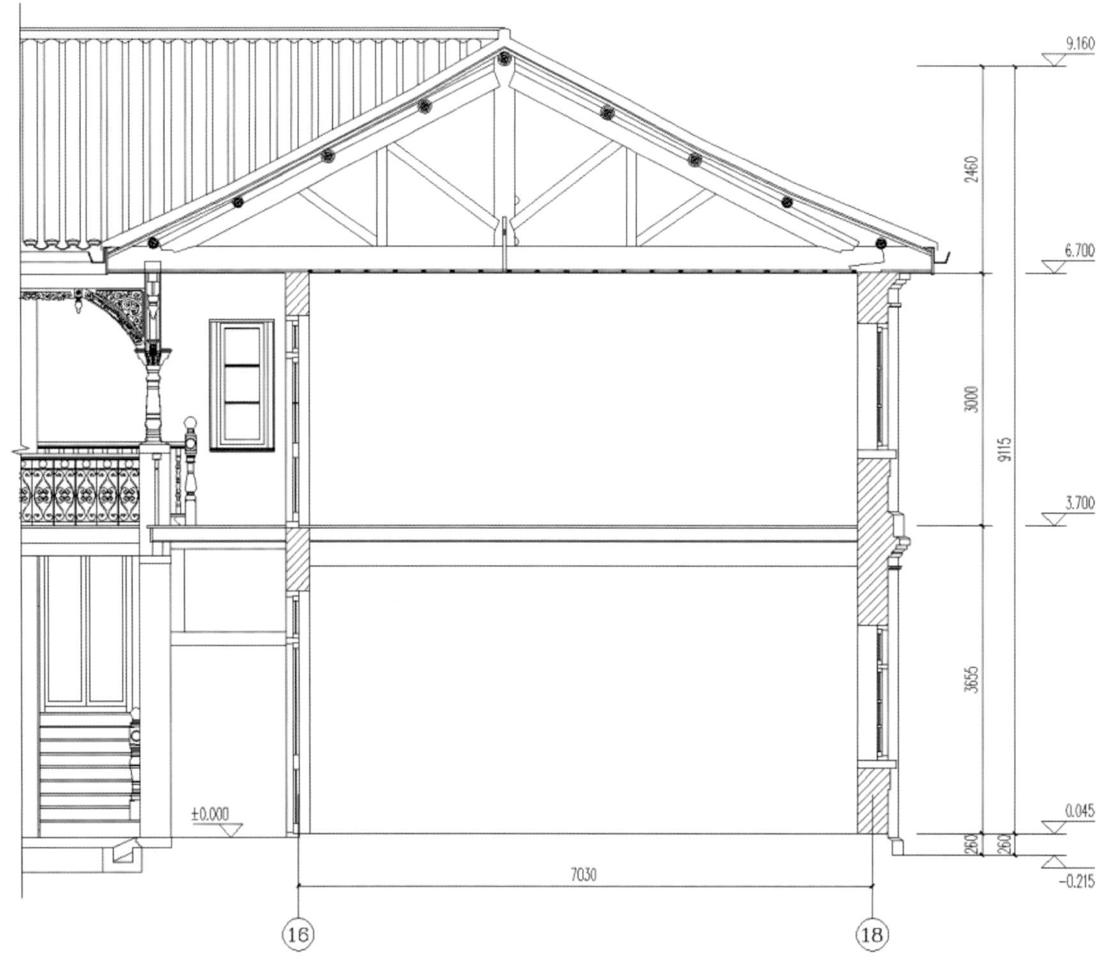

房屋典型剖面图

给砖墙和木柱上，屋架与砖墙及木柱的连接方式可认为是铰接，屋架可看作桁架模型。

二层楼面主要采用木楼盖（门厅局部区域为现浇楼盖），区域荷载通过木梁或现浇梁板传递给底层砖墙和砖柱，且底层砖墙同时承受来自二层砖墙的荷载，最终，底层砖墙将房屋上部荷载传递给基础及地基。二层木梁可看作两端与砖墙铰接的简支梁模型，现浇梁板与砖墙和砖柱也可认为是铰接方式。

（三）房屋主要结构材料强度的检测

房屋主要竖向承重构件为砖墙、木柱及砖柱，主要水平承重构件为木屋架、木梁、木搁栅。根据现场检测条件，采用贯入法检测房屋砖墙砂浆强度，采用回弹法检测其砖块强度。

采用贯入法检测房屋砖墙砂浆强度

采用回弹法检测其砖块强度

1. 砂浆强度的检测

在房屋砖墙或砖柱上分别随机选取 11 处，去除表面勾缝（将测区位置打磨平整，并除去浮灰），采用贯入法检测砂浆强度。根据中华人民共和国行业标准《贯入法检测砌筑砂浆抗压强度技术规程》（JGJ/T136-2001）有关技术规定，每片承重砖墙上抽取 8 条厚度大于 7 毫米的灰缝，清除浮灰后用砂轮将砂浆表面打磨平整并测定贯入前初始值，采用 SJY800 型贯入式砂浆强度检测仪将测钉射入水平砂浆层，清除测孔粉尘后再次测定贯入深度，最后根据贯入深度计算确定测区砂浆抗压强度换算值。各房屋抽查砖墙砂浆强度的检测结果参见下表。从表中可以看出，一层和二层抽查之处砖墙砂浆抗压强度换算值分别在 1.5 兆帕～3.9 兆帕之间和 3.39 兆帕～6.42 兆帕之间；根据具体检测结果，底层和二层砂浆强度分别综合评定为 2.0 兆帕和 4.4 兆帕。

去除表面勾缝

贯入法检测表

层号	序号	检测部位	砂浆抗压强度换算值（兆帕）	砂浆类型
一层	1	J-16 轴墙体	3.65	石灰砂浆
	2	C-11 轴墙体	2.4	石灰砂浆
	3	K-3 轴墙体	3.14	石灰砂浆

续表

层号	序号	检测部位	砂浆抗压强度换算值（MPa）	砂浆类型
一层	4	R-N～5 轴墙体	1.5	石灰砂浆
	5	R-N～12 轴墙体	3.9	石灰砂浆
	6	A-2 轴墙体	1.5	石灰砂浆
	7	B-1 轴墙体	1.9	石灰砂浆
综合评定	1）该检测单元强度平均值为 2.57 兆帕，最小值为 1.5 兆帕； 2）最小值 /0.75=2.0 兆帕＜ 2.57 兆帕； 3）该单元砂浆强度综合评定值为 2 兆帕； 4）采用贯入法检测石灰砂浆强度有一定误差，结果供参考，后同。			
二层	1	E-16 轴墙体	3.39	石灰砂浆
	2	C-5 轴墙体	6.42	石灰砂浆
	3	N-3 轴墙体	3.67	石灰砂浆
	4	R-N～9 轴墙体	4.26	石灰砂浆
综合评定	1）该检测单元强度平均值为 4.44 兆帕，最小值为 3.39 兆帕； 2）最小值 /0.75=4.52 兆帕＞ 4.4 兆帕； 3）该单元砂浆强度综合评定值为 4.4 兆帕； 4）采用贯入法检测石灰砂浆强度有一定误差，结果供参考，后同。			

2. 砖强度的检测

在房屋保存较好的砖墙、砖柱以及风化的砖墙和砖柱上随机选取 20 处区域，每处选择 10 块砖，将测区位置（保存较好砖墙）打磨平整，除去浮灰；局部风化严重的砖墙，将表层风化层剥离，然后再打磨平整，除去浮灰。根据《回弹仪评定烧结普通砖强度等级方法》（JC/T796-2013）有关技术规定，每块砖上正反布置 5 个弹击点（由于反面在砌筑内部无法检测，因此在正面布置 5 个弹击点），采用 ZC4 型砖回弹仪（编号：FH-276-01）对墙体砖的抗压强度进行抽样检测，记录其回弹值，在此基础上，计算平均回弹值、标准差及相应的回弹标准值。各检测区域砖强度换算值具体参见下表。从表中可以看出，抽查之处砖强度一层、二层砖强度在 6.9 兆帕～16.3 兆帕。

砖回弹检测表

层号	序号	检测部位	平均回弹值	标准差	标准值	单块最小平均回弹值	强度换算值（兆帕）	备注
一层	1	J-16 轴墙体	28.22	5	19.23	21	9.1	内墙青砖风化严重
	2	C-11 轴墙体	30.34	3.67	23.74	23.2	10.8	外墙青砖风化
	3	C-4 轴墙体	33.1	4.33	25.31	24.6	13.3	青砖
	4	C-6 轴墙体	25.28	3.37	19.22	20.4	7.0	内墙红砖风化
	5	K-3 轴墙体	27.36	3.92	20.31	20.6	8.5	内墙青砖风化
	6	R-N～5 轴墙体	36.28	2.69	31.43	32.6	16.3	青砖
	7	T～S-N～18 轴墙体	30.16	2.94	24.87	24.8	10.6	青砖
	8	A-14～15 轴墙体	31.86	3.07	26.33	26.6	12.1	青砖
	9	A-5～6 轴墙体	25.14	4.2	17.57	19.2	6.9	外墙青砖风化严重
	10	A-5 轴砖柱	25.22	4.8	26.58	16.2	6.9	砖柱红砖风化严重
	11	A-1 轴砖柱	32.52	3.23	26.71	27.6	12.7	红砖
	12	F～G-1 轴墙体	29.36	2.99	23.98	22.8	9.9	外墙青砖风化严重
	13	S-1 轴砖柱	34.42	2.93	29.15	30	14.5	红砖
	14	T～S-1 轴墙体	34.26	4.05	26.97	26.6	14.3	青砖
综合评定	1）该单元砖强度平均值为 10.9 兆帕，最小值为 6.9 兆帕； 2）该单元砖强度在 6.9 兆帕～16.3 兆帕；其中风化砖强度在 6.9 兆帕～10.8 兆帕；未风化砖强度在 10.6 兆帕～16.3 兆帕。							
二层	1	E-16 轴墙体	30.74	2.52	26.21	26.40	11.1	青砖
	2	C-5 轴墙体	31.86	3.74	25.12	28.40	12.1	青砖
	3	N-3 轴墙体	34.75	2.81	29.71	30.00	14.8	青砖
	4	R-N～9 轴墙体	28.60	2.04	24.92	24.80	9.4	青砖
综合评定	1）该单元砖强度平均值为 11.85 兆帕，最小值为 9.4 兆帕； 2）该单元砖强度在 9.4 兆帕～14.8 兆帕。							

3. 木材的检测

根据现场勘察，该建筑物主要承重木构件有二层木梁、搁栅、屋面木屋架、檩条。由于目前该建筑物作为学校办公室正在使用，大部分内部装修吊顶将木梁以及木屋架封堵。受条件限制我们选取一层 A ～ C-2 ～ 4 房间的木梁以及二层 A ～ C-10 ～ 11 房间的木屋架进行检测。首先我们利用 FD-100 高周波感应式木材水分仪测定木构件现场含水率，用手持式密度检测仪测定木材密度。然后用应力波仪器测试木构件的纵向应力波速。最后根据木材含水率、木材密度以及纵向应力波推算木材动弹性模型。根据具体检测结果，木构件纵向应力波速在每秒 3600 米～ 4300 米，推测木材平均动弹性模量为 7000 兆帕。

木构件纵向应力波检测基本信息表

编号	传感器数目	传感器间距（毫米）	纵向应力波速（米 / 秒）	木材密度	木材含水率	动弹性模量
JT1-ML1	2	600	4300	0.453	12.13	8376
JT2-MWJ1-XX	2	600	3600	0.450	10.23	5832
JT2-MWJ1-SX	2	600	3900	0.448	10.50	6814
备注	1. 表中编号含义：JT：表示锦堂；ML：表示木梁；MWJ：表示木屋架；XX：表示下弦杆；SX：表示上弦杆。2. JT-ML1：表示锦堂学校一层木梁 1。					

4. 混凝土强度的检测

根据现场勘察，该建筑物主要承重混凝土构件主要是二层走廊外侧一圈混凝土梁，以及门厅顶面混凝土梁板。走廊外侧混凝土梁局部保护层脱落，钢筋锈蚀裸露，门厅顶部梁板由于外面抹灰，无法检测。本次主要是对走廊外侧一圈混凝土梁（共计 44 根，任意选取其中 10 根）进行检测。按照《回弹法检测混凝土抗压强度技术规程》（JGJ/T23-2011），采用 HT225PH2-E 型数字回弹仪（编号：FH-225）对梁抗压强度进行抽样检测，根据检测结果：梁抗压强度推定值为 25.4 兆帕。

（四）房屋相对不均匀沉降趋势和倾斜情况的检测

房屋建成至今已有 110 余年历史，为间接了解房屋地基基础工作状况及房屋的整体变形情况，对各房屋相对不均匀沉降趋势和倾斜情况进行了检测。

1. 房屋相对不均匀沉降趋势的检测

采用日本 SOKKIAC40 型高精度水准仪，测量了房屋相对不均匀沉降趋势（含施工误差）。根据现场检测条件，测量时以各房屋底层勒脚为基准面，测点布置及测量结果参见下图。

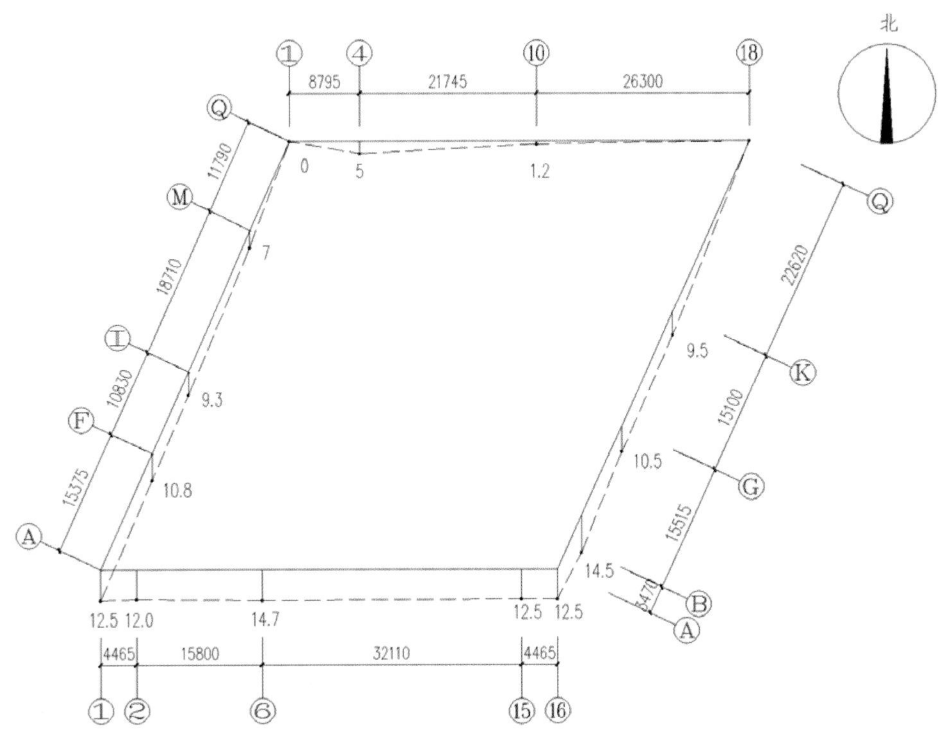

相对不均匀沉降观测点布置及实测结果

从图中可以看出，整体南面沉降大、北面沉降小；南侧两端相对沉降不大；东侧两端南北向表现为南端沉降大、北端沉降小，平均相对倾斜为0.27‰左右；西侧两端南北向表现为南端沉降大、北端沉降小，平均相对倾斜为0.22‰左右；北侧两端东西向表现为西端沉降大、东端沉降小，平均相对倾斜为0.104‰左右；其值低于国家标准《建筑地基基础设计规范》（GB50007-2012）关于同类建筑结构相对倾斜的限值（4‰）。

2. 房屋倾斜情况的检测

根据现场测试条件，选取外墙转角处或砖柱转角处，先用吊垂初步勘察以后，结合电子全站仪对房屋的整体倾斜情况进行了检测，通过现场测量推算房屋整体的倾斜率，实测结果参见下表。

房屋墙体的倾斜表

序号	测点位置	斜率（‰）	方向	备注	
1	东外侧墙体	18-A 轴砖柱	2.5	向东	
2		18-B～C 轴砖墙	2.5	向东	
3		18-C 轴砖柱	3.7	向东	

续表

序号	测点位置	斜率（‰）	方向	备注	
4	东外侧墙体	16–G～H 轴砖墙	4.4	向东	
5		18–M 轴砖柱	3.77	向东	
6		18–P 轴砖柱	3.14	向东	
7		18–T 轴砖柱	1.89	向东	
8	南外侧墙体	A–1～2 轴砖墙	4.4	向南	
9		A–2～4 轴砖墙	3.77	向南	
10		A–4～5 轴砖墙	3.14	向南	
11		A–5 轴砖柱	5.66	向南	
12		A–5～6 轴砖墙	3.77	向南	
13		A–6 轴砖柱	1.26	向南	
14		A–6～7 轴砖墙	1.26	向南	
15		A–7 轴砖柱	3.77	向南	
16		A–7～8 轴砖墙	1.26	向北	
17		A–13～14 轴砖墙	5.66	向北	
18		A–15～17 轴砖墙	1.26	向北	
19		A–18 轴砖柱	1.26	向北	
20	西外侧墙体	1–A 轴砖柱	0		
21		1–A～B 轴砖墙	5.03	向西	
22		1–B～C 轴砖墙	3.77	向西	
23		1–E～F 轴砖墙	4.4	向东	墙体局部外鼓
24		1–F～G 轴砖墙	3.77	向东	墙体局部外鼓
25		1–S～T 轴砖墙	1.26	向东	
26		T–1～2 轴砖墙	1.89	向北	
27		T–3～4 轴砖墙	0		
28	北侧外墙体	T–7 轴砖柱	0		
29		T–12～13 轴砖墙	1.26	向北	
30		T–16 轴砖墙	0		

续表

序号	测点位置	斜率（‰）	方向	备注	
31	一层内侧墙体	C-10～11 轴砖墙	10.06	向北	
32		C-11～12 轴砖墙	8.81	向北	
33		C-12～13 轴砖墙	15.72	向北	
34		C-13～14 轴砖墙	16.98	向北	
35	二层内侧墙体	C-10～11 轴砖墙	20.13	向北	
36		C-11～12 轴砖墙	22.64	向北	
37		C-12～13 轴砖墙	16.35	向北	
38		C-13～14 轴砖墙	3.77	向北	

从表中可以看出，东侧墙体整体有往东倾斜的趋势。南侧靠门厅西侧墙体往南倾斜，靠门厅东侧往北倾斜，且于内立面墙体倾斜方向一致。西侧墙体往西倾斜，局部墙体外鼓，导致测量结果显示墙体往东倾斜。北侧墙体整体倾斜情况较好。一层东、南、西三面外侧墙体中局部最大倾斜率大于国家标准《建筑地基基础设计规范》（GB50007-2012）关于同类建筑结构倾斜率的限值（4‰），但低于中华人民共和国行业标准《危险房屋鉴定标准》（JGJ125-99）（2004 年版）关于同类构件的倾斜限值（10‰）。一、二层内侧靠南面墙体倾斜较大，最大倾斜率大于国家标准《建筑地基基础设计规范》（GB50007-2012）关于同类建筑结构倾斜率的限值（4‰），且大于中华人民共和国行业标准《危险房屋鉴定标准》（JGJ125-99）（2004 年版）关于同类构件的倾斜限值（10‰）。

（五）现状勘察

整体建筑风貌、特色装修、结构体系及内部建筑格局等保存基本完好。由于多年使用，局部砖墙存在一定的风化、酥碱，砂浆风化、盐析等现象，室内装修、二层地板后期进行过维修替换。具体完损状况检测结果如下：

1. 场地周边环境

目前该建筑周边场地地面标高黄海高程在 3.10 米左右，地势平缓。建筑物东侧、西侧紧临建筑，南侧为广场，北侧有个小池塘。在建筑物的东侧、南侧有条河道，距离东侧河道大概 64 米左右，距离南侧河道大概 64 米。锦堂学校四周场地照片如下所示：

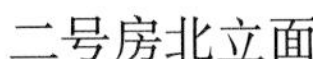

锦堂学校鸟瞰图

从现场勘察，场地表面无大凹陷、隆起等现象。周边道路为村道，且距离周边道路比较远，车辆振动对建筑物的影响较小。

2. 地基情况

参照浙江省浙南综合工程勘察院提供的《慈溪市锦堂高级职业中学工程地质勘查报告》(2003 年 2 月)，场地地表为杂填土，层厚在 0～1.05 米，其下为粉质黏土，层厚 0.6 米～2.2 米，呈褐黄色，压缩模量 4 兆帕，地基承载力特征值为 75 兆帕，第 3 层为淤泥质粉质黏土，层厚 1.9 米～4.40 米，呈灰色，压缩模量 2.2 兆帕，地基承载力特征值为 55 兆帕，第 4–1 为粉质黏土，呈灰色，压缩模量 4.5 兆帕，地基承载力特征值为 75 兆帕。地下水在地表以下 0.4 米～0.7 米左右。

勘察过程中未发现地基滑坡、变形、开裂和因地基不均匀沉降引起的建筑物损伤及其他异常情况。

3. 基础情况

根据现场勘察未发现房屋基础与承重砖墙连接处产生斜向阶梯形裂缝、水平裂缝、竖向裂缝等状况；未发现房屋因基础老化、腐蚀、酥碎、折断导致上部结构出现明显倾斜、位移、裂缝、扭曲等异常情况。因此未对现场进行开挖勘察。

4. 墙体裂缝情况

根据现场勘察，大部分裂缝出现在一层窗拱券和二层窗下部之间的墙体。勘察过程中发现，一层窗顶无过梁，也未发现有钢筋，墙体是直接砌筑在窗框上，再在其上砌砖拱。推测由于上部荷载作用，墙体局部下沉，导致墙体开裂。又由于砖块表面风化、酥碱，砂浆流失，导致裂缝加剧发展。

5. 木材腐烂情况

利用阻抗仪检测木材腐烂情况，检测时需要匀速加力将一根直径为 1.5 毫米的针探测木材内部，采用携带的记录纸或计算机磁盘记录下钢针进入木材内部时所受到的阻力曲线，其大小随各材料密度的不同而变化，生成不同峰值的曲线，根据检测得到的阻力曲线，可以判断木材内部的腐朽状况及结构。经计算机加工可以制成相对准确的内部缺陷平面图。

根据现场勘察，该建筑物主要承重木构件有二层木梁、搁栅、屋面木屋架、檩条。由于目前该建筑物作为学校办公室正在使用，大部分内部装修吊顶将木梁以及木屋架封堵。受条件限制我们选取一层 A～C–2～4 房间和 A～C–15～17 房间的木梁以及二层 A～C–10～11 房间的木屋架进行检测。木材阻力曲线图详见附录 1，根据现场检测结果，5 根构件木材材质状况均较好。且一层 A～C–2～4 房间和 A～C–15～17 房间的木梁相对于二层木桁架的上、下弦杆和竖杆，阻力值较大。下弦杆髓心部分阻力值明显较小。

一层木梁及二层木屋架下弦杆两端埋入砖墙内，无法查看内部腐烂情况，因此后期修缮的时候需揭示重点查勘。一层其他构木梁件由于吊顶等因素，无法检测、查勘腐烂情况，后期修缮的时候需拆开重点查勘。二层其他木桁架也由于吊顶无法现场检测，但是通过上人孔，现场初步查勘，木构件未发现有明显的缺陷，但是后期修缮的时候也需逐榀进行检查。

6. 屋面情况

借助无人机拍摄屋面残损情况，根据现场调查目前屋面情况保存尚好。

南立面 1～2 轴二层窗下

西立面 A～B 轴二层窗下

西立面 C～D 轴二层窗下

西立面 D～E 轴二层窗下

西立面 S～T 轴二层窗下

北立面 N-9～N-10 轴二层窗边

北立面 N-16～N-17 轴二层窗下

北立面 N-17～N-18 轴二层窗下

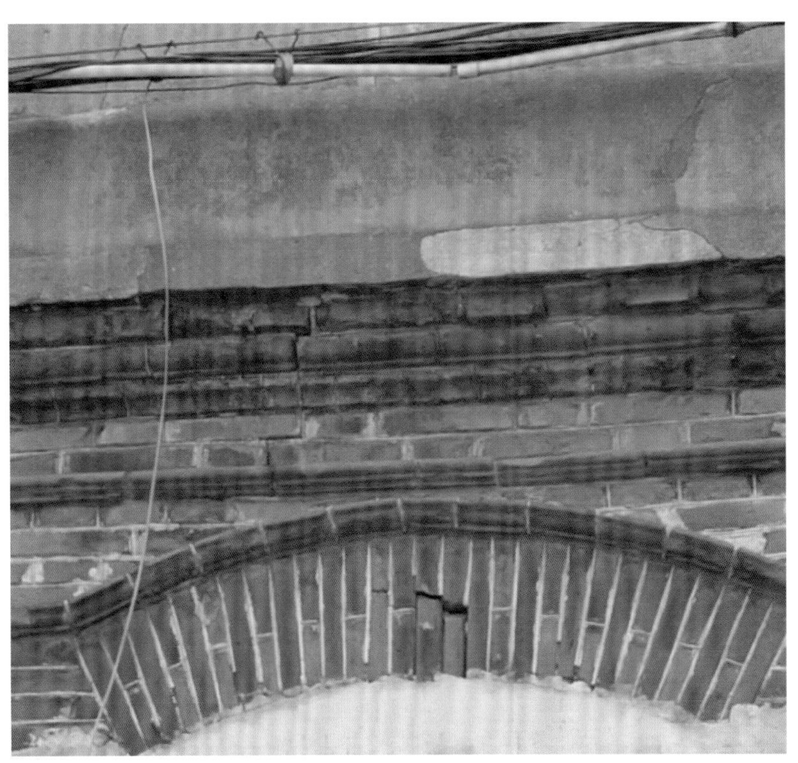

北立面 N-16～N-17 轴二层窗下

北立面 N-17～N-18 轴二层窗下

南立面 A-10 门廊墙体上部

（六）楼屋面使用荷载的调查

为了对房屋结构的安全性做出正确的评价，对房屋的使用荷载进行了调查分析，为房屋结构性能的计算分析提供依据。荷载调查主要包括使用活荷载和楼（屋）面板结构层厚度、建筑面层做法及其厚度等的全面调查。活荷载的取值主要根据实际建筑功能按照国家标准《建筑结构荷载规范》（GB5009-2012）确定，楼（屋）面恒荷载的确定根据楼板设计厚度、建筑构造做法确定，分隔墙荷载根据墙体材料、厚度、高度确定。

根据后期口字楼的用途安排，房屋修缮后主要作为办公和展陈使用，按修缮以后使用功能，考虑文物本体安全，限制其楼面负重，其楼面各功能区域的活荷载按每平方米 1.5 千牛考虑。

根据现场勘察，楼面具体建筑构造做法为木梁上搁搁栅，搁栅上铺木板，搁栅下面有吊顶，木楼盖区域恒荷载标准值统一取每平方米 1.7 千牛；屋面做法为木屋架上搁檩条、椽子、其上铺望砖和小青瓦，屋架下面有吊顶，计算檩条、椽子时屋面恒荷载标准值统一取为每平方米 2.2 千牛，计算基础时取每平方米 3.0 千牛。房屋楼面活荷载标准值取为每平方米 2.0 千牛；屋面按不上人屋面考虑，其活荷载标准值取为每平方米 0.5 千牛。

房屋材料砖容重近似取为每立方米 18 千牛，木材容重按立方米 6.0 千牛，混凝土容重按立方米 26 千牛考虑。基本风压取立方米 0.45 千牛，基本雪压取立方米 0.35 千牛，地面粗糙度取 A 类。

（七）房屋结构构造措施的调查分析与评价

现场调查结果表明，房屋为砖墙、木柱、木梁、木屋架等为主要承重构件的混合结构，受当时技术水平的限制，原设计未考虑抗震设防。根据国家标准《建筑抗震鉴定标准》（GBJ50023-2009）和《建筑工程抗震设防分类标准》（GB50223-2008）的相关规定，按丙类建筑、6 度抗震设防、后续使用年限 30 年（A 类建筑）的要求，对房屋结构构造措施分别进行评定，具体参见下表。

房屋结构构造措施调查表

项目		房屋情况	抗震鉴定规范要求	结论	备注
外观质量		砖墙风化、酥碱严重，砖块断裂外鼓，局部砖块脱落等现象；局部墙体有裂缝，墙体砂浆盐析，局部流失。木构件未见明显变形、腐朽和严重开裂。	砖墙无空鼓、酥碱、歪闪和明显裂缝，木楼、屋盖构件无明显变形、歪扭、腐朽、蚁蚀和严重开裂。	不符合	
房屋高度		7.16 米（室外地坪至檐口高度）	≤ 21 米	符合	
房屋层数		二层	≤ 7 层	符合	
结构体系	抗震横墙厚度和间距	抗震墙厚≥ 240 毫米，间距≤ 14 米，横墙较少	抗震墙厚≥ 240 毫米，间距≤ 4.2 米	不符合	
	高宽比	高宽比小于 2.2，且高度小于底层平面最大尺寸	房屋高宽比不宜大于 2.2，且高度不大于底层平面尺寸的最长尺寸	符合	

续表

项目		房屋情况	抗震鉴定规范要求	结论	备注
材料强度	一层砖块强度	平均值为 10.9 兆帕，最小值为 6.9 兆帕	不宜低于 MU7.5	不符合	未风化砖抗压强度在MU10以上，风化砖强度低于MU10
	一层砂浆强度	平均值为 2.57 兆帕，最小值为 1.5 兆帕	不应低于 M0.4	符合	
	二层砂浆强度	平均值为 4.44 兆帕，最小值为 3.39 兆帕	不应低于 M0.4	符合	
	二层砖块强度	平均值为 11.85 兆帕，最小值为 9.4 兆帕	不宜低于 MU7.5	符合	
	混凝土强度	抗压强度 25.4 兆帕		符合	
房屋整体性连接构造	纵横墙连接	墙体闭合；纵横墙交接处设有马牙槎，纵墙与砖墙扶壁柱连接。无拉结钢筋，无构造柱。	墙体应闭合，纵横墙交接处无烟道、通风道且应咬槎较好，当为马牙槎砌筑时应沿墙高设拉接钢筋	不符合	
	楼屋盖连接	屋架采用三角形或梯形木屋架，设木望板顶棚。屋架间有纵向竖向支撑。	屋架不应为无下弦的人字形屋架，隔开间应有一道竖向支撑或有木望板和木龙骨顶棚	符合	
	构件搁置长度	木搁栅支撑长度 120 毫米，木屋架和木大梁支撑长度在 300 毫米～400 毫米之间。	木搁栅在墙上支撑长度不小于 120 毫米，木屋架和木大梁在墙上支撑长度不小于 240 毫米	符合	

从表中看出，房屋抗震横墙间距、纵横墙连接构造不能满足抗震规范要求。

（八）房屋结构安全性的计算分析

1. 计算条件

为了解房屋结构安全状况，根据房屋的结构特点，按照砖木结构体系、丙类建筑、6 度抗震设防（0.05g）要求，采用中国建筑科学研究院结构研究所 PKPM 系列 QITI 计算软件，对各房屋结构竖向安全性和整体抗震性能进行建模计算分析（见下图），房屋的后续使用年限（目标使用期）取 30 年。抗震性能验算时，根据国家标准《建筑抗震

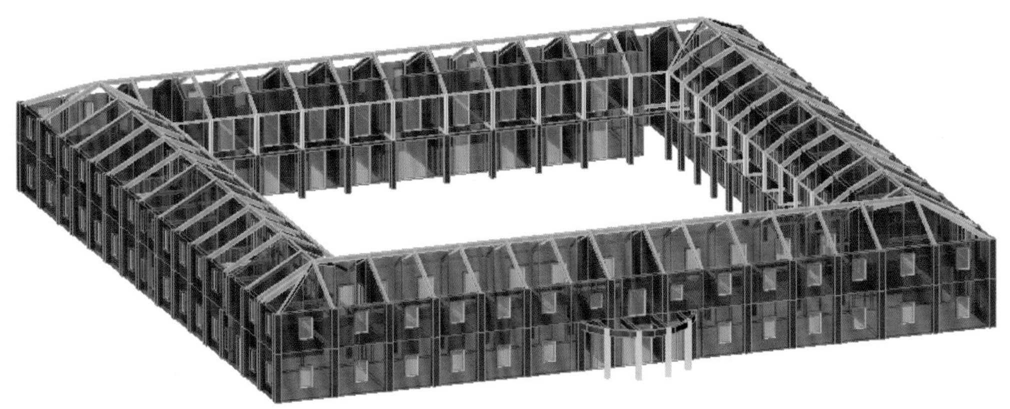

整体计算模型示意图

鉴定标准》(GBJ50023-2009)，计入构造的影响，根据构造措施调查结果，房屋的构造影响系数分别取 0.8。

计算时，结构布置及构件几何尺寸按现场测绘结果取值；荷载按照实际调查结果取值；房屋结构材料强度均按实际检测评定结果取值。底层和二层砂浆强度分别取 2.0 兆帕和 4.5 兆帕，底层和二层砖强度均取取 10.0 兆帕；根据检测木材平均动弹性模量为 7000 兆帕，根据《木结构设计规范》取值，并综合考虑木材动弹性模量和《古建筑木结构维护与加固技术规范》建议的折减系数，木搁栅（木屋架）和木板木材强度等级均取为 TC13 级，其强度统一取 0.78 的折减系数。现浇板区域混凝土强度等级根据实际检测评定结果分别取为 C25。

2. 房屋结构承载力验算

根据房屋结构的实际特点，对其砖墙、木搁栅及木屋架等主要承重构件结构承载力进行了验算。

（1）砖墙承载力验算

为了验算砖墙承载力，为建模、计算方便，将屋面三角桁架模型简化，砖墙承载力验算不受影响。

根据砖墙承载力验算结果表明：

1）底层横墙局部开门洞部分砖墙竖向受压承载力抗力 / 效应比值为 0.34～0.58，局部受压不能满足承载力的计算要求；底层～二层其余各墙段竖向受压承载力抗力 / 效应比值为 1.03～14.64，满足承载力的计算要求；

2）底层～二层各墙段抗震承载力抗力 / 效应比值为 2.50～19.67，满足抗震承载力的计算要求；

3）各层砖墙段高厚比均满足国家标准《砌体结构设计规范》（GB50003-2011）的墙体高厚比限制要求。

（2）楼屋盖承载力验算

根据楼面木木梁的布置情况，按照简支梁计算模型对其抗弯承载力进行了计算。目前由于一层吊顶，其内部隐蔽部位的木梁高度及搁栅尺寸无法测量，待施工揭示以后再另行验算。

另经验算，木屋架及楼面木板均满足承载力的计算要求。

（3）地基基础安全性的分析与评价

受现场条件限制，未能对房屋基础情况进行调查，其基础形式不详。现场检测未发现房屋出现因相对不均匀沉降导致的墙体开裂等结构损伤，即房屋地基基础目前处于安全状态。在修缮后上部荷载不过大增加的前提下，可认为地基基础满足安全性要求。

（九）材料检测

1. 检测取样及检测

从锦堂学校旧址的清水墙上采集得到 17 个样品，其中红砖样品 4 个、红砖修补材料样品 1 个、青砖样品 2 个、条石样品 2 个、砌筑砂浆样品 2 个、勾缝砂浆样品 6 个。

（a）门厅柱墙

（b）门厅柱墙

（c）清水墙

红砖取样部位

红砖修补材料取样

青砖取样部位

条石取样部位

砌筑砂浆取样部位

（a）表面勾缝　（b）表面勾缝　（c）红砖第二层勾缝

（d）红砖第二层勾缝　（e）青砖第二层勾缝　（f）青砖第二层勾缝

勾缝砂浆取样部位

光学显微镜下观察结果表明：红砖修补材料、表面勾缝砂浆和第二层勾缝砂浆中含有植物纤维，其作用是防止材料收缩开裂。

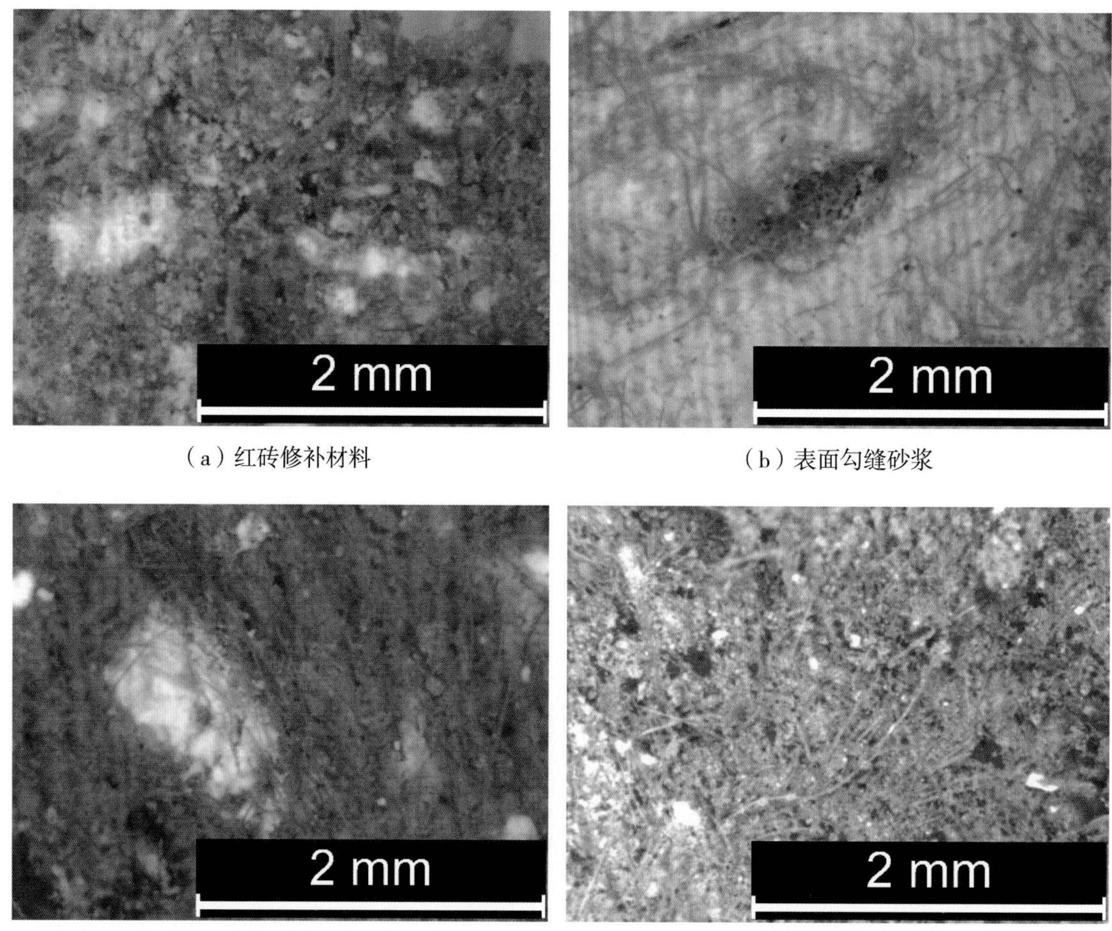

（a）红砖修补材料　　（b）表面勾缝砂浆

（c）第二层红砖勾缝砂浆　　（d）第二层青砖勾缝砂浆

砖石和灰浆样品中的纤维成分

X 射线荧光分析结果表明：除了 ^{8}O、^{14}Si 和 ^{13}Al 三元素之外，红砖富含 Fe，同时含有 Ca、K、Ti 等元素；红砖的修补材料中的白色成分和红色成分都富含 Ca，初步推测为石灰与色粉的混合物；青砖的元素组成与红砖基本一致，但青砖中检出有 Cl 元素；窗台板的条石富含 Fe 元素，与未风化的条石相比，风化的条石中含有更多的 Ca 元素；2 个砌筑砂浆样品均富含 Ca 元素，其中的 Fe 元素丰度非常低；表层勾缝砂浆与砌筑砂浆的元素组成基本一致，富含 Ca 元素；红砖间的第二层勾缝砂浆在元素组成方面与红砖修补材料基本一致，富含 Ca 元素，砂浆中掺有含 Fe 的色粉；用于青砖的第二层勾缝砂浆富含 Ca 元素，但是 Fe 元素的含量却比较少，因此该勾缝砂浆中掺加青砖色粉的可能性较小。

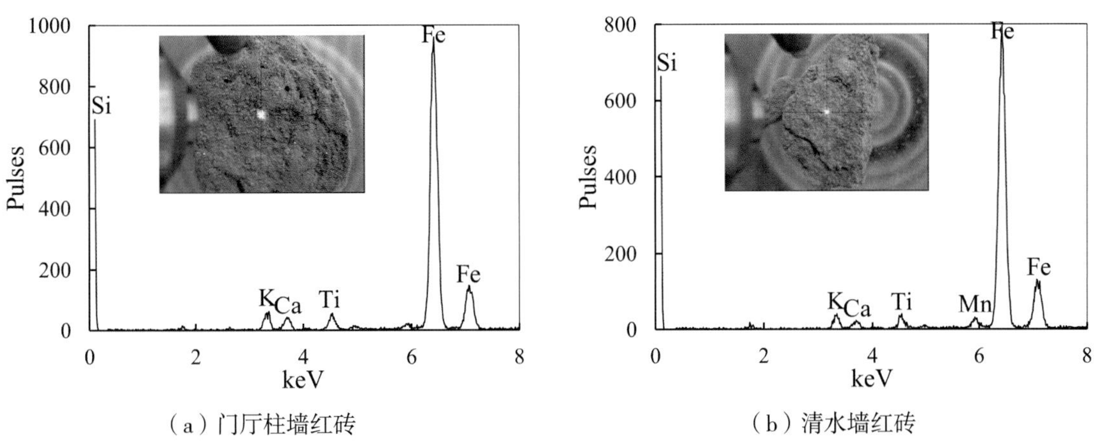

（a）门厅柱墙红砖　　（b）清水墙红砖

红砖的 X 射线荧光谱

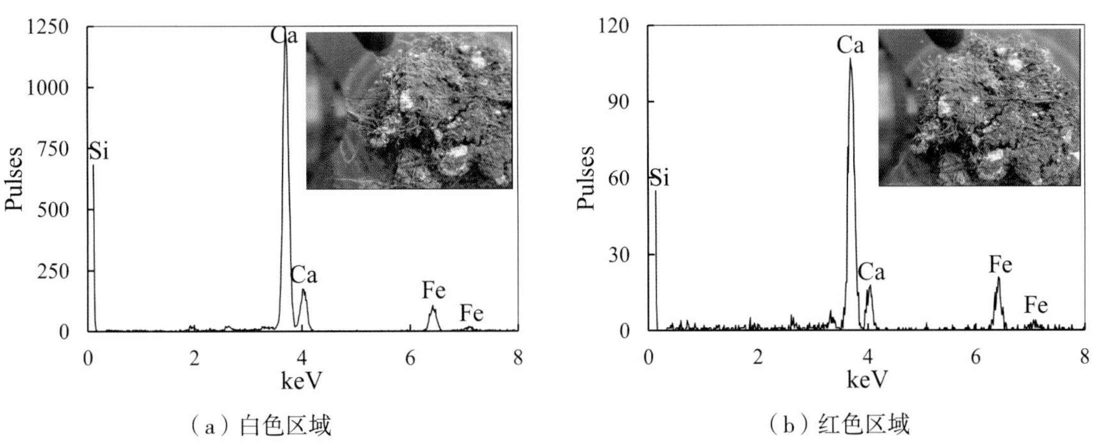

（a）白色区域　　（b）红色区域

红砖修补材料的 X 射线荧光谱

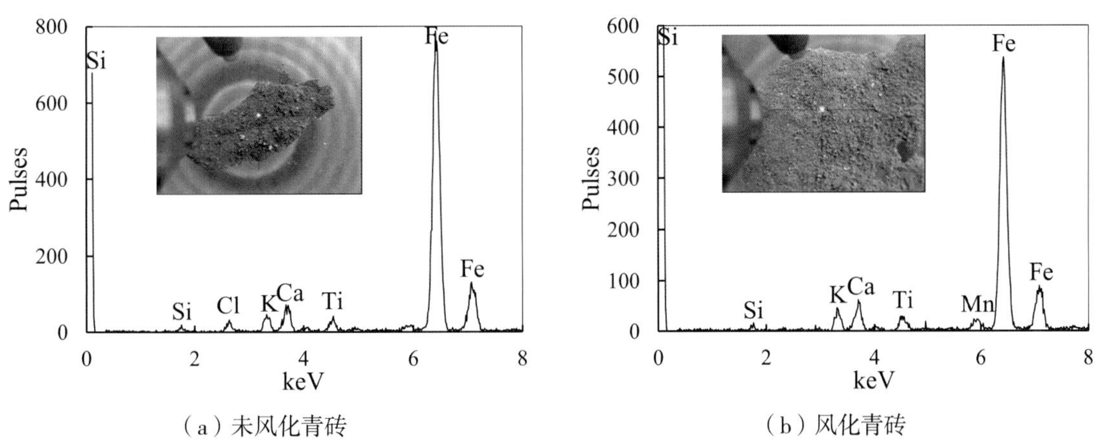

（a）未风化青砖　　（b）风化青砖

青砖的 X 射线荧光谱

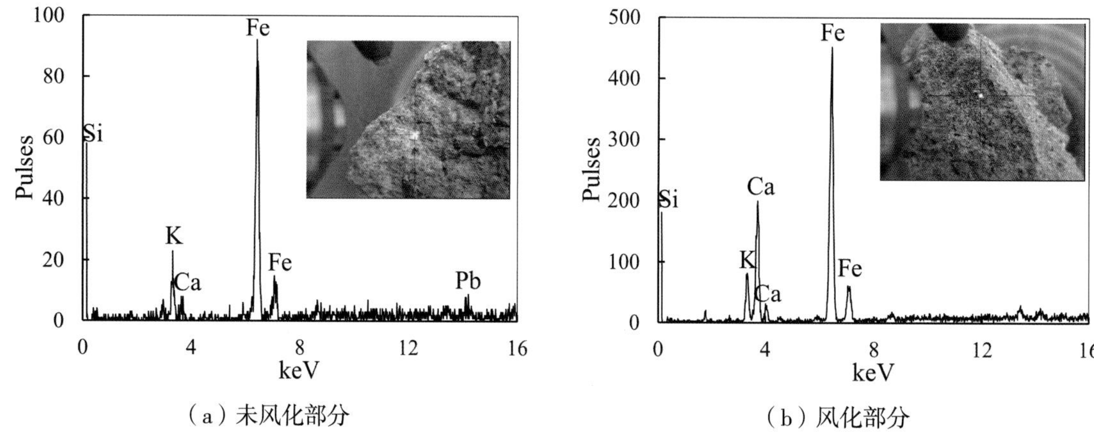

（a）未风化部分　　（b）风化部分

窗台板条石的 X 射线荧光谱

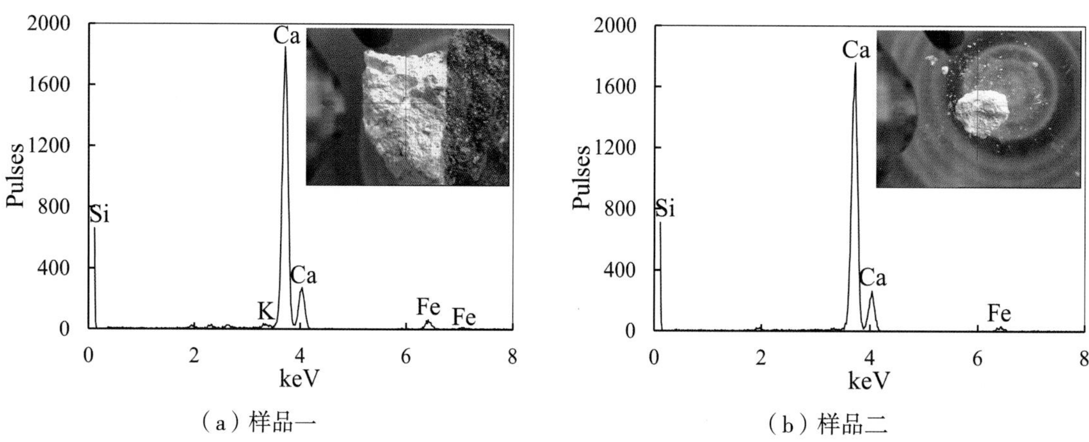

（a）样品一　　（b）样品二

砌筑砂浆的 X 射线荧光谱

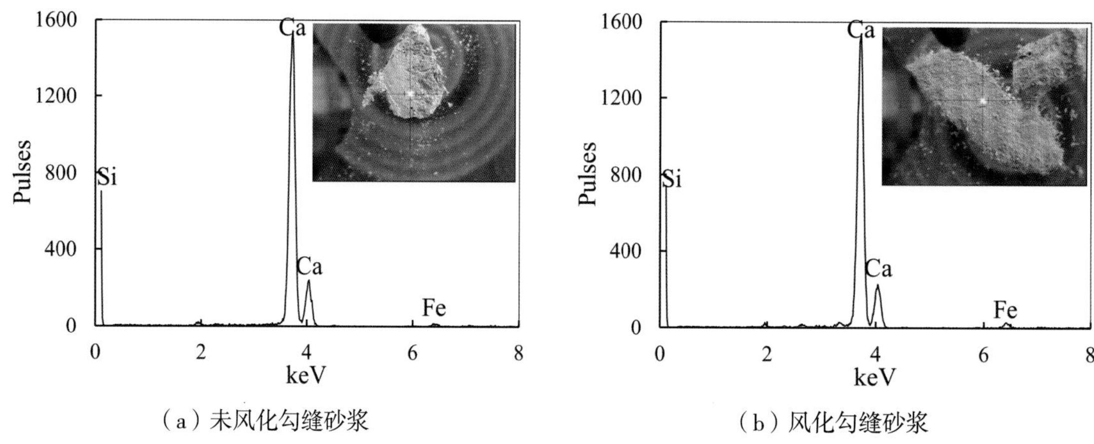

（a）未风化勾缝砂浆　　（b）风化勾缝砂浆

表面勾缝砂浆的 X 射线荧光谱

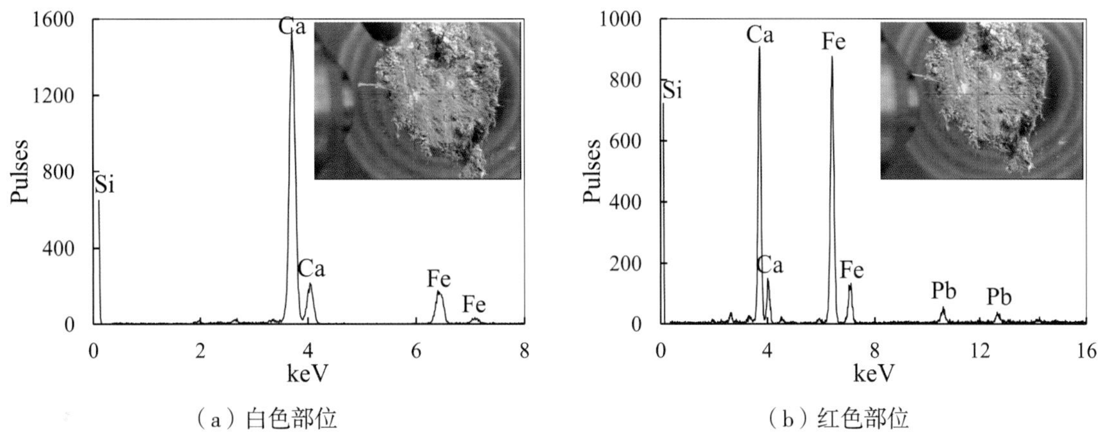

（a）白色部位　　（b）红色部位

红砖间第二层勾缝砂浆的 X 射线荧光谱

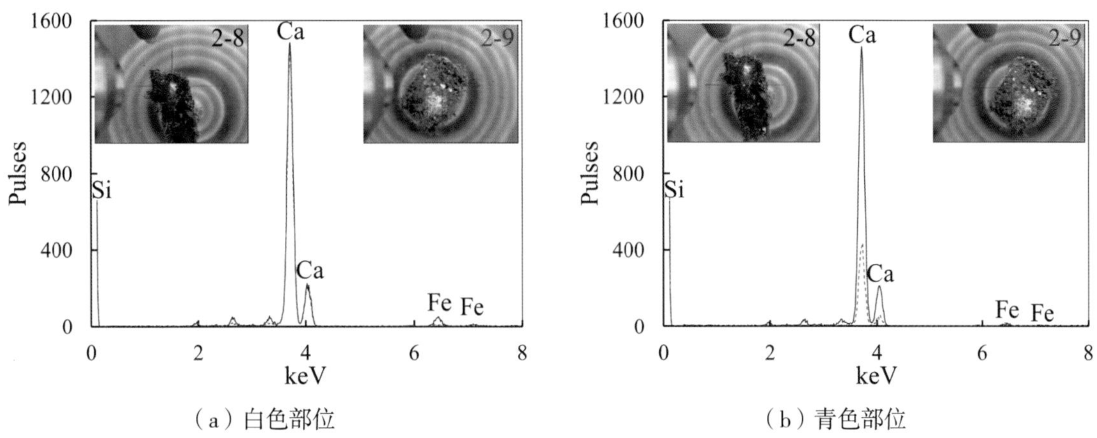

（a）白色部位　　（b）青色部位

青砖间第二层勾缝砂浆的 X 射线荧光谱

采用体积比 9 : 191 的盐酸（质量百分数 1.7%、摩尔浓度每升 0.5 摩尔）对红砖修补材料、砌筑灰浆、表面勾缝砂浆、红砖间第二层勾缝砂浆和青砖间第二层勾缝砂浆进行酸化处理，实验结果表明这些灰浆材料含有较多的石灰成分。

富钙砂浆样品的酸化反应表

实验项目 / 材料样品	称取质量（克）	$CaCO_3$ 含量极值（摩尔）	0.5M 盐酸（毫升）	HCl 含量（摩尔）	残渣情况	备注
红砖修复材料	0.5	0.005	25	0.0125	少	
砌筑砂浆	0.5	0.005	25	0.0125	极少	无纤维
表面勾缝砂浆	0.5	0.005	25	0.0125	少	含有纤维
第二层红砖勾缝砂浆	0.5	0.005	25	0.0125	少	
第二层青砖勾缝砂浆	0.5	0.005	25	0.0125	少	疑似墨汁

注：$CaCl_2$ 在 20℃时的溶解度为 74.5 克（0.67 摩尔），25 毫升水中可溶解 0.1675 摩尔氯化钙。

（a）红砖修补材料

（b）砌筑砂浆

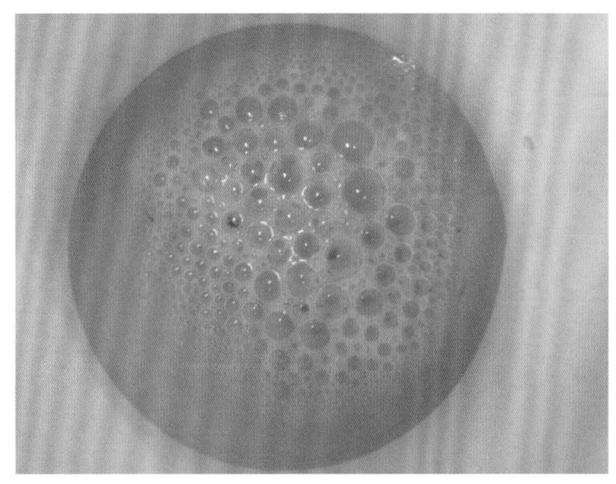

（c）表面勾缝砂浆

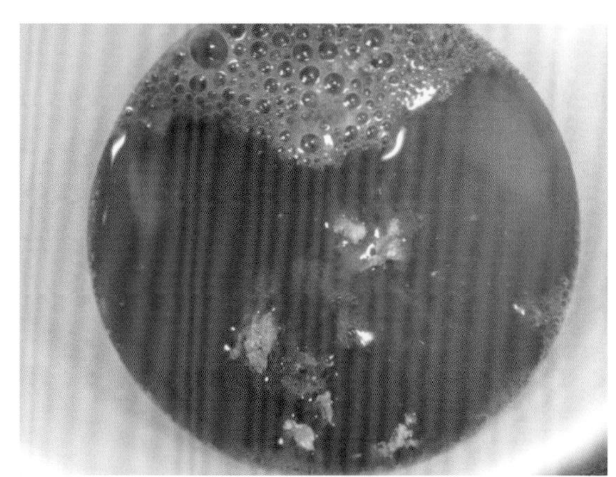

（d）第二层红砖勾缝砂浆

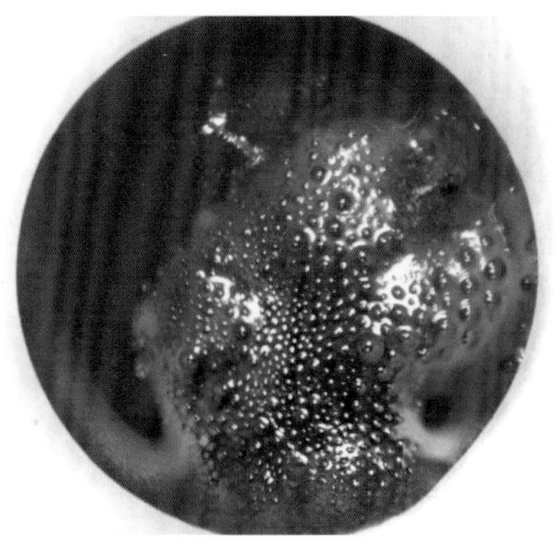

（e）第二层青砖勾缝砂浆

富钙砂浆样品的酸化反应

2. 检测结果

从 X 射线荧光测试结果来看，墙体所用的砌筑砂浆和勾缝砂浆富含 Ca、Si 元素，表明砂浆主要成分为石灰和砂。

从砂浆样品的酸化反应来看，经过稀盐酸浸泡后残渣含量很少，说明砂浆在后期的固化过程中发生碳化反应，其内部胶结物主要为 $CaCO_3$，而 $CaCO_3$ 遇酸极易分解，导致砂浆强度下降。因此可以推测，由于该建筑位于海边，受当地自然气候影响，以及长期的雨水冲刷下，砂浆强度降低，逐渐流失。砂浆的流失，导致砖块局部区域暴露于自然环境中，雨水渗入砖块，在反复的干湿循环和冻融循环作用下造成强度降低，表面粉化、剥落。

（十）检测评定结论

根据现场调查、勘察、检测，该建筑主要病害为墙体砖块风化、酥碱、剥落严重，局部砂浆盐析、强度降低，砂浆逐渐流失。房屋局部墙体倾斜较为严重，需进行必要的加固处理。房屋抗震横墙间距、纵横墙连接构造不能满足抗震规范要求。具体检测结论详见下述。

1. 地基

该建筑物场地地表为杂填土，其下为粉质黏土，呈褐黄色，地基承载力特征值为 75 兆帕，且未发现地基滑坡、变形、开裂和因地基不均匀沉降引起的建筑物损伤及其它异常情况。

2. 基础及上部结构

（1）结构体系

现场调查结果表明，锦堂学校结构形式为砖墙、木柱、木屋架、木梁、搁栅等为主要承重构件的混合结构。房屋屋面采用三角形木屋架承重，屋面荷载通过木屋架直接传递给砖柱和木柱上，二层楼面荷载通过木梁传递给底层砖墙和砖柱上，然后通过砖墙和砖柱将荷载传递给基础及地基。

（2）材料检测的主要结果

①根据抽样检测结果，该建筑底层和二层砂浆强度分别综合评定为 2.0 兆帕和 4.52 兆帕。

②根据抽样检测结果，该建筑砖强度在 6.9 兆帕～16.3 兆帕；其中风化砖强度在

6.9 兆帕～10.8 兆帕；未风化砖强度在 10.6 兆帕～16.3 兆帕，未风化砖强度较高。

③根据抽样检测结果，木构件纵向应力波速在每秒 3600 米～4300 米，推测木材平均动弹性模量为 7000 兆帕。

④根据抽样检测结果，梁抗压强度推定值为 25.4 兆帕。

3. 房屋相对不均匀沉降趋势和倾斜情况的检测

房屋整体存在一定的相对不均匀沉降；其值低于国家标准《建筑地基基础设计规范》（GB50007-2012）关于同类建筑结构相对倾斜的限值（4‰）。一层东、南、西三面外侧墙体中局部最大倾斜率大于国家标准《建筑地基基础设计规范》（GB50007-2012）关于同类建筑结构倾斜率的限值（4‰），但低于中华人民共和国行业标准《危险房屋鉴定标准》（JGJ125-99）（2004 年版）关于同类构件的倾斜限值（10‰）。一、二层内侧靠南面墙体倾斜较大，最大倾斜率大于国家标准《建筑地基基础设计规范》（GB50007-2012）关于同类建筑结构倾斜率的限值（4‰），且大于中华人民共和国行业标准《危险房屋鉴定标准》（JGJ125-99）（2004 年版）关于同类构件的倾斜限值（10‰）。此部分墙体需要进行加固处理。

4. 现状残损

根据现场勘察，墙体大部分裂缝出现在一层窗拱券和二层窗下部之间。由于一层窗顶无过梁，也未发现有钢筋，墙体是直接砌筑在窗框上，再在其上砌砖拱。由于上部荷载作用，墙体局部下沉，导致墙体开裂。需要对此部分墙体裂缝进行加固处理，并且对其窗顶过梁进行加固处理。

该房屋部分墙体风化、酥碱、剥落严重，局部砂浆盐析、强度降低，砂浆逐渐流失。砂浆的流失，导致砖块局部区域暴露于自然环境中，雨水渗入砖块，在反复的干湿循环和冻融循环作用下造成强度降低，表面粉化、剥落。需要对此部分墙体进行修补、补砌。

由于该房屋目前在做办公使用，一层、二层大部分木构件由于吊顶无法现场勘察、检测，后期修缮的时候需逐榀进行检查。现场抽样检测的木梁、木桁架未见明显腐朽现象。屋面未见明显残损。

5. 构造措施

房屋建造年代久远，受当时技术条件限制，原设计未考虑抗震设防。房屋抗震横墙间距、纵横墙连接构造不能满足国家标准《建筑抗震鉴定标准》（GBJ50023-2009）

的有关要求。房屋无构造柱及圈梁，且局部墙体砖块风化、酥碱严重，风化砖强度较低；砂浆盐析，砂浆强度较低；房屋整体性较差，该房屋抗震构造措施相对较差，抗震性能不能满足标准要求。

6. 结构承载力验算

根据砖墙承载力验算结果表明，砖墙局部墙段不能满足竖向受压承载力的计算要求外（计算模型未考虑风化砖及剥落的影响），其余各墙段均满足承载力的计算要求；即不考虑地震作用下，局部墙段需作适当的加固处理，房屋整体上均能满足结构安全性的要求。

目前由于一层吊顶，其内部隐蔽部位的木梁高度及搁栅尺寸无法测量，待施工揭示以后再另行验算。另经验算，木屋架及楼面木板均满足承载力的计算要求。

三、现状照片

锦堂学校旧址前景

锦堂学校旧址俯视

锦堂学校旧址东外立面

锦堂学校旧址二层天井走廊

锦堂学校天井内立面

锦堂学校前广场

锦堂学校旧址东侧新建教学楼

锦堂学校旧址北侧水塘和隐架山

锦堂学校南侧学堂河

台阶条石断裂，松动

门厅前廊地面石板碎裂

一层室内后期被改为强化地板

地面潮湿，有水渍

一层地面被改为水泥地面

二层木楼板局部松动

一层通气孔被堵塞

砖柱、台明潮湿长苔

走廊地面石板局部碎裂，地面下沉

一层门窗后期增加木棂条

一层木门槛被改为水泥

南侧木柱被截短，改成砖柱

面向天井西侧被改为木板门，墙面风化，后期水泥修补

门上部拱券与墙体脱开

原来门洞被改大

一层内庭院砖柱风化破损严重，后期水泥修补

增加支撑

增加扶壁柱

室内后期增加吊顶装饰

墙面粉刷脱落，泛黄，潮湿

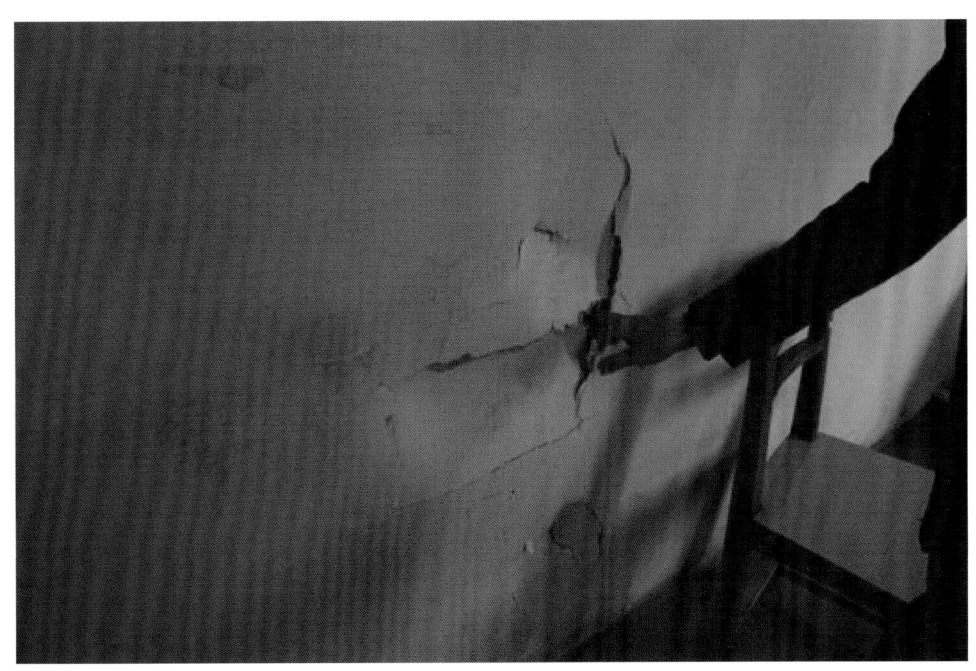

室内灰板条隔墙破损

一层木门框糟朽

后期增添基础设施

天井排水沟位置遮挡通气孔

混凝土梁钢筋外露，铁胀下挠

一层内庭院木板破损脱落、砖柱风化破损严重，后期水泥修补

二层原有门后期封堵

二层木门框与墙体脱开 8 毫米～10 毫米，后期水泥修补

粉刷层剥落

二层转角灰板条吊顶脱落

二层原东侧通向蚕房门被封堵

木楼梯后期改动，增加门扇

15 轴交 F 轴砖柱顶水泥修补

二层木柱根部糟朽腐烂

二层门后期被改为木板门

二层木柱开裂，缝宽 8 毫米，长 400 毫米

入口门廊砖柱风化

漏雨，墙体潮湿，苔藓滋生，砖塑风化，水泥修补

拱券风化严重

外立面（南）风化破损，后期水泥抹面，后期增加水泥窗框

原有门被改为窗

窗台风化严重，水泥修补，砖线脚水泥抹面

外立面（西）墙面风化严重，红砖风化严重，高度 1.3 米

外立面（北）窗后期改，窗洞上部增加白色抹灰

二层原有通向蚕房门被封堵

窗洞后期加固维修，砖平券修补，外抹红色涂料

雨水管设置随意，破坏墙体

砖线脚风化严重

墙体出现裂缝

墙体出现裂缝

窗框与墙体脱开，墙体破损，灰缝脱落

正面山墙出现裂缝

檐沟破损漏雨，檐口潮湿，灰板条脱落、发霉

立面窗后期改动

窗扇玻璃缺失

灰塑风化

木栏杆破损

雨水管破损，周边植物滋生

走廊管线随意设置

外墙随意增加空调管开孔，周边绿化紧靠建筑遮挡通气孔

屋面曲线变形，东侧檐沟破损漏雨灰板条吊顶脱落、发霉

后期重做铁皮天沟

正榀木屋架

转角木屋架

檐口漏雨，望砖跌落

转角处屋面漏雨

屋面檩条开裂

北木桁架立柱纵向开裂，木构件表面落灰

北桁架北侧檐口有漏雨痕迹

屋面望砖局部破损

东侧屋面局部见光

东、西侧木桁架梁头已进行修补

第二章　现状实测图

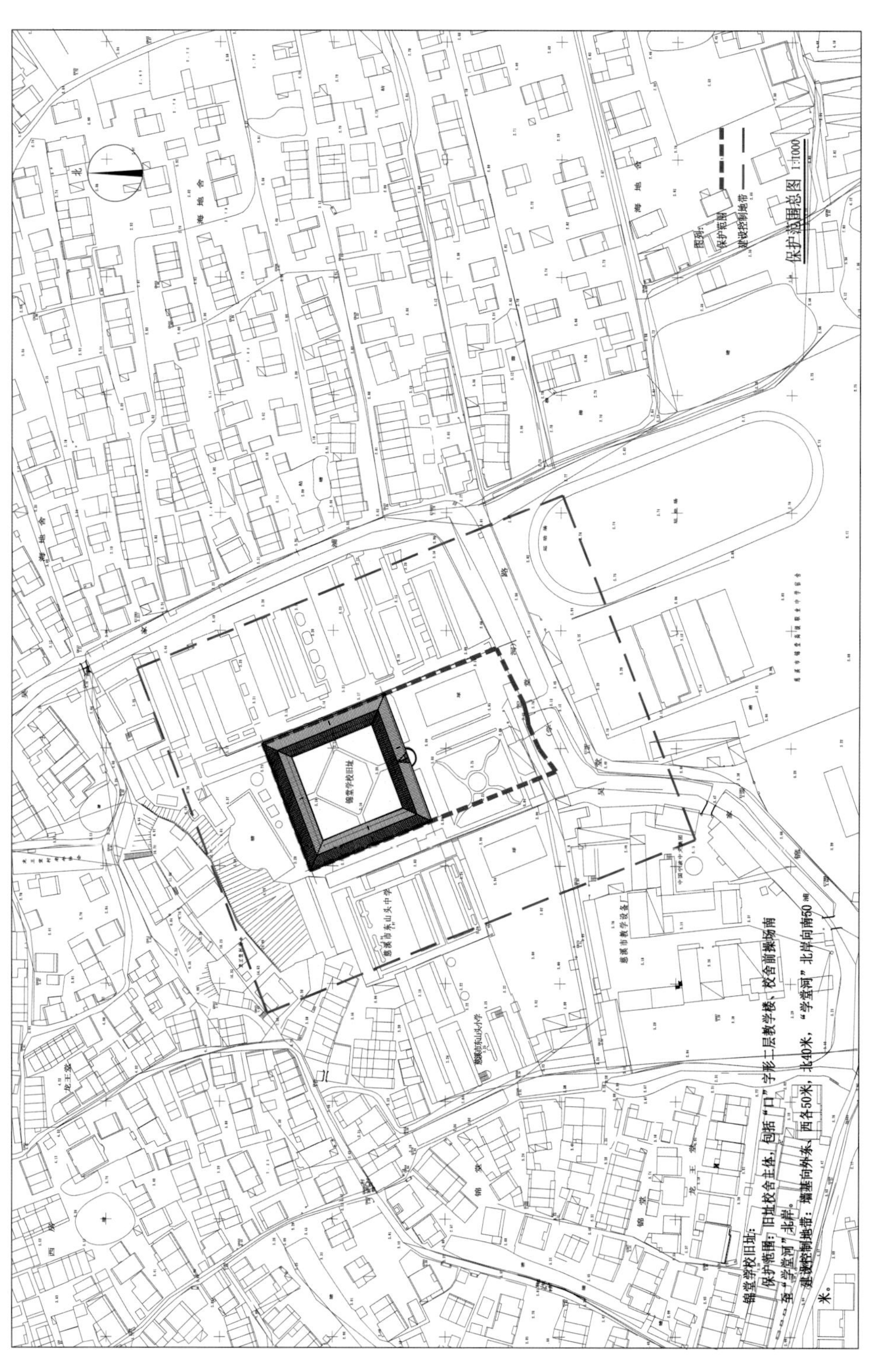

慈溪锦堂学校旧址保护范围总图

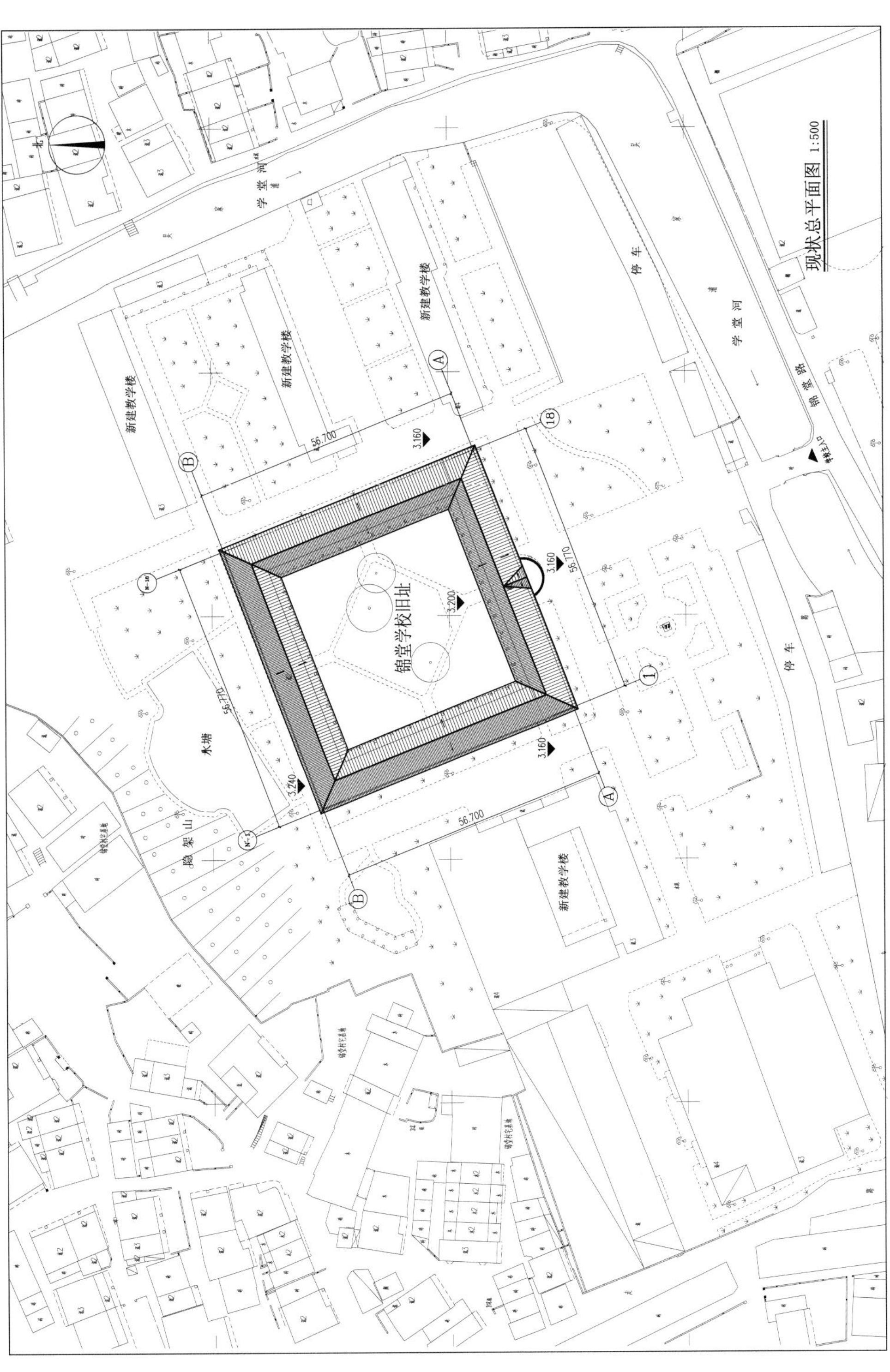

慈溪锦堂学校旧址现状总平面图

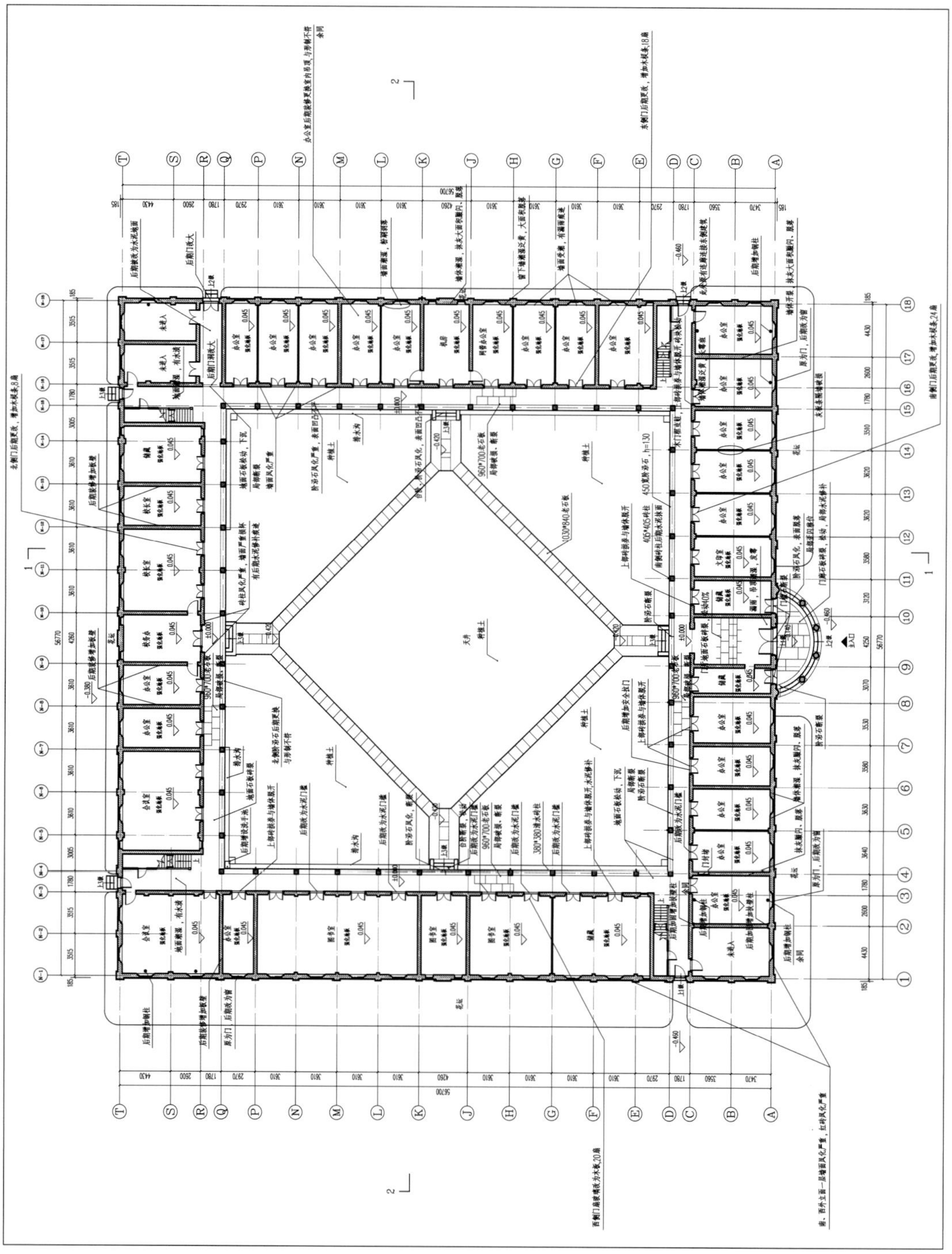

一层平面图

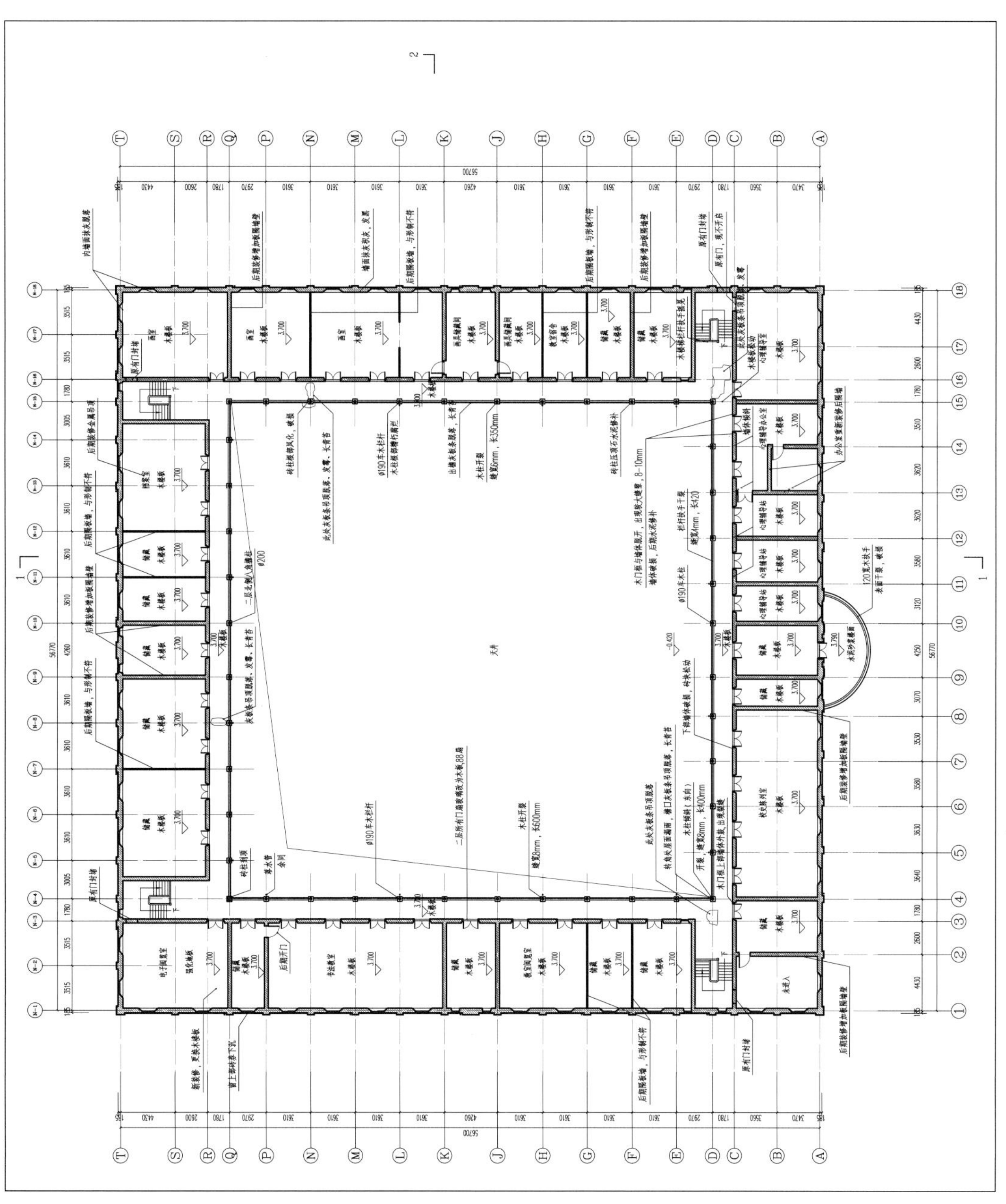

二层平面图

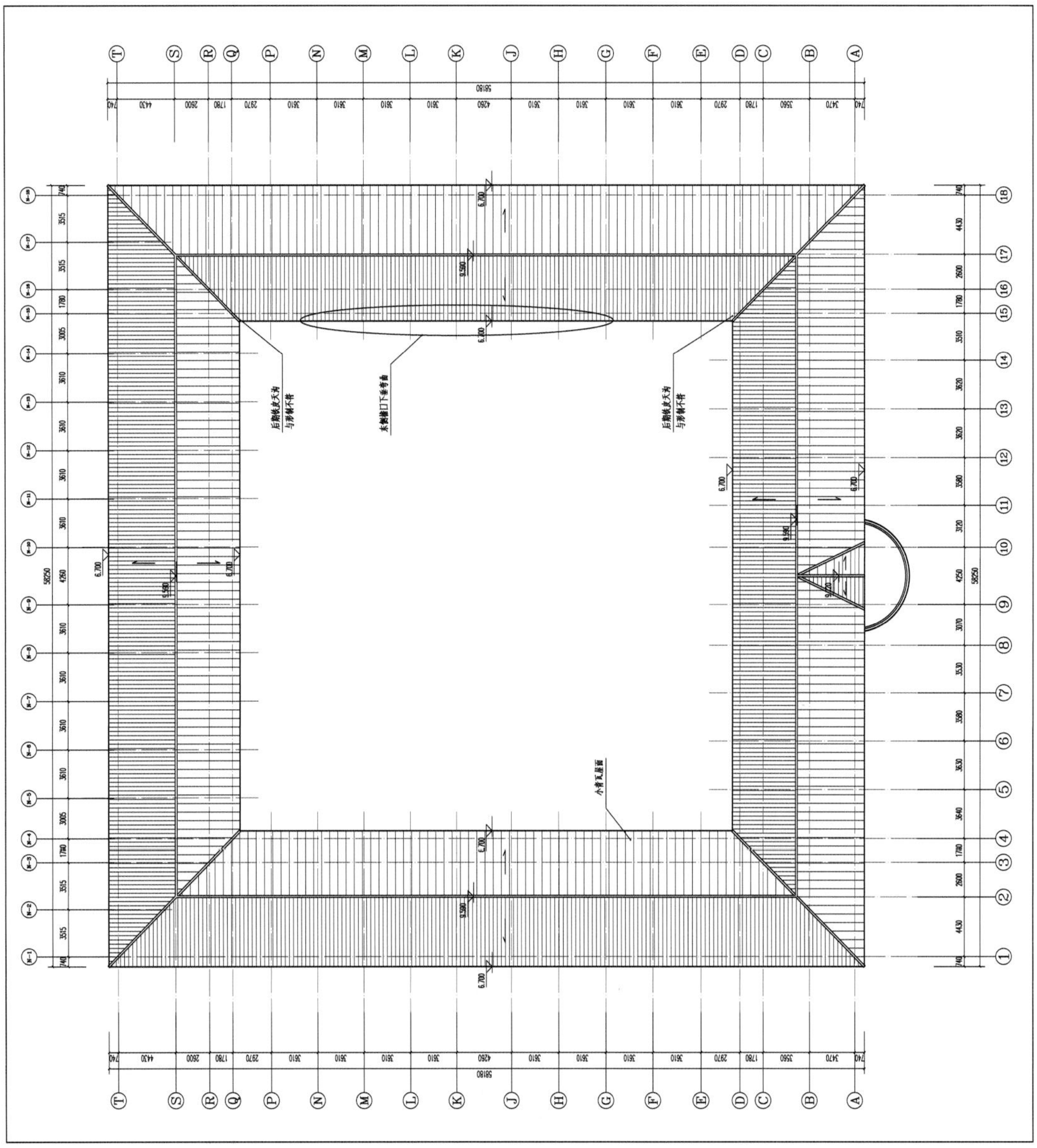

屋顶平面图

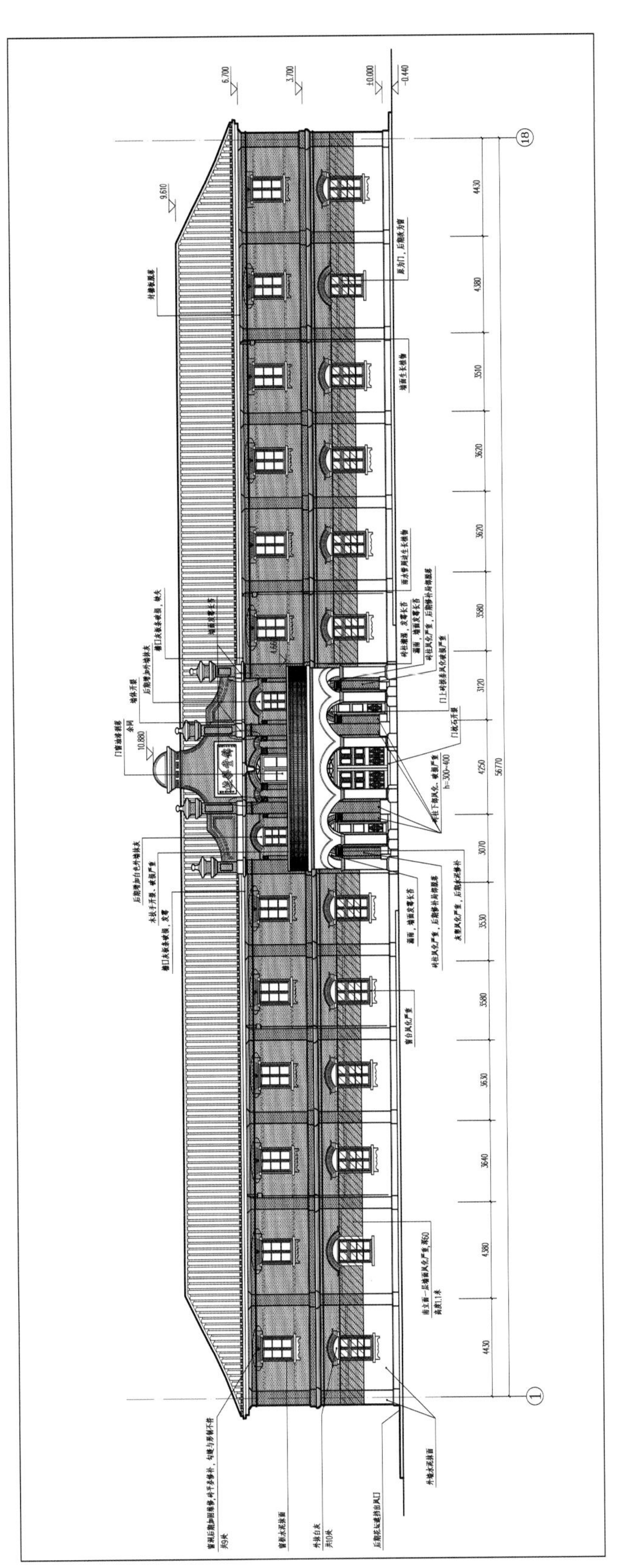

南立面

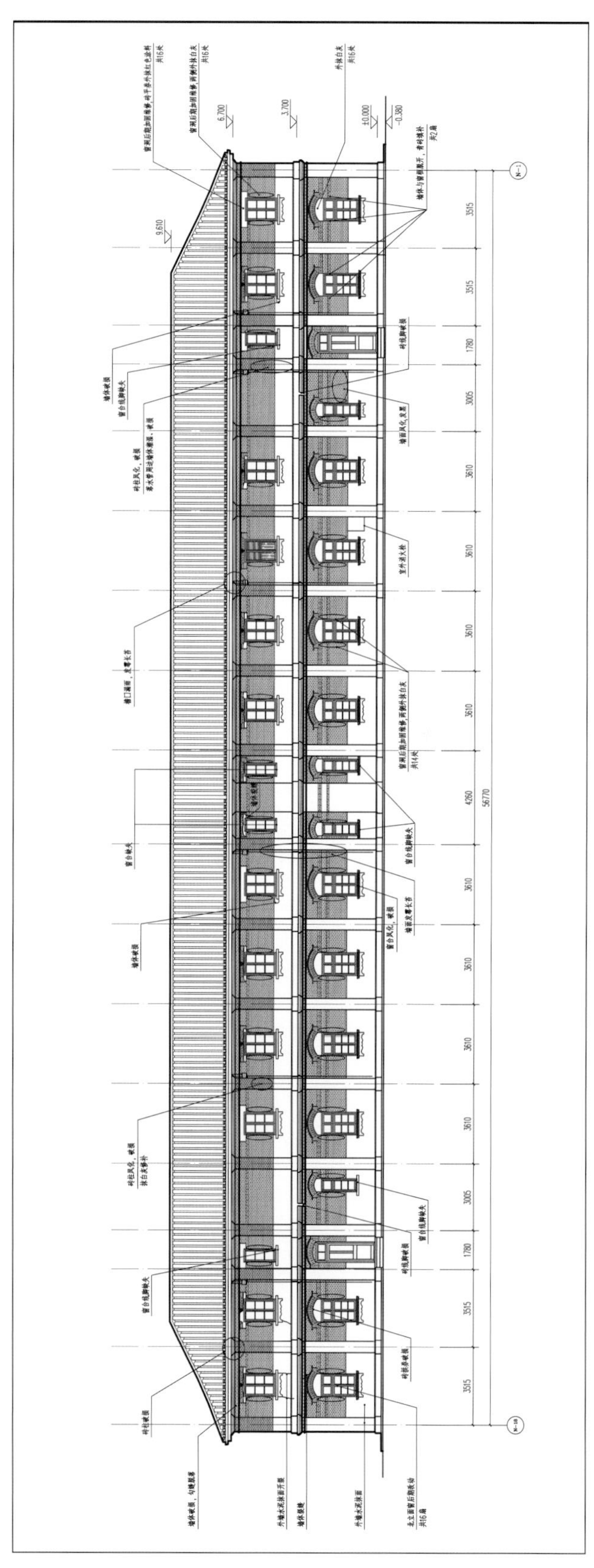

北立面

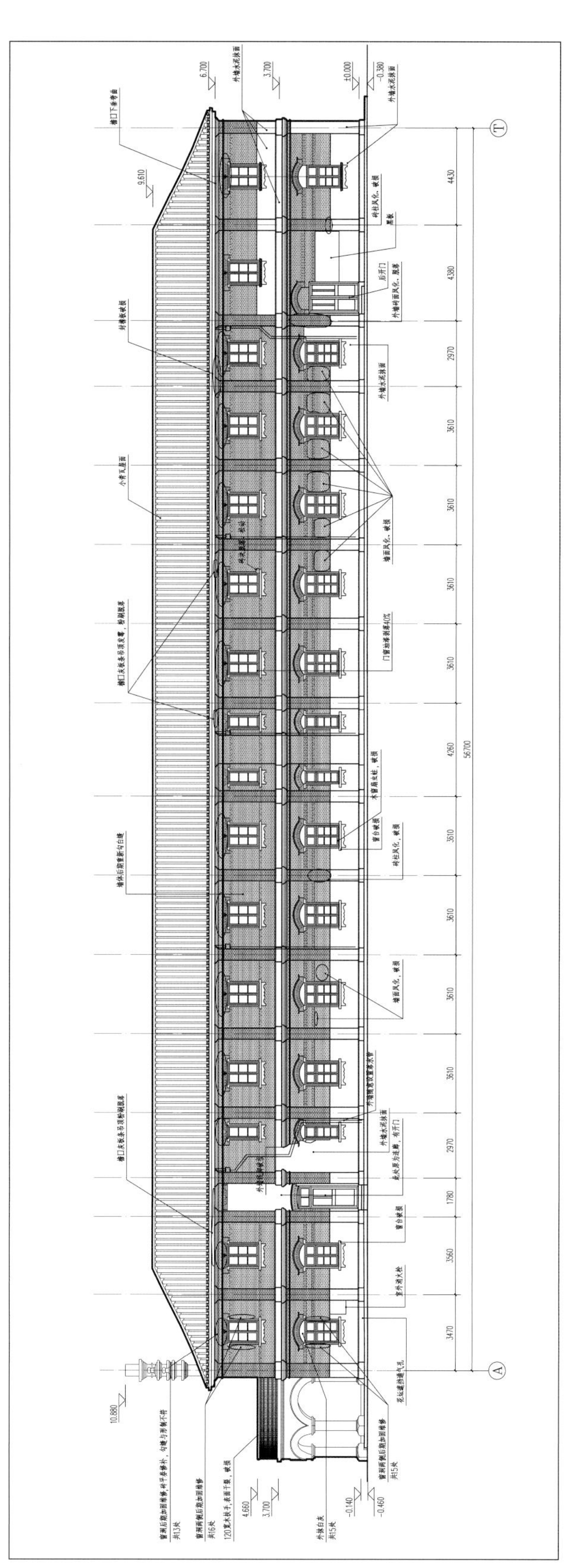

东立面

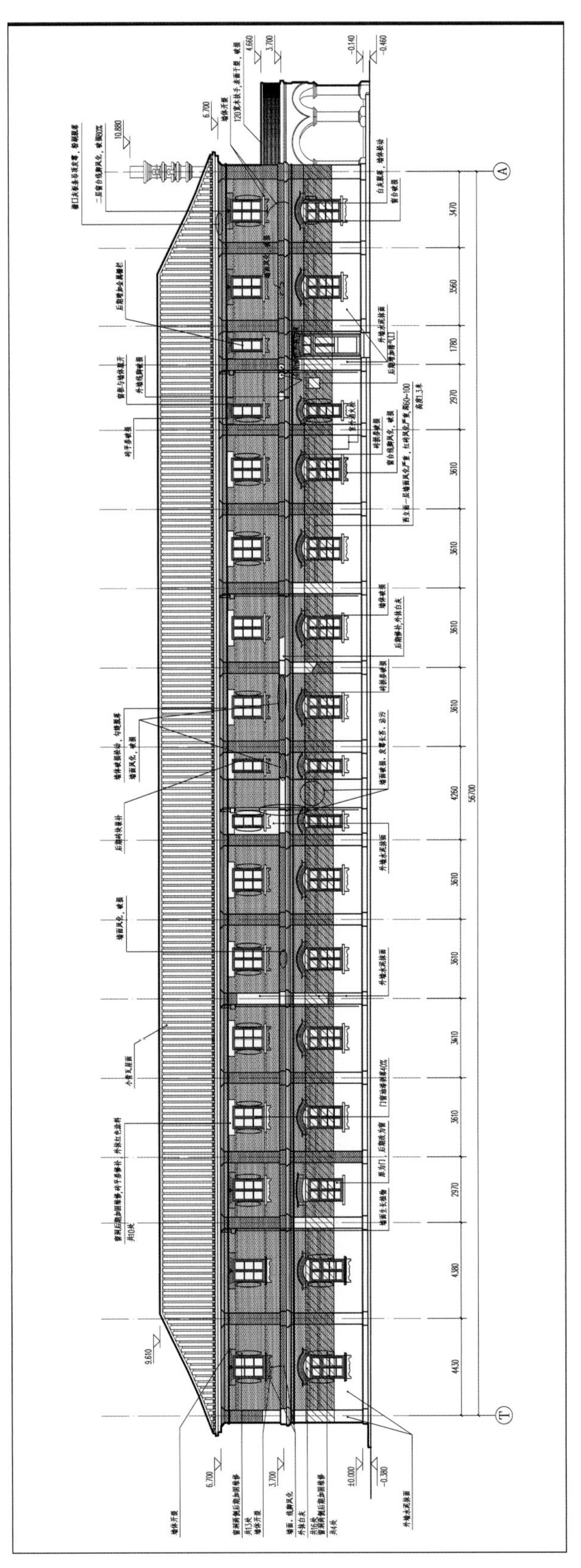

西立面

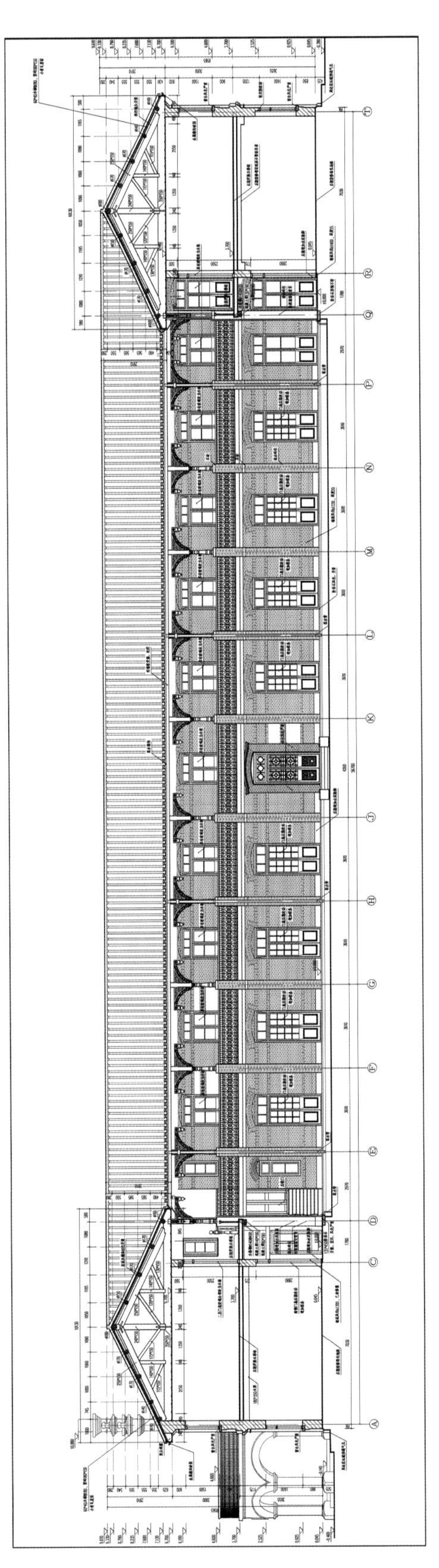

1-1剖立面图

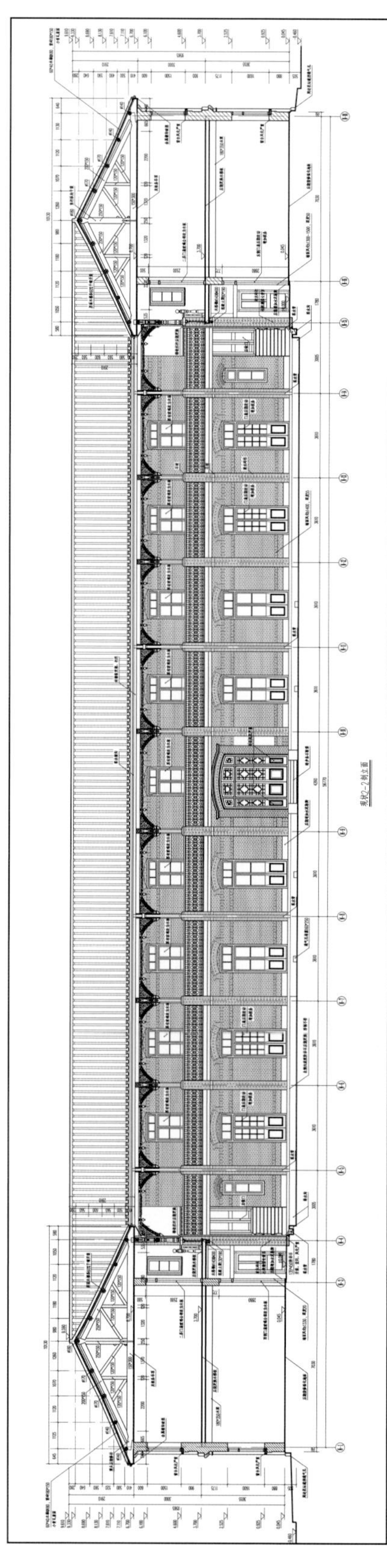

2-2剖立面图

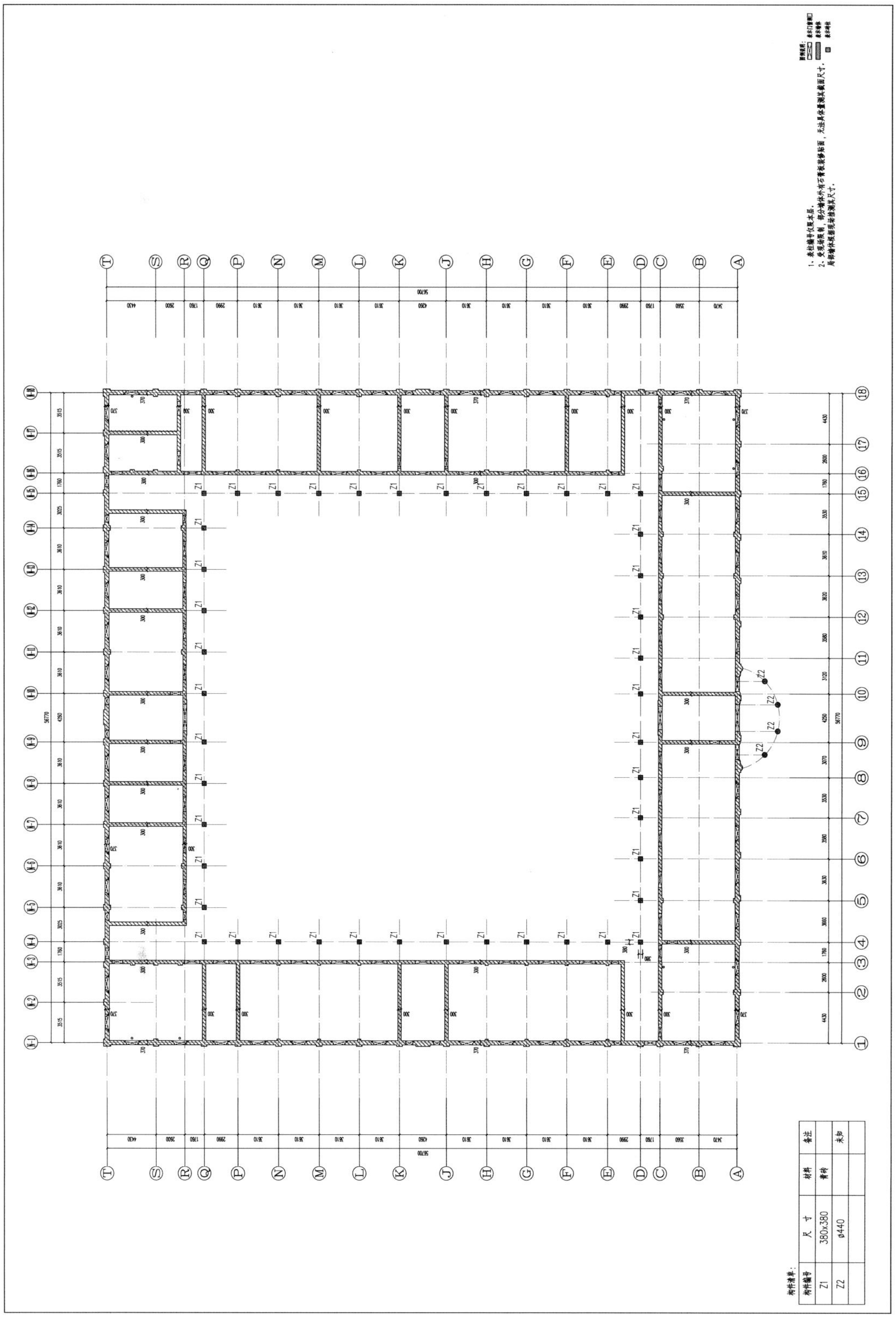

1、表柱编号仅限本层。
2、受现场限制，部分墙体外有石膏板装修贴面，无法具体量测其截面尺寸，局部墙体根据现场推测其尺寸。

图例说明：
表示门窗洞口
表示墙体
表示砖柱

构件清单：

构件编号	尺　寸	材料	备注
Z1	380x380	青砖	
Z2	ø440		未知

一层墙柱结构布置图

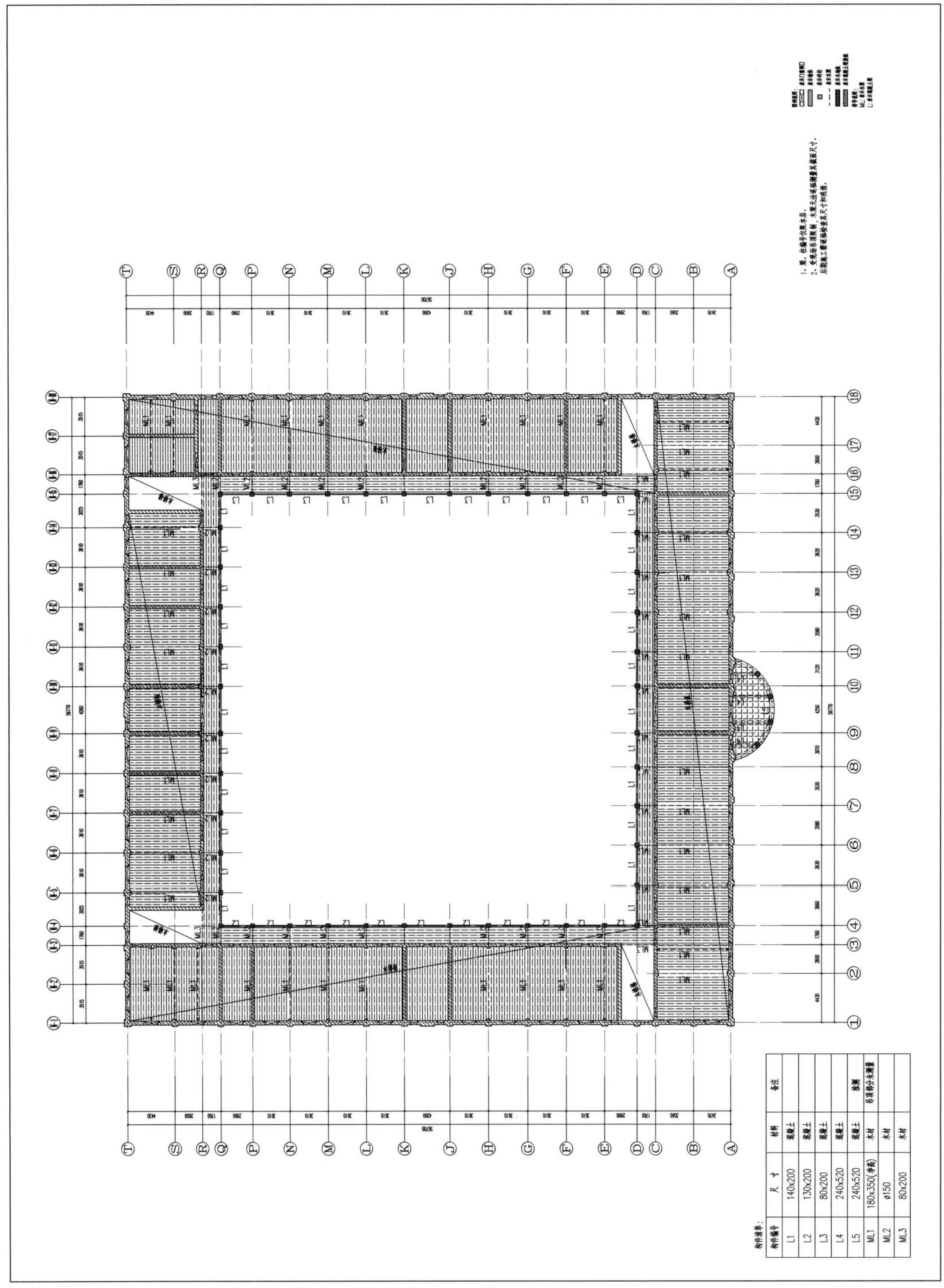
构件清单：
构件编号 尺寸 材料 备注
L1 140x200 混凝土
L2 130x200 混凝土
L3 80x200 混凝土
L4 240x520 混凝土
L5 240x520 混凝土
ML1 180x350 木材
ML2 ø150 木材
ML3 80x200 木材

二层结构布置图

二层墙柱结构布置图

构件清单：

构件编号	尺寸	材料	备注
Z1	200x200	木材	

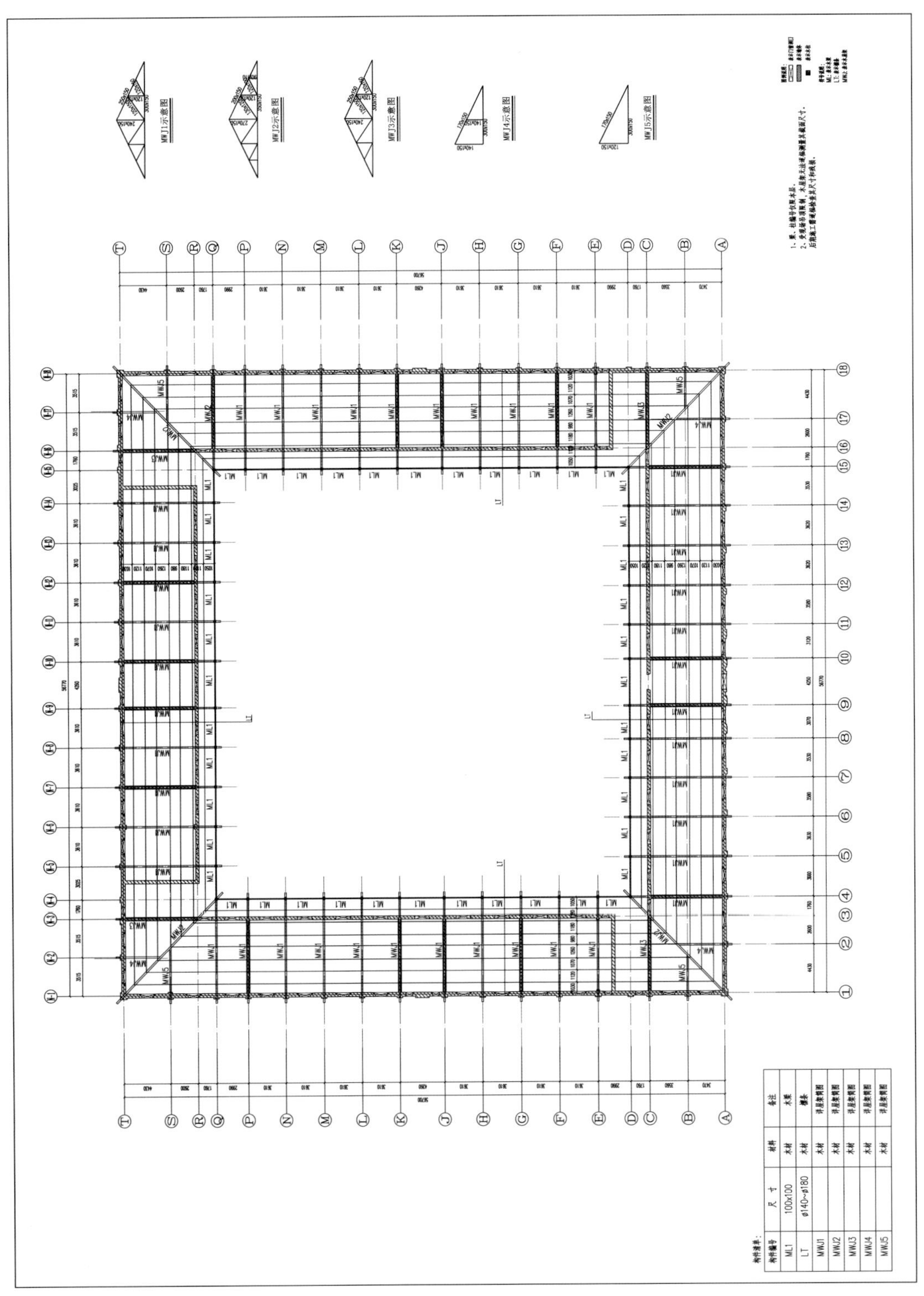

屋面结构布置图

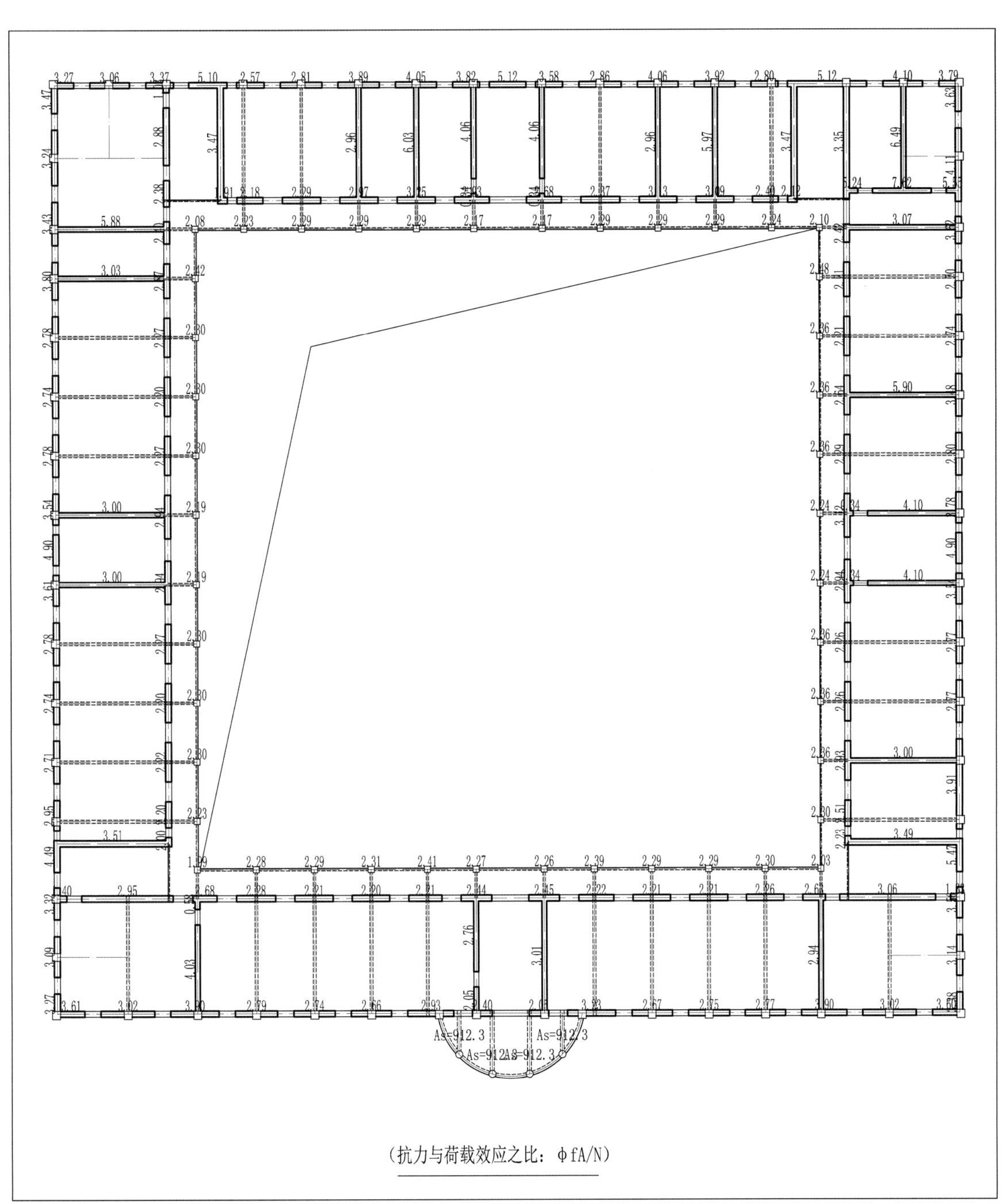

1层墙受压承载力计算图

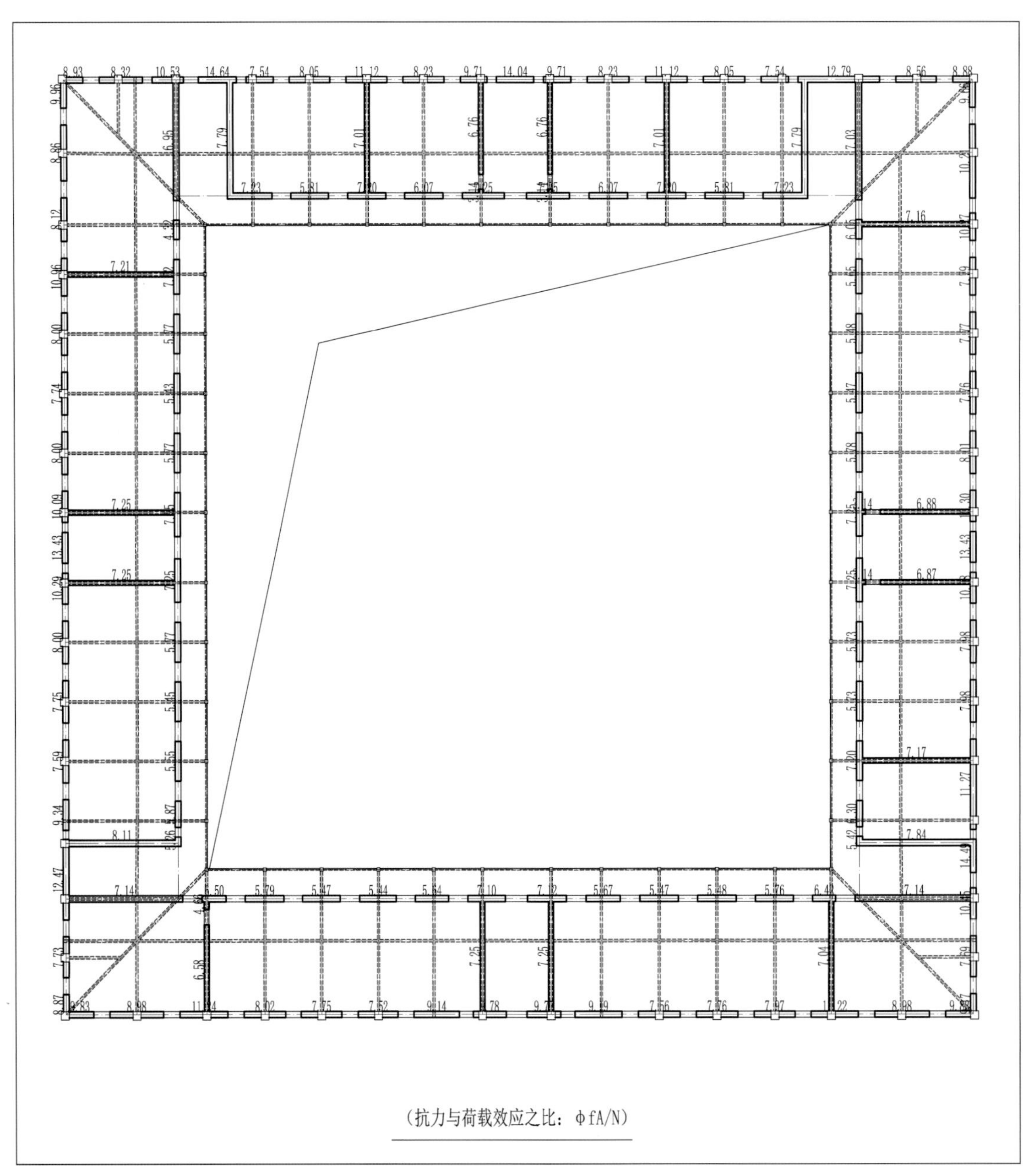

2层墙受压承载力计算图

设计篇

第一章　修缮设计方案

一、设计原则和指导思想

（一）不改变原状原则

为切实保持好文物的历史信息，本次维修将严格按照文物建筑原状进行修缮，充分考虑建筑构件的可识别性，强调对原有形式和结构（建筑及其它遗物）的保护。对缺损丢失构件的补齐、后期改动构件的复原及添加构件的清理均是在对现场留存情况及知情者反馈信息做严格考证和认真对比，充分论证的基础上加以实施。

（二）最少干预原则

凡是近期没有重大危险的部分，除日常保养以外不应进行更多的干预。必须干预时，附加的手段只用在最必要的部分，并减少到最低限度。采用的保护措施，应以延续现状，缓解损伤为主要目标。

（三）可识别原则

考虑到立面和视觉效果的统一，对修补和新换构件，采用“墨书”等手段进行注记，力图做到在总体风格上统一，在细部易于识别。

（四）原材料、原尺寸、原工艺原则

锦堂学校旧址需保护的建筑特色和工艺包括口字形教学楼的结构形式和细部装饰，建筑材料、建筑技术和工艺等。为保持文物建筑的建筑风格、特点，除设计中特别规定以外，所有维修部分均应坚持使用与原维修对象相同的原材料、原尺寸、原工艺、原做法。根据具体情况，适当选用成熟的现代技术手段作为保护辅助手段。

（五）合理利用原则

通过合理的利用充分保护和展示文物古迹的价值，是保护工作的重要组成部分。合理安排基础设施，促进将来的陈列展示。

二、保护修缮措施

在以上保护原则指导下，针对文物建筑的现状和残损情况，按照《文物保护工程管理办法》，修缮内容如下：

保护修缮措施：以现状整修为主，局部重点修复。

场地排水降低：现有内院天井东、西、北侧排水沟，在内院天井南侧和沿建筑外墙勒角处设300毫米宽排水沟，设窨井接入学校现有排水系统，以保护建筑基础和建筑勒角，解决这一地块场地排水问题。

外墙面修缮保护：现场保留的结构外墙，此次修缮不予扰动，由结构专业针对残损点进行结构加固、补强后，再进行建筑层面的修缮和保护。清理：小心清理掉后期粉刷的水泥砂浆、涂料。拆除所有外立面门窗后期封堵的砖墙以及其他杂物。拆除残废的雨水管，清理墙面杂草。墙体裂缝：当结构专业判定为非结构裂缝，未处理时，修补裂缝，见修缮工艺。墙面灰缝：清理已风化、酥松的且不具备保留价值的砖缝，采用传统石灰类勾缝材料重新勾元宝缝，见修缮工艺。外墙面修补：修补原有花饰线脚、清水墙面。对破损处采用近似材料、采用传统工艺按原型进行修复，保留历史材料并采取措施提高历史材料的耐久性。对清水墙面进行憎水处理，增加其强度，抗风化，达到防霉、防水等效果，见修缮工艺。

设置防潮层：沿建筑外墙底部注射防水材料进行水平防潮来修复避潮层，与地面防潮、竖向封护可设计为统一系统，阻止毛细水对建筑砌体的影响。施工中水平沿砌筑砖缝打两排孔，孔直径10毫米～12毫米，间距100毫米～120毫米，注射2次～3次，每次间隔时间至少24小时。材料选用与砖、砖缝砂浆等有很好物理化学亲和性的膏状有机硅复合材料，符合传统建筑保护修缮的基本原则，耐久性好。

内墙面修缮：拆除后期增加的内隔墙，恢复原有格局。所有内墙面，清除空鼓的粉刷层，重新粉刷。

灰板条隔墙：灰板条残损严重，酥碱、空臌，铲除重做，见修缮工艺。

台基地面：原则上不对台明做结构性处理，仅对放置不平整、松动的条石做适当的铺垫稳固；归安、黏结断裂的踏步、阶沿；残损部位应该用与原件质感、色泽相近的石料修补；填补空虚的砌缝。使用清洁剂，必要时使用化学试剂，清除构件表面的青苔、污点。保留一层走廊石板地面，一层被改为强化地板的按木地板恢复，重做地垄墙，恢复通气孔，在重做地垄墙时增设地面防潮层。全面检查二层木搁栅，重新铺设木楼板。

木结构：木构架保存较好，2002 年对锦堂学校旧址木构架部分进行了整体修缮。此次修缮在搭设施工架后，详细全面检查木构架，对有白蚁的构件逐个剔补，喷洒蚁灭尽。木构件尽量修补，确需更换的按原做法和规格，不得随意改变。对个别腹杆、斜杆与弦杆间增设扒钉连接。天井一侧 20 世纪 50 年代清水砖砌廊柱，其砌筑形式、材料、工艺，是口字形教学楼旧址在历史演化过程中所形成具有时代特征的物质遗存，因此设计建议去除附着在上面的水泥砂浆，予以保留清水砖柱。保留其中的木梁，用钢梁将其加固。

屋顶瓦面：翻修屋面。待揭开吊顶后检查，检查椽望，完好者保持现状，腐朽者更换，补配完成后喷洒蚁灭尽。重做防水卷材。见修缮工艺。按现有形制和位置更换檐口铁皮檐沟和落水管，在檐沟沟底和落水管的结合处，加设不锈钢网罩，以防止雨水管堵塞。雨水管和成品檐沟建议采用彩铝材质，颜色与建筑外立面协调。

吊顶：按原制修补灰板条，重新粉刷。按原制恢复一层室内和走廊灰板条吊顶。

门窗装修：建筑内外墙上所有不符合形制的木门窗，按原制恢复，补配缺失的构件，重新油漆。后期被改动、封堵的门窗，按原形恢复。

防腐防虫：改善建筑通风防潮条件，外围整治排水沟，恢复通气孔，在重做地垄墙时增设地面防潮层，改善地面因毛细水造成的受潮状况。但凡修缮、保护中的木材、外露的加固铁件，均需做防腐防虫防火防锈处理。防虫防腐剂：应选用环保型，一次性处理有效期 50 年。加强对原构件与新换构件的防虫防腐处理，柱头、柱脚、梁头及榫卯等构件是防护重点。防腐防虫材料选用 5% 氟酚合剂每平方米 300 克。维修施工时应会同当地白蚁防治部门同步调查白蚁虫害情况并提出防治方案，维修时同步采取相应措施。

防锈剂：防锈措施为除锈后刷酚醛防锈漆三遍，防锈漆应在构件安装前涂刷。

三、修缮工艺

（一）木构件修缮工艺

大木构架各部分构件的选材标准必须符合《古建筑修建工程质量检验评定标准》（CJJ70–96）表4、0、3和《木结构设计规范》的规定，木材含水率低于18%，装修、装饰用材含水率不大于12%，并按规范要求对构件进行防火、防虫、防腐处理。柱子、梁枋应采用优质木材。构件的榫卯应按本地传统做法制作并符合《标准》要求。望板涂刷浓度5%氟酚合剂三道。

1. 梁、枋

（1）劈裂裂缝宽度大于等于10毫米，小于等于25毫米，长不超过1/2L（长度），深不超过1/4B（宽度）时。用干燥旧木条嵌补，用结构胶粘牢，视具体情况确定是否加铁箍；结构胶为改性环氧树脂，根据使用调整配比，区别室内外环境及木材的要求。

（2）劈裂裂缝宽度大于25毫米，长、深均超过前条时。除嵌补外，须加铁箍1～2道，宽50毫米～100毫米，厚3毫米～4毫米。

（3）糟朽深度小于50毫米时，剔除糟朽，现场进行防腐处理。

（4）糟朽深度大于50毫米时，视具体情况剔补拼接、加固或更换。

（5）表层虫蛀，验算剩余截面尚可满足使用要求。剔除虫蛀腐朽部分，经防腐处理后，用干燥木材按所需形状及尺寸，以耐水性胶粘剂贴补严实，再用铁箍或螺栓紧固。

（6）虫蛀，中空截面面积不超过全截面面积的三分之一。用环氧树脂灌注加固。

（7）虫蛀腐朽，验算剩余截面不能满足使用要求。按原构件相同树种的干燥木材更换，预先做好防腐防虫处理。

2. 檩条

（1）垂弯挠度 /L>120，进行更换。

（2）对残朽、中空、劈裂严重的檩条不能继续承载者，进行更换。

（3）劈裂、糟朽，同梁、枋修缮。

（4）拔榫，扁铁连接，厚度4毫米～5毫米，长度300毫米～400毫米。

3. 柱

（1）原有柱子被更换为清水砖柱的，去除附着在上面的水泥砂浆，保留清水砖柱。

（2）柱根表皮糟朽，深度不超过 1/4 柱径时，防腐处理和剔补。

（3）柱根糟朽严重，高度不超过 1/3 柱高时，用干燥旧木料墩接，并加铁箍 1～2 道，宽 80 毫米～100 毫米，厚 3 毫米～4 毫米。

（4）裂缝大于 10 毫米，小于 30 毫米时，用干燥的旧木条嵌补，用结构胶（改性环氧树脂）粘牢。

（5）裂缝大于 30 毫米时，除粘补外还须加铁箍 1～2 道，宽 80 毫米～100 毫米，厚 3 毫米～4 毫米；铁箍应嵌入柱内，使其外皮与柱外皮平齐。

（6）虫蛀或腐朽形成中空，柱表层完好，厚度不小于 50 毫米。不饱和聚酯树脂灌注加固，以同类干燥木材嵌补木柱表层蛀洞。加固时应符合《GB50165-92 古建筑木结构维护与加固技术规范》第 6.9.1 条规定。

4. 椽

（1）糟朽长度小于 20 毫米时，砍刮干净，防腐处理后粘补。

（2）糟朽、劈裂严重，剔除，用干燥旧木料粘补拼接或更换。

5. 连檐、瓦口、封檐板、望砖

连檐、瓦口、封檐板、望砖缺失、糟朽严重，按原制恢复。

6. 门窗

（1）原有门洞处门扇后期改动，按历史照片及现场留存实物考证后恢复。

（2）槛框、隔扇变形，归安修正、紧固榫卯。

（3）局部糟朽，修补或更换。

（4）局部缺失，添配、修补整齐。

（5）不合形制部分，按原制复原。

（二）墙体墙面修缮做法

清水外墙修复拟采用德国雷马士公司的砖墙修复专项技术。

1. 清水砖墙

（1）风化、破损

1）进行全面的测试分析和实地勘察。

2）基层清理、清洁。去除墙面局部出现的霉斑、青苔、杂草和灰尘。

3）不当的水泥修补、粉刷清理。小心清理掉表面的水泥砂浆和涂料，分粗细两道工序，应尽量不破坏原有的清水砖墙；在清理水泥砂浆的过程中无法避免受损的墙体时，以砖石修复料进行修复。

4）砖修补。砖石增强剂整体淋涂墙体表面，养护一周；对风化、剥落、缺损的墙面用砖石修复料进行修补。

5）勾缝修补。清理已风化、酥松的且不具备保留价值的砖缝；重新勾元宝缝，石灰砂浆掺桐油，生桐油和石灰反复捶打，石灰含量在75%～80%。

6）憎水处理。为防止墙面受雨水侵蚀并增加耐久性，用水性有机硅保护剂对外墙面进行憎水防渗保护。

（2）裂缝小于0.5厘米。灌浆。

（3）裂缝0.5厘米～2.0厘米。采用环氧树脂填缝，加扒钉加固。

（4）裂缝大于2.0厘米。采用局部置换的方法进行处理。

（5）倾斜。加固，增设扶壁柱，用箍筋和原有墙体进行拉结，并且在楼层相应位置用拉杆拉结。

2. 抹灰墙面（内）

（1）灰板条残损严重，酥碱、空臌

全部铲除重做：

①重做灰板条，内加保温隔音材料；②麻刀灰打底，厚20毫米；③钉麻揪，间距500毫米，麻长250毫米～300毫米；④布麻均匀，抹灰压麻，分两层赶轧坚实；⑤刷包石灰浆二道。

（2）墙面抹灰局部空臌、脱落

局部铲除重做。

（3）抹灰残损严重，酥碱、空臌、脱落面积大于50%

局部铲除重做。

（三）台基地面修缮做法

维修时，应先抄平地面，恢复原有的地坪标高。铺地材料要求色泽均匀，大面平整、边角无损，并无空鼓现象。

1. 石板

（1）局部水泥修补

全部揭除，用石板重新铺墁。

（2）局部断裂、酥裂

局部揭墁，石板的规格按现状补配。

（3）松动、下沉

全部揭除，用石板重新铺墁。

（4）个别缺楞短角

剔补更换。

2. 木地板

（1）现为木地板的楼面，破损严重的

对腐朽地板、地板龙骨以同质材料替换。

（2）原为木地板，改为其他地面的

恢复木地板，地面下增加防水涂料防潮层。

①素土夯实；② 150 毫米厚碎石垫层；③ 60 毫米厚 C15 混凝土垫层；④刷 JS 防水涂料防潮层两道；⑤ 20 毫米厚水泥砂浆保护层；⑥木地板构造层。

3. 台明条石地面、阶条石、角柱石及踏步条石

风化、残缺、断裂、局部走闪、松动的。

补齐；走闪严重的局部归安断裂黏结：用环氧树脂作为黏结剂，一般在黏结时，距离表面应留有 0.5 厘米～1.0 厘米的空隙，再用乳胶或白水泥掺原色石粉补抹齐整。

4. 排水沟

排水沟堵塞，排水沟遮挡通气孔位置。

内庭院降低排水沟，疏通建筑外围四周增加排水沟连通至排水主管。

（四）屋顶瓦面修缮做法

屋顶瓦面破损，局部漏雨，檐口不直。

按原做法翻修屋面：①小青瓦屋面；②最薄处 20 毫米厚卧瓦层；③SBS 防水卷材，并与随椽木条钉子钉牢；④ 20 毫米厚望砖，180 毫米 ×1505 毫米、椽子 60 毫米 ×40 毫米 ×180 毫米要求瓦垄顺直，瓦的叠压符合当地传统做法，重做天沟，天沟部位底

衬特制大瓦；复原屋脊。

（五）油饰

油漆部分剥落。

重做油饰，采用传统油漆做法，颜色与现状统一。注意防腐，将新更替构件刷生桐油，避免安装后隐蔽部分不能油饰。必须对原油漆构件进行清理，务使洁净，方可按正常程序实施下道工序。木构预埋件满涂沥青，金属预埋件、套管、管道均刷红丹一道，防锈漆二道。油饰做法：①木构件基层处理；②刮腻子一道；③ 400-80 类目砂纸依次打磨两遍；④桐油掺矿物颜料二道。

（六）结构加固、防护方案

1. 主要荷载取值

（1）楼面活荷载：每平方米 1.5 千牛，不上人屋面每平方米 0.5 千牛。

（2）基本风压：每平方米 0.45 千牛（地面粗糙度为 A 类）；基本雪压：每平方米 0.35 千牛。

2. 加固措施

（1）地基基础

参照浙江省浙南综合工程勘察院提供的《慈溪市锦堂高级职业中学工程地质勘查报告》（2003 年 2 月）。该建筑物场地地表为杂填土，其下为粉质黏土，呈褐黄色，地基承载力特征值为 75 兆帕。

受现场条件限制，未能对房屋基础情况进行开挖调查，其基础形式不详。勘察过程中，未发现地基滑坡、变形、开裂和因地基不均匀沉降引起的建筑物损伤及其他异常情况。房屋地基基础目前暂时处于安全状态。后续修缮过程中，不宜过大增加房屋上部结构总重及楼屋面使用荷载。可认为地基基础满足安全性要求。

考虑到各房屋均存在一定的相对沉降和整体倾斜，修缮过程中，应避免建筑垃圾集中堆载的现象，以免房屋产生附加的不均匀沉降，对现有房屋结构造成更不利影响，并建议在现有房屋结构上增设沉降观测点，加强沉降监测。

（2）混凝土梁、木梁

将混凝土梁拆除，保留其中的木梁，用钢梁将其加固。

根据楼面木梁的布置情况，按照简支梁计算模型对其抗弯承载力进行了计算。目前由于一层吊顶，其内部隐蔽部位的木梁高度及搁栅尺寸无法测量，待施工揭示以后再另行验算。

（3）墙体加固

根据现有几个墙体的倾斜测量数据显示，目前墙体倾斜局部点构成危险点，需要进行加固处理。对倾斜较大的墙体在其相应木梁位置增设扶壁柱，用箍筋和原有墙体进行拉结，并且在楼层相应位置用拉杆拉结。

对于墙体裂缝，根据其裂缝宽度、深度、长度及裂缝位置具体处理如下：当墙体裂缝为 0.5 厘米以下时，采用灌浆处理。

当墙体裂缝为 0.5 厘米～2.0 厘米时，采用环氧树脂填缝加扒钉加固。

当墙体裂缝为 2.0 厘米以上时，且外鼓、错位的部分，用局部置换的方法进行处理。先在需要置换部分及周边砌体表面抹灰剔除，然后沿着灰缝将置换砌体拆除，在拆的过程中，应避免扰动不置换的砌体。仔细把粘在砌体上的砂浆剔除干净，清除浮尘后重返润湿墙体。修复过程中应保证填补砌体材料与原有砌体可靠嵌固。

根据墙体砖块风化、酥碱、剥落情况，墙体修补具体处理如下：

根据墙体破损程度不同选择不同的修复方式。建议对于破损深度小于 0.5 厘米破损墙面用砖石修复料进行增强处理；对于严重破损的墙面（破损深度大于 3 厘米），宜采用切割的老砖片嵌补；对于墙面破损、剥落严重的，采用老砖按原有接搓填补，修补墙体时适当拆除和清理周围松动砖块。修缮以后建议对其砖强度进行检测。

砌筑用砂浆和勾缝砂浆具体处理如下：砌筑砂浆和勾缝砂浆根据室内测试得到的砂浆组成和力学性能，进行现场局部测试，对不同配比下砂浆进行物理、力学性能的检测，确保与原材料相吻合。调整并确定合理的施工工艺，编制施工组织方案，要求修复后墙体与原有墙体在视觉、颜色、质感上相协调，砂浆强度、防水性等于或略高于原有砂浆。

在墙体修缮过程中，需做好临时保护措施，保障结构安全。

（4）屋架

根据结构跨度、屋面荷载，对三角形木屋架进行复核验算，其屋架基本满足要求。对个别腹杆、斜杆与弦杆间增设扒钉连接。檩条与檩条间加扒钉。

（5）整体性加固

房间内无横墙的地方增设扶壁柱，用箍筋和原有墙体进行拉结。并且对倾斜较大的墙体，在其楼层相应位置设置拉杆进行拉结。对墙体内墙面用钢丝网抹面进行加固处理。钢丝网墙面加固用砂浆强度等级不低于 M15，保护层厚度 35 毫米～45 毫米，最小厚度不小于 15 毫米。施工的时候，应铲除原内侧墙、柱抹灰层，将灰缝剔除至深，用钢丝刷刷净残灰，吹净表面灰粉，洒水湿润，喷素水泥浆一道。加固墙体时，采用直径 4@600 拉结筋单侧穿入墙体内进行拉结，外侧不准外露，拉结筋梅花状布置。

（6）保障体系

建立结构安全监测制度，实施定期监测。针对各类安全事件和自然灾害，建立各类应急措施。发现结构安全隐患后应及时汇报、及时处理。定期维护、保养。

（七）电气工程

1. 工程概况及设计范围

本工程为锦堂学校旧址文物建筑，总体地上二层砖木结构，总建筑面积 3500.96 平方米。功能为展陈兼办公。本设计内容包括以下几个方面：单体普通照明系统（一开间一灯一插座，详细照明系统由装修定，本设计仅预留容量）；应急照明；380/220V 配电系统；屋顶防雷系统；人工接地系统；电视电话网络干线预留；火灾自动报警系统。

2. 供电设计

（1）负荷等级划分（本工程室外消防用水量 =25L/S）：本工程所有用电均为三级负荷。

（2）供电系统：本工程一路供电，在单体一层东南角设备间设总配电柜，按区域设分配电箱。

（3）供电电源：电源由甲方自理，电源电压为 380/220V。

（4）负荷计算：

本工程所有房间考虑空调，按每平方米 80 瓦（室内面积）预留容量，则总容量约 224 千瓦。

3. 计量

在一层入户总配电柜处设计量。

4. 线路敷设

（1）照明及动力配电采用放射式供电。配电干线采用电缆SC管敷设，支线采用BV导线穿SC、JDG管在吊顶内暗敷及沿木构明敷。所有SC管（焊接钢管）要求采用热浸锌。

JDG（套接紧定式钢管）管壁厚度不小于1.5毫米。凡引入设备的末端管线不得裸露，必须采用热镀锌金属软管保护。室内敷设的配电导线其工作电压不应低于0.45/0.75千伏，电力电缆不应低于0.6/1千伏。

（2）应急照明线路采用ZNBV导线穿JDG管在吊顶内暗敷及沿木构明敷。

5. 防雷、接地系统

（1）本工程为全国重点文保单位，应划为第一级防雷古建筑，按第二类防雷要求布置防雷装置。

（2）屋顶接闪网带采用ϕ12热浸锌圆钢或25毫米×4毫米热浸锌扁钢，明敷在屋脊、屋檐等易受雷击部位，支架采用25毫米×4毫米热浸锌扁钢，高出屋面150毫米，水平间距1米，转弯处0.5米；屋顶接闪网格不大于10米×10米或12米×8米。防雷引下线采用ϕ12热浸锌圆钢外套DN25的PE-X管（壁厚≥3毫米厚的交联聚乙烯管）沿木构及柱墙交角处明敷引下与人工接地体可靠焊接，敷设完毕后明敷部分PE-X管表面涂上与周围木构相同颜色。引下线须尽量走阴角，注意隐蔽且不可弯折过多。凡突出屋面的金属构件需与屋顶防雷装置可靠相连，在屋面接闪器保护范围之外的非金属物体应装设接闪器并和屋顶防雷装置相连。所有防雷引下线距地坪2.7米处设置断接卡（连接板宜有明显标志）。施工完毕后穿屋面的孔洞须做防水处理。所有接闪器的焊接处应涂防腐漆。

（3）为了防止雷电波侵入，架空和直接埋地进出建筑物的可导电物均应在进出建筑物的界面处就近与接地装置相连，作等电位联结。低压电缆在入户处将电缆的金属外皮、钢管接到等电位连接带或防闪电感应的接地装置上。

（4）用户管理人员应加强对建筑的防雷装置进行维护和管理，在每年雷雨季节前加以检查，并在雨季即将到来前土壤仍处在干燥状态的季节复测其接地电阻一次，及时发现并修复防雷装置已损坏的地方。

（5）从室外进入建筑物的弱电电缆，应设置适配的信号浪涌保护器。

（6）进出建筑物的各种金属管道及电气设备的接地装置，应在进出处与防雷接地装置连接作为单体的总等电位联结。

（7）防雷接地、保护接地、弱电接地等合一，要求接地电阻值不大于 1 欧姆。低压配电系统接地形式采用 TN-C-S 系统。

（8）因本工程为维修建筑，所以设置人工接地装置，要求所有接地装置埋深以 -1.0 米起，角钢之间距离 5 米左右，当受地方限制时可适当减小。有条件时和周围建筑人工接地可靠焊连。

6. 电视电话网络干线预留

在一层设备间预留电话、有线电视、网通宽带及电信网络入户总箱，在二层预留电话、有线电视、网通宽带及电信网络分户箱，具体点位及后期布线待装修时由用户自理。

（八）电气消防

1. 电气消防

（1）本工程为区域型报警系统，火灾报警控制器设于门卫室。采用二总线智能型火灾报警系统，整个工程为 1 个报警回路，即整个单体建筑为一个防火分区且设一个回路。

（2）在各层设感烟探测器、手动报警按钮、消火栓报警按钮作为报警点。

（3）在各层出入口装设编码型声光报警器。

（4）在各层出入口、疏散楼梯、通道、公共活动场所等装设疏散标志灯（带镍镉电池）及应急照明灯，应急时间≥ 30 分钟。

（5）应急照明线路采用 ZNBV 导线穿 JDG 管沿阴角敷设或在结构层内暗敷。

2. 电气火灾监控系统

本工程根据建筑性质及 GB13955-2005《剩余电流动作保护装置安装和运行》设置基本型电气火灾监控系统，按最小规模在总配电柜处设一级保护，全部按只报警不跳闸考虑。系统以监控节点的方式表示，监控节点由一个探测器组成且接入电气火灾监控盘（门卫室）。

（九）给排水工程

1. 给排水设计

（1）用水量

用水量计算表

编号	名称	数量	用水标准	用水时间（小时 / 天）	小时变化系数	用水量（立方米）		备注
						最高日	最大时	
1	办公	80 人	50 升 /（人·天）	10	1.5	4.0	0.6	
2	展览	1600 平方米	6 升 /（平方米·天）	12	1.5	9.6	1.2	
3	绿化及道路浇洒	1500 平方米	2 升 /（平方米·天）	1	1.0	3.0	3.0	
4	未预见水量		以 10% 计			1.7	0.5	
5	合计					18.3	5.3	

本工程最大日用水量为每天 18.3 立方米，最大时用水量为每小时 5.3 立方米。

（2）水源及给水系统

水源采用学校原有市政给水管，原本设计为地块周边的市政道路引入两路 DN150 给水管，市政水压约为 0.35 兆帕。室外消防管网 DN150 成环状布置，供室外消火栓和室内消火栓用水。室外生活给水管网成环状布置，保证用水可靠性，供生活及绿化等用水。

（3）排水系统

本工程室外排水雨污分流，污废合流，生活污水经化粪处理后排至学校原有污水管。室内排水采取雨、污分流制，均采用重力流排除。

总排污水量为每天 14.3 立方米，按给水的 100% 计，排水点分布同给水点。

室内 5 分钟降雨量为 514.3（$L/s \cdot hm^2$），暴雨强度采用慈溪市暴雨强度公式：$q=3075.584\times(1+0.854\lg p)/(t+14.466)^{0.781}$

其中重现期屋面 T=5，室外场地 T=3。污水排至市政污水管，雨水排至市政雨水管。

（4）管材、器械选择

室外给水管用钢塑复合管，丝扣连接；室外消防管用内外壁热浸镀锌钢管，法兰连接；室内生活给水管和热水管采用钢塑复合管，丝扣连接；室内消火栓管管径小于等于DN50的用内外壁热浸镀锌钢管，丝扣连接；大于DN50的用内外壁热浸镀锌钢管，沟槽连接。室内排水管用PVC-U塑料管，粘接；室外排水管用HDPE双壁波纹管，橡胶圈承插连接。阀门小于等于DN50者采用截止阀，丝扣连接；大于DN50者采用闸阀或碟阀，法兰连接。地漏采用防臭水封地漏，水封深度不得小于50毫米。

2. 消防给水设计

（1）消火栓给水系统

本建筑为全国重点文物保护单位，根据建筑物的高度和层数，室内消火栓用水量为每秒25升，室外消火栓用水量为每秒25升，火灾延续时间均为3小时。室外消火栓由市政供水管网直压供水，室外给水管网围绕建筑物成DN150环状布置，消火栓加密布置，按间距不大于80米，保护半径不超过120米进行设计，并满足消防用水量要求，室外消火栓采用地上式消火栓。

室内消火栓给水系统由市政供水管网直压供水，消火栓布置满足间距小于30米，消火栓栓口动压不小0.25兆帕，消防水枪充实水柱按10米计算。消火栓箱内配 ϕ19水枪一只，25米长衬胶水带一条，管网成环状布置，并设阀门将管网分成若干独立段以便检修。

（2）灭火器配置

建筑内灭火器按《建筑灭火器配置设计规范》GB50140-2005设置，为A类火灾严重危险级，灭火级别为3A。严重危险级的场所单位灭火级别最大保护面积为50平方米/A，灭火器最大保护距离不大于15米。每个灭火器箱内放置5千克磷酸铵盐干粉火火器2具，火火器的设置均满足保护面积和保护距离的要求。

第二章　修缮设计图

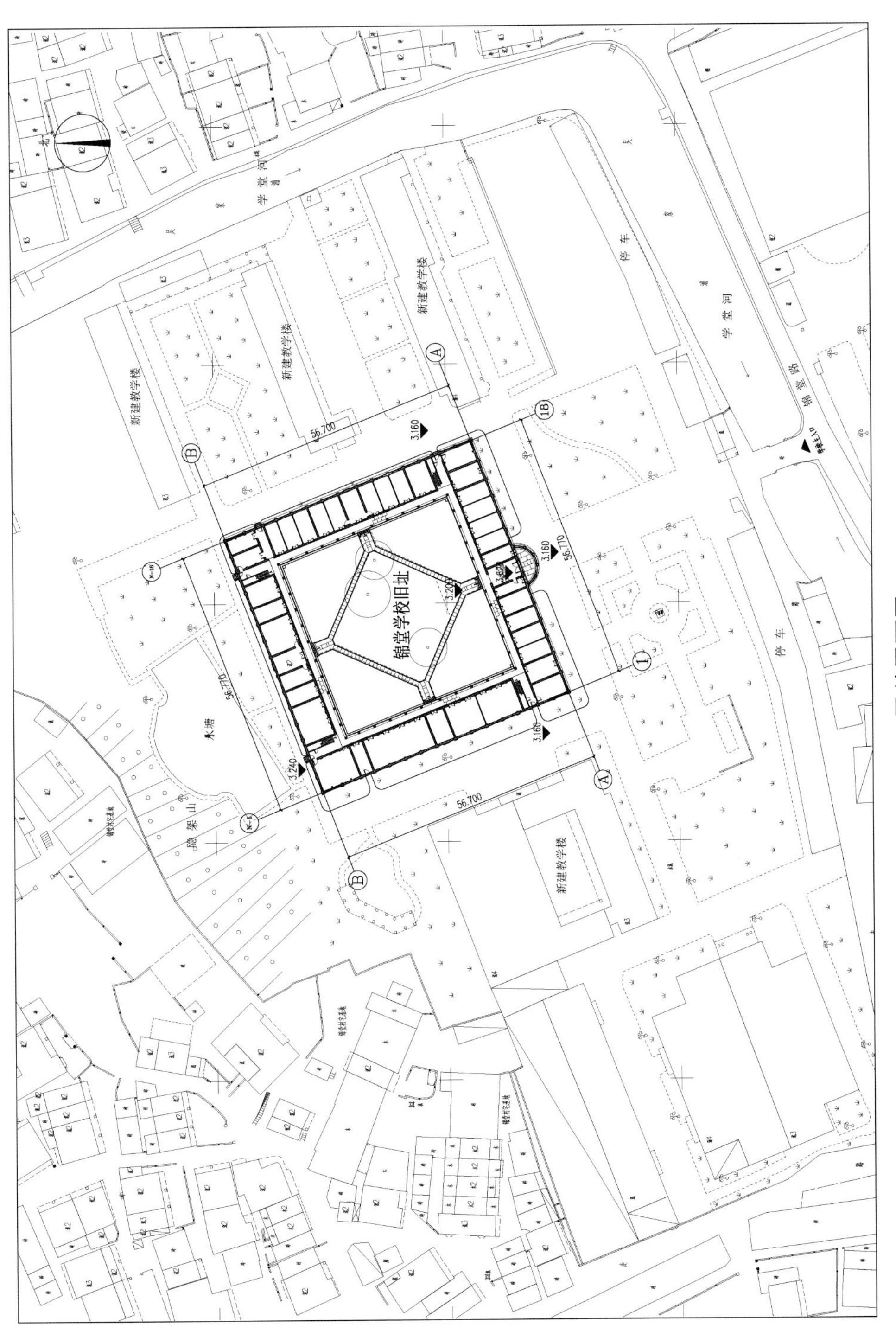

一层总平面图

一层平面图

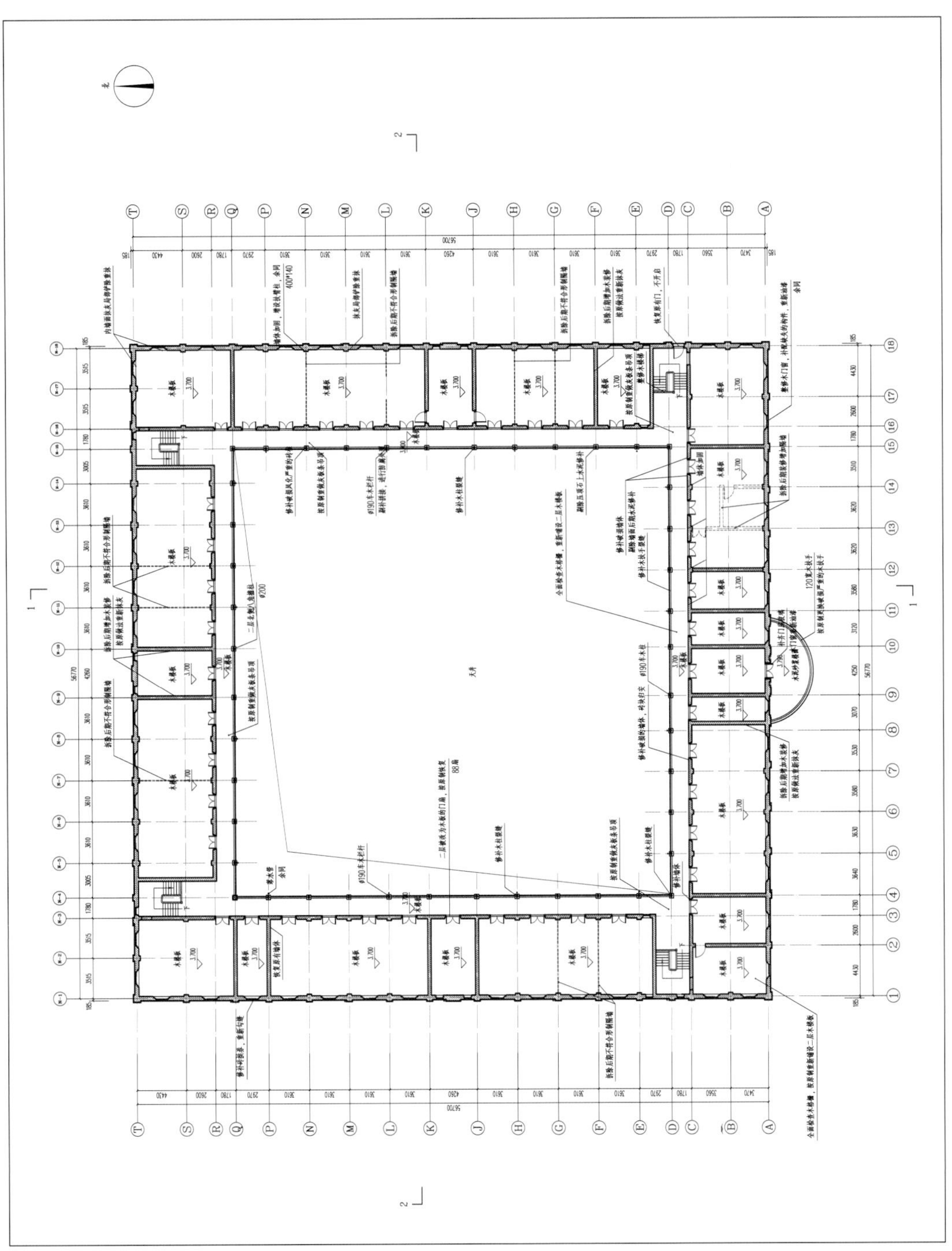

二层平面图

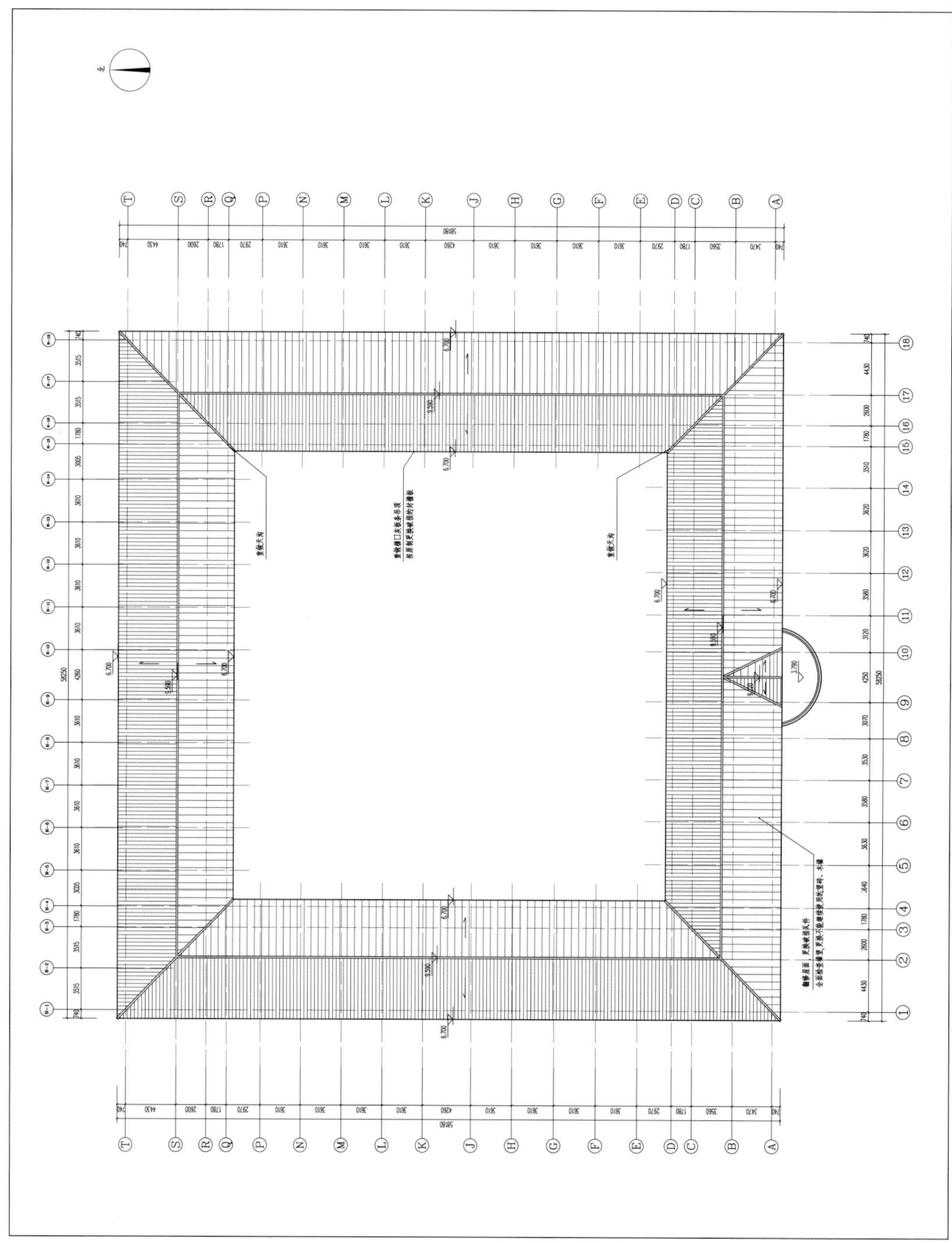

屋顶平面图

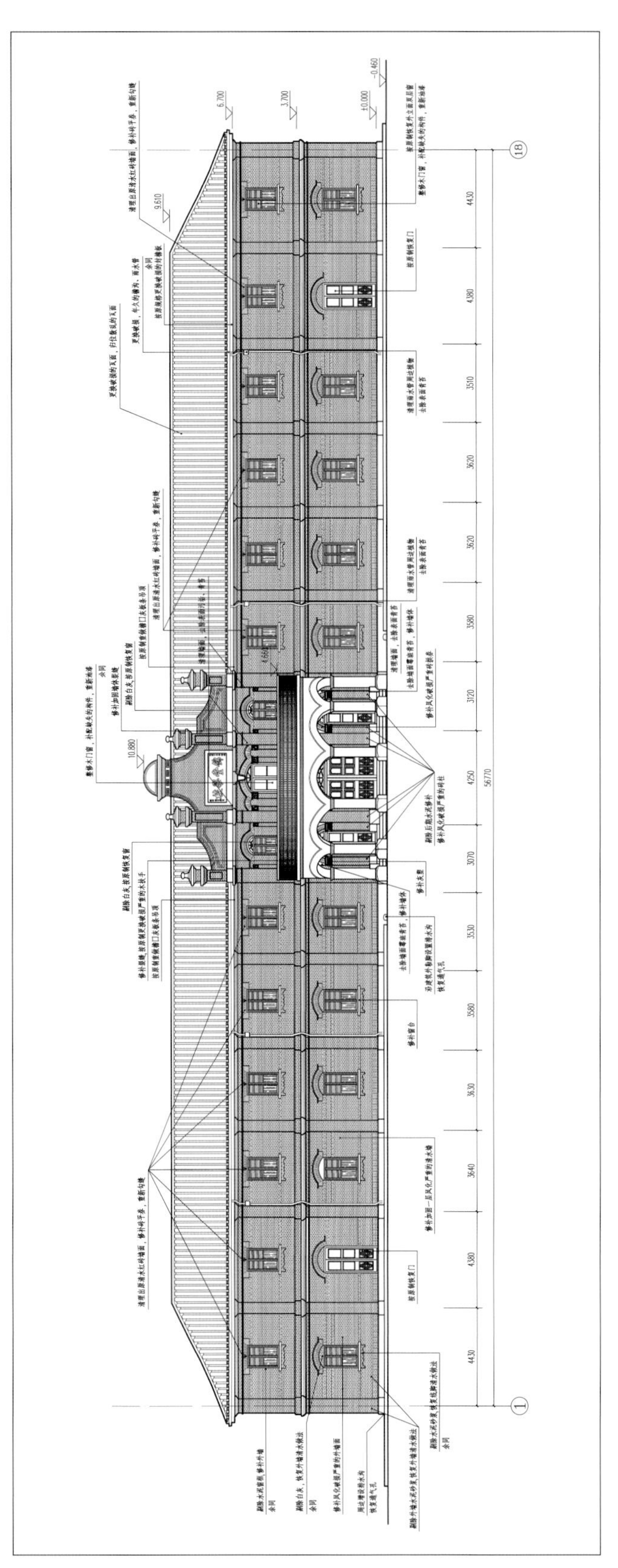

南立面

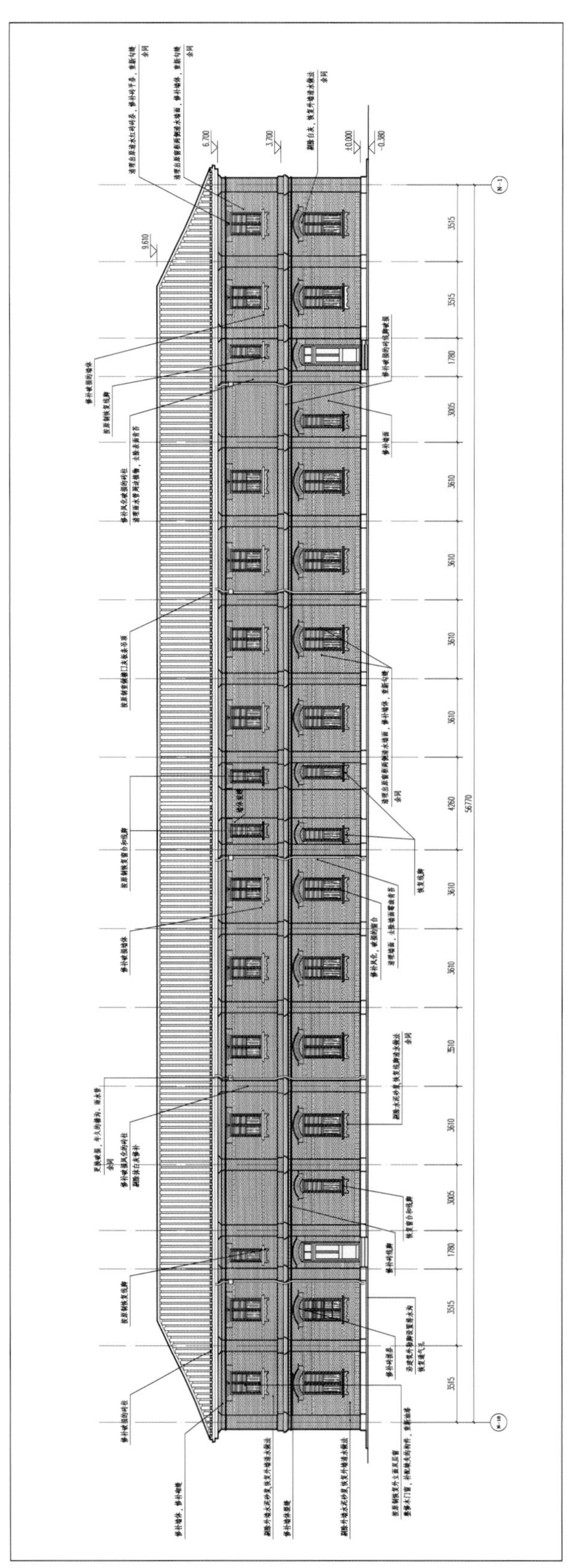

北立面

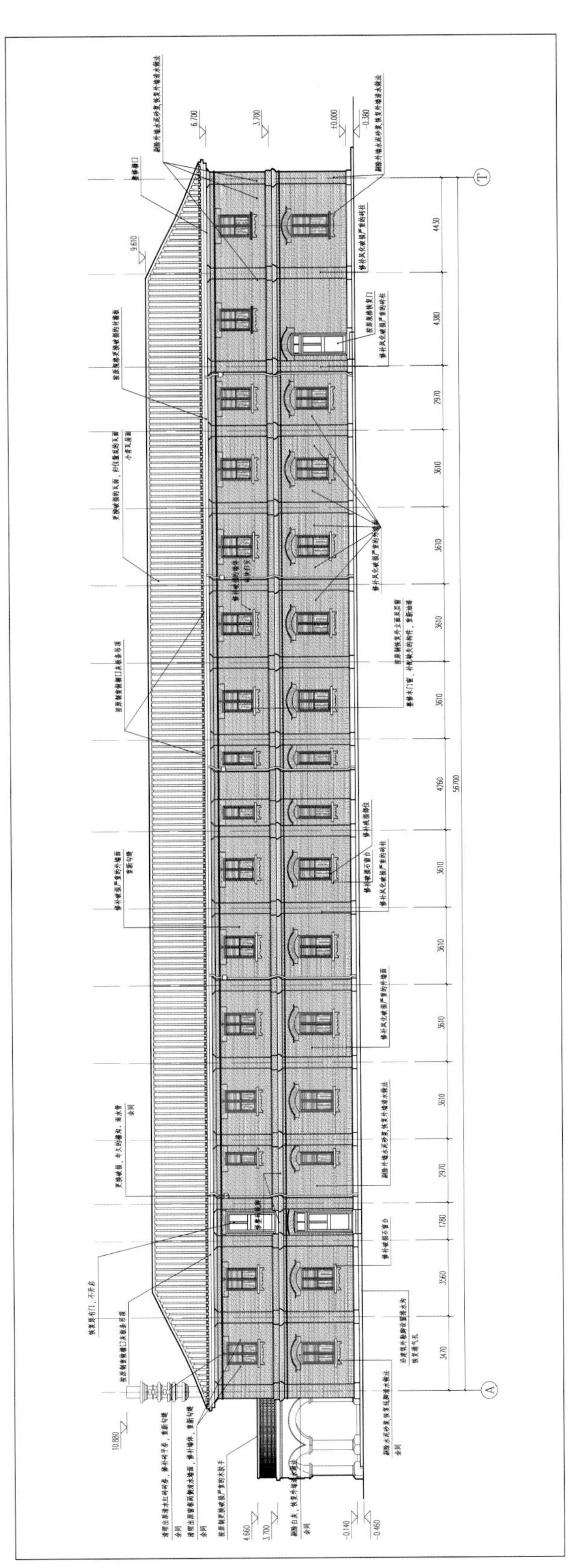

东立面

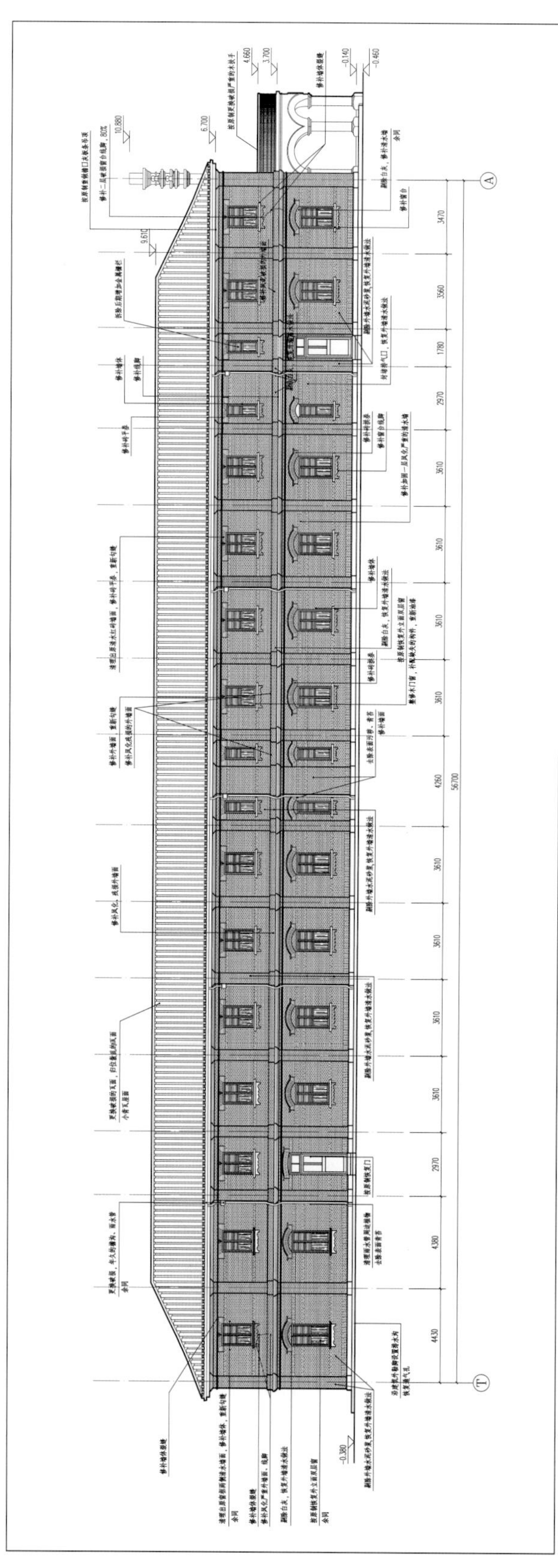

西立面

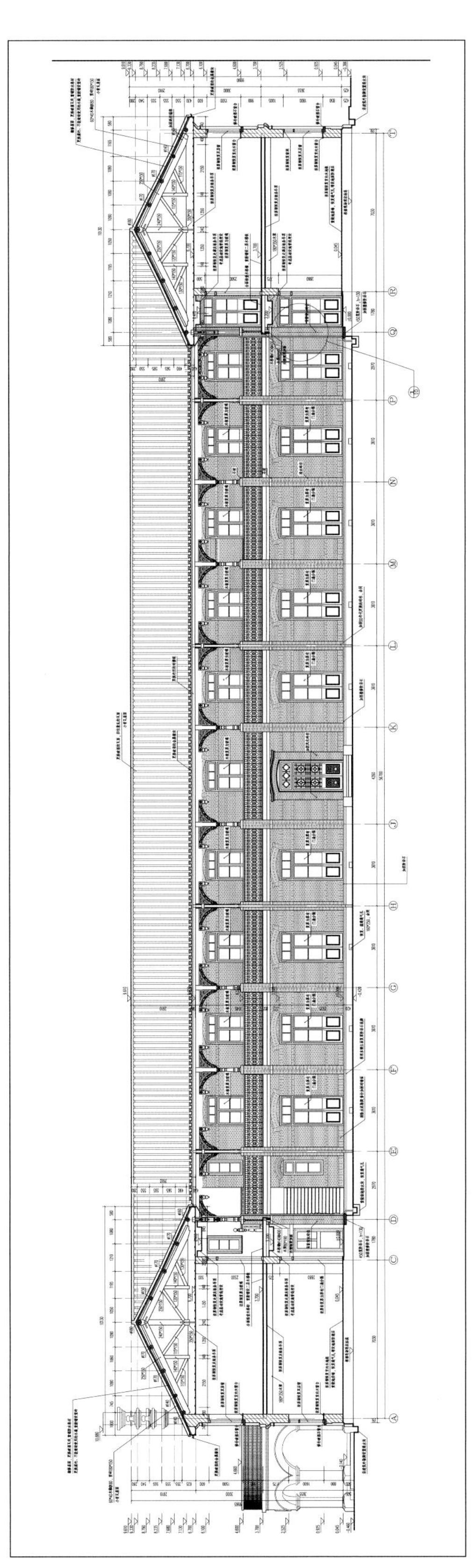

1-1剖立面

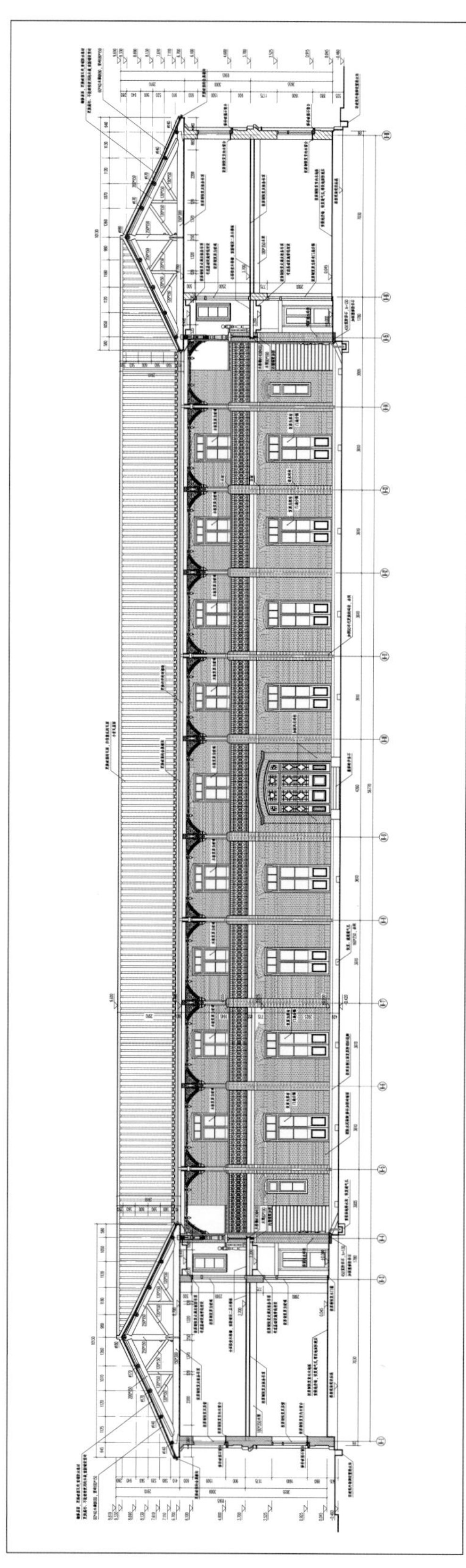

2-2剖立面

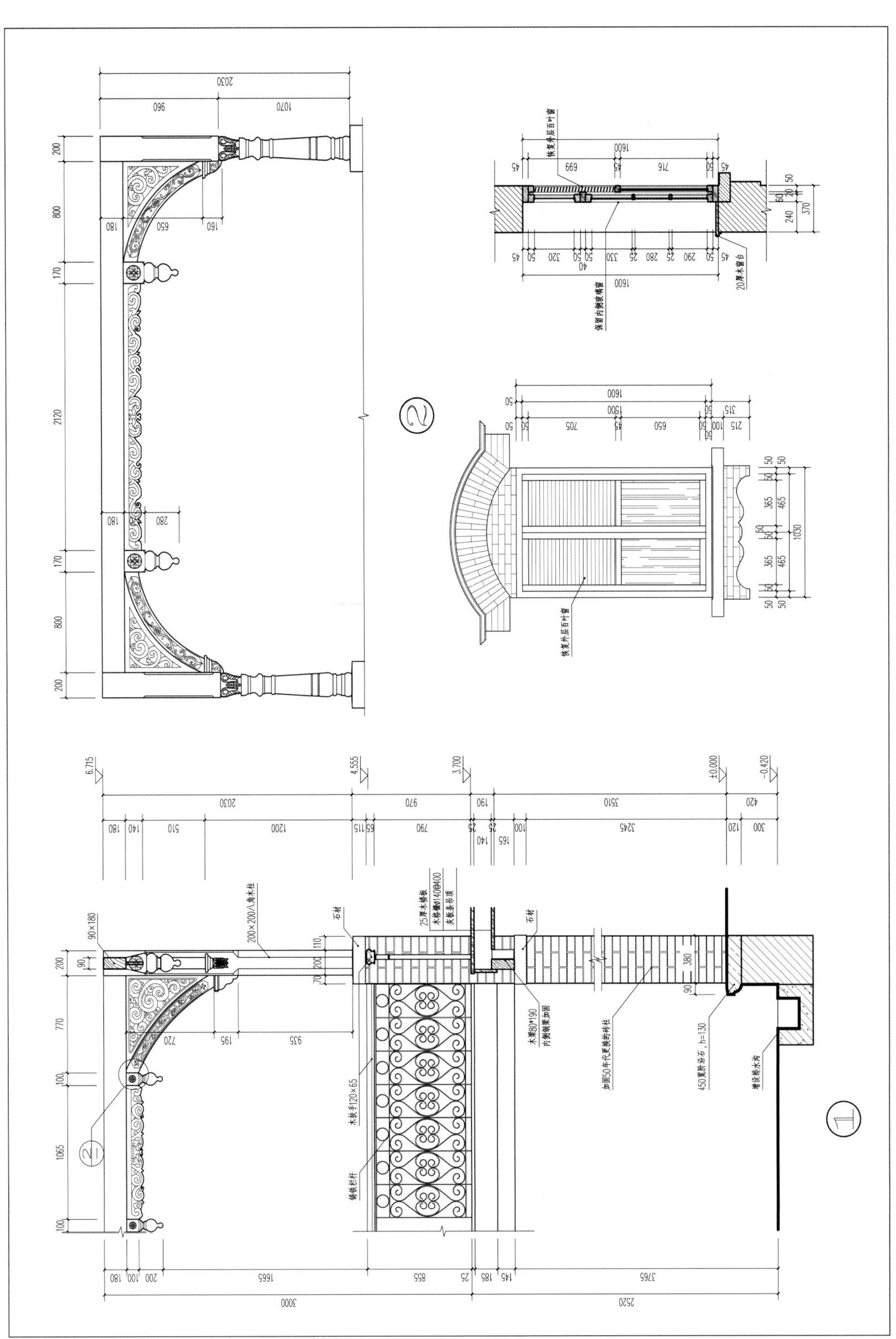

详图一

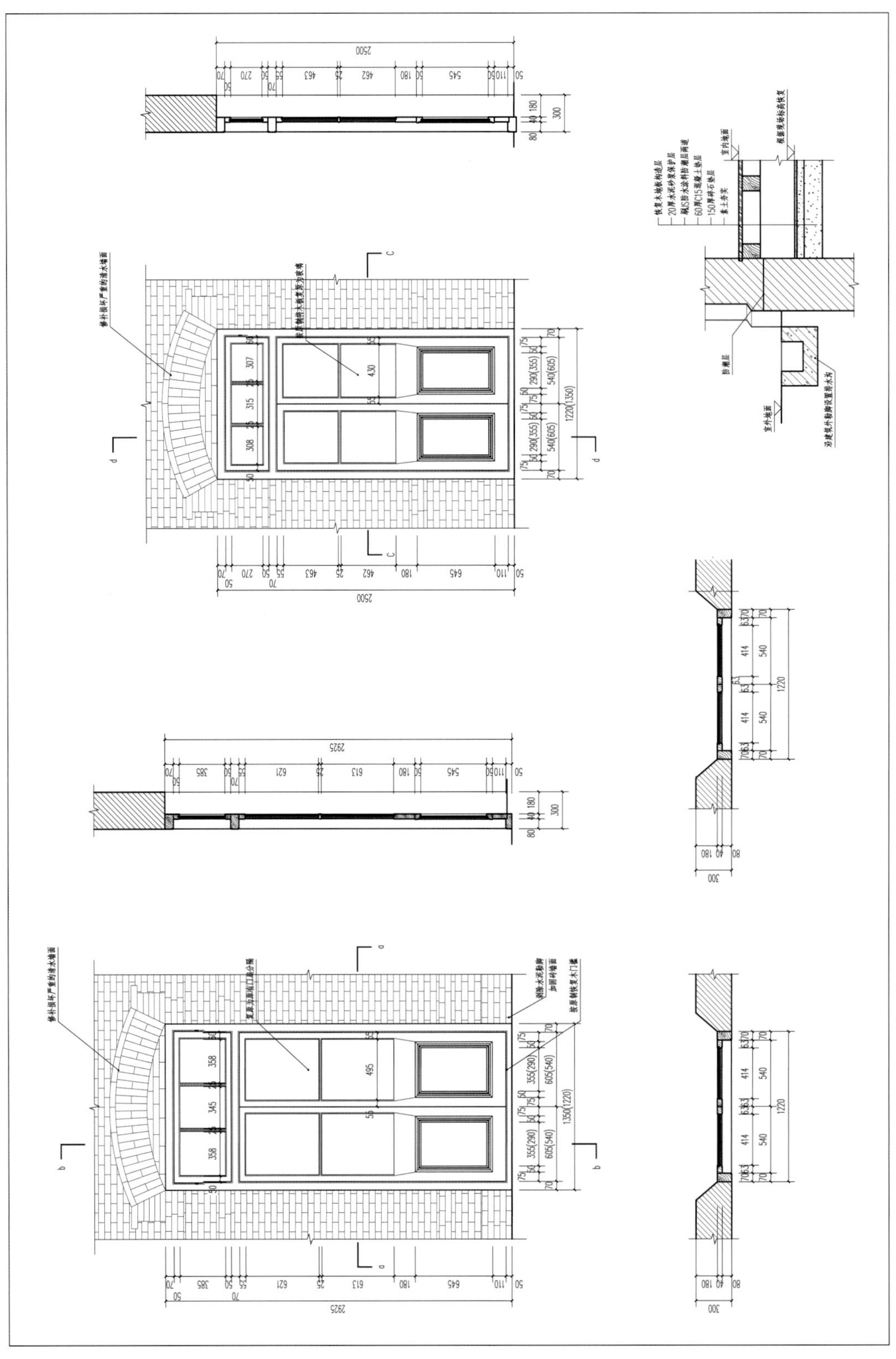

详图二

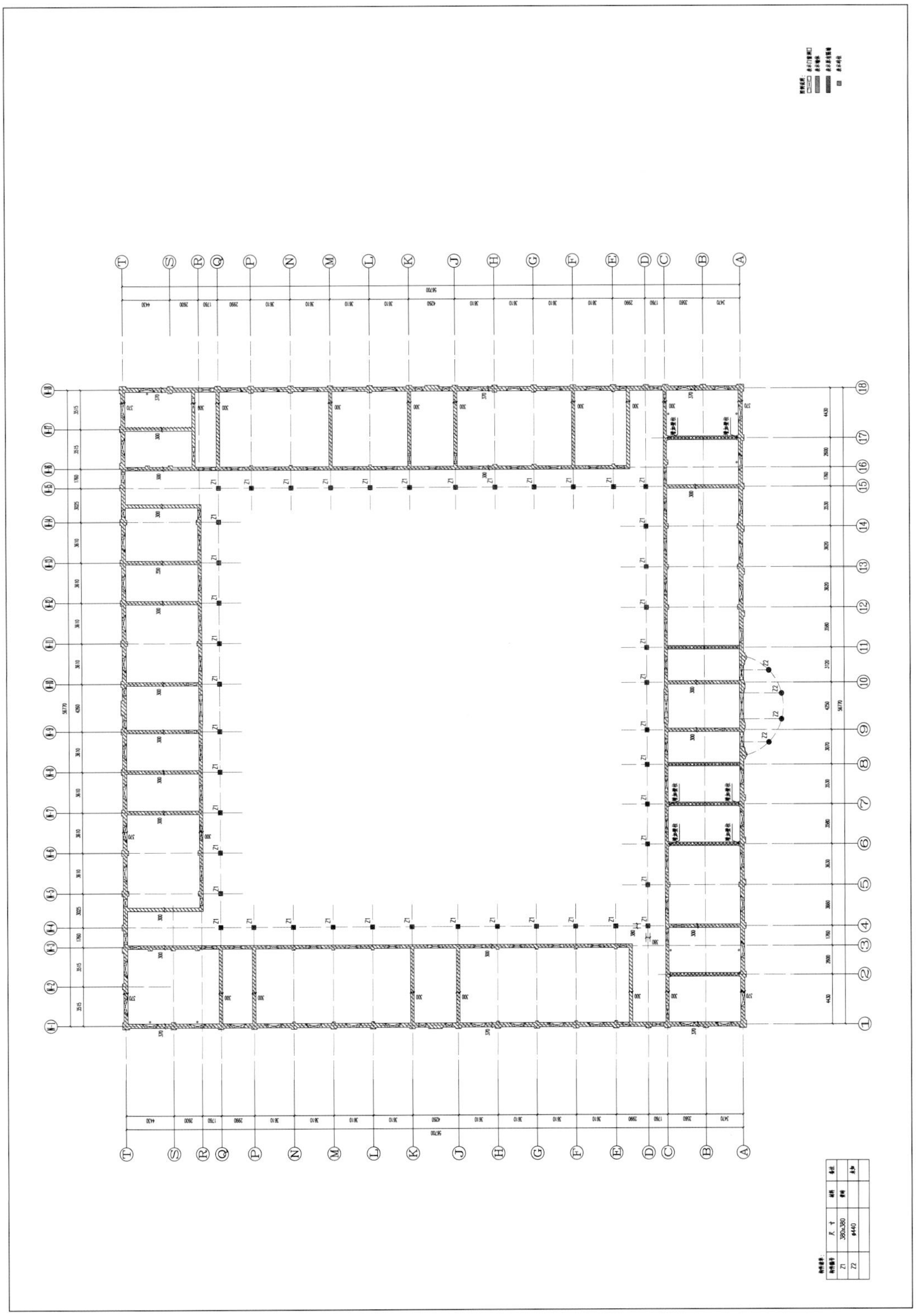

增加壁柱结构布置图

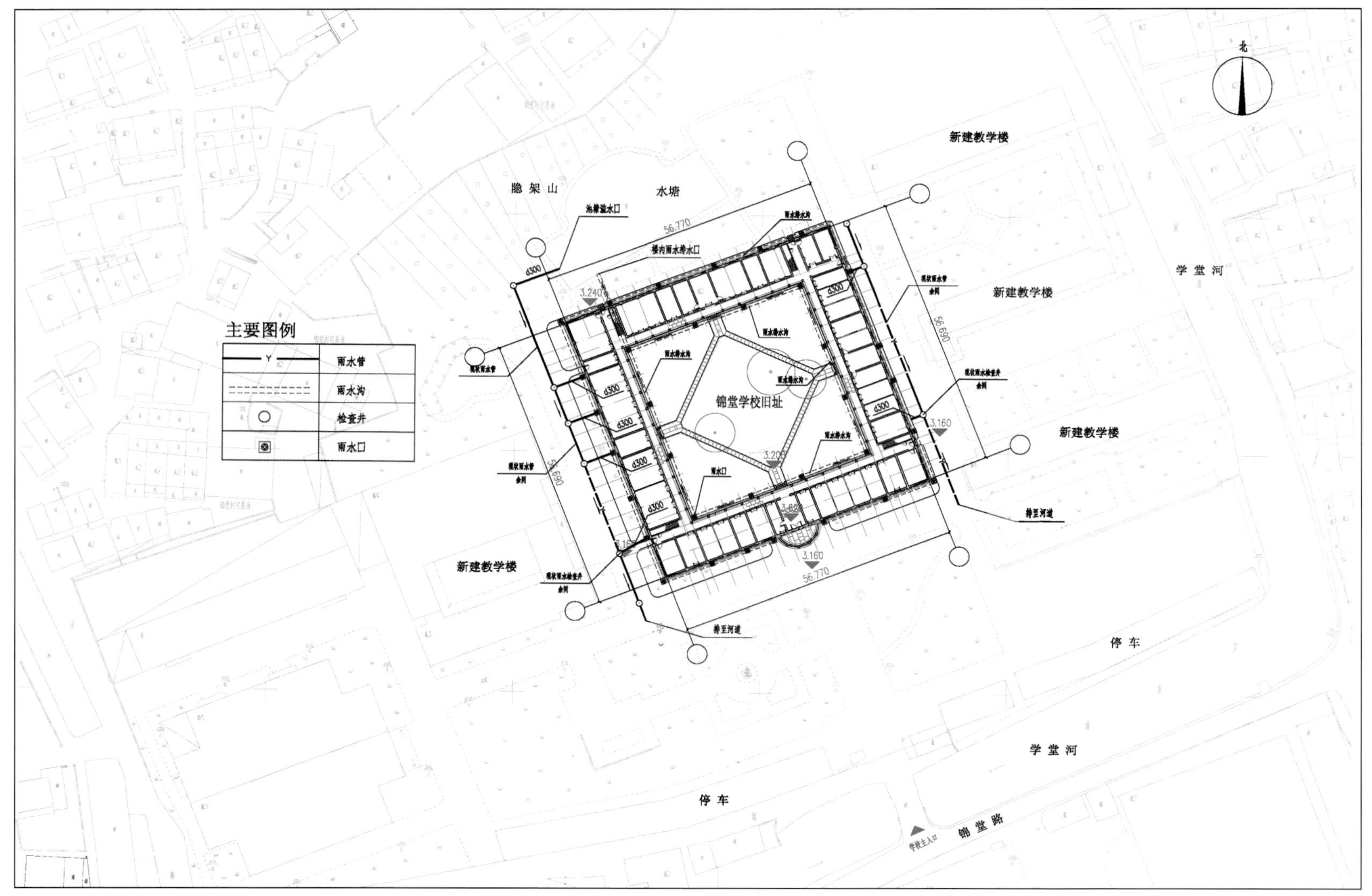
北
新建教学楼
隐架山
水塘
学堂河
新建教学楼
新建教学楼
锦堂学校旧址
新建教学楼
停车
学堂河
停车
锦堂路
56.770
56.690
3.240
3.160
主要图例
雨水管
雨水沟
检查井
雨水口

排水总平面图

施工篇

第一章 项目管理机构配备

一、施工组织部署

为确保本工程施工顺利，工程实行项目经理负责制。工程部、质安部委派人员加强对工程的指导、监督控制。工程项目施工过程中的生产技术及质量安全和施工进度的配合协调由项目经理全权负责。工程所需的物资、设备与人员同时到位，确保项目经理在施工现场充分指挥其管理职能。同时加强对项目的检查监督力度，理顺各种协调关系，以高标准、高质量、高进度和良好的服务满足工程合同的规定。项目经理部管理组织机构见下图。

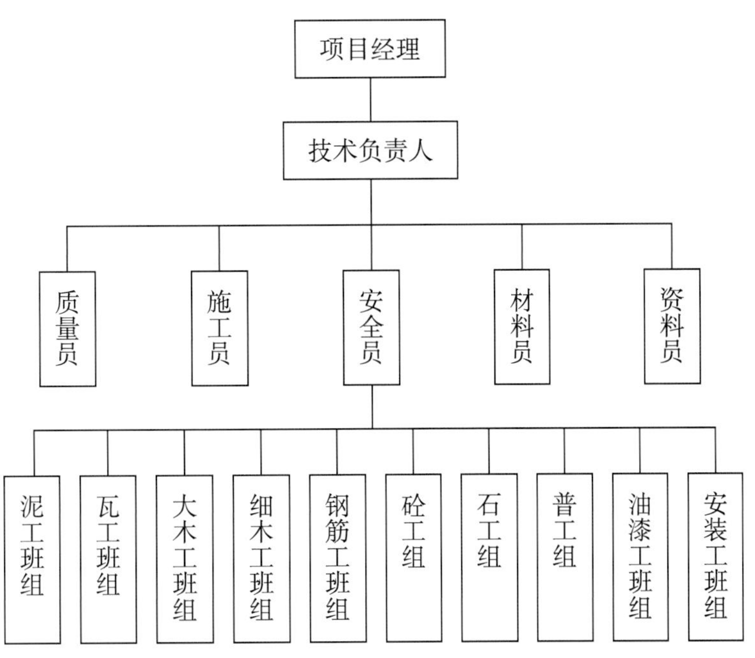

二、承包管理体系

（一）项目组织管理

项目部每月或每半月在现场召开办公会议，解决、协调、平衡工程进展过程中有关技术、资金、劳动力、机械等方面的问题，确保本工程施工快速、优质、顺利进行。

（二）质量管理

牢固树立“质量第一求效益，用户至上创信誉”的精神，正确处理好“质量、工期、成本、安全”四者的关系。

坚持“三级监理，五步到位”的质量控制标准，消灭返工现象，以工作质量保证产品质量。

三级监理项目部技术监理→建设单位管理部门的质量监理→业主委托的社会监理五步到位在分项工程施工中，施工管理人员要做到：操作要点交底到位；上、下工序交接到位；上、下班交接到位；关键部位的检查、验收到位；各种材料设备和加工构件进场验收到位。

（三）技术管理

项目施工选派有丰富经验项目管理班子，有能力编制出科学合理的施工方案来建好本工程。

依靠和运用建设单位在仿古建筑和大型建筑施工中的成熟经验，充分发挥广大工程技术人员及施工管理人员的聪明才智，不断运用新工艺、新技术优化施工方案，对各种经过讨论确定的施工方案严格执行，充分发挥技术工作在施工管理中的领先和指导作用。积极开展科研攻关活动，对诸如周围管线的保护，建筑工程流水穿插组织的关键课题进行科研攻关。

（四）经济责任制管理

落实各项经济责任制，对工程管理人员加强定岗、定职教育，制定严格的奖罚制度，加强每个管理人员的工作责任感，消除各种可能导致不良后果的隐患。

（五）计划管理

以承包合同确认的工期及项目部控制计划为依据，做好各种工作及各工序间施工搭接的协调工作，加强动态控制和计划调整。

（六）各方关系协调管理

在本工程的施工过程中，在确保质量、安全及进度的同时，认真执行有关施工现场标准化管理规定，文明施工，处理协调好各方面关系，真正做到“场内优质工程，场外民心工程”。

（七）劳动力管理

施工劳动力是工程质量、进度的根本保证，因此，如何合理选择施工班组，配足施工劳动力是问题的关键。

综合考虑本工程的平面布局特点，平面分区施工情况，及质量目标要求来选择优秀的施工班组担任各区的施工任务，各班组必须具备创优精神，做到目标一致，各施工班组实行质量、安全生产、文明施工红旗竞赛，对优胜班组进行合理的奖励，以激励各班组的积极性。

主要施工班组各施工区分别配置，架子工、机电修配、挖土、防水等辅助施工班组则统一配置。各施工区的班组劳动力根据各区的施工工作量、质量目标及工期目标选择优秀的操作工人并配足施工劳动力，对要求执行上岗证工种的操作工人必须执行执证上岗，做到无证不用。

第二章　施工技术方案

一、木作的修缮工程

（一）木构架

构件的加固与修配

（1）劈裂的处理

梁、枋、檩等构件的劈裂是由多种原因造成的，其主要原因是在制作时，木料没有干透，由于表层部分容易干燥，木纤维的内外收缩不一致，年长日久就出现了裂缝，致使构件的强度降低，因此要采取加固措施。对于构件的轻微裂缝，可直接用铁箍加固。对于断面较大的矩形构件可用U形铁兜绊，上部用长脚螺栓拧牢。如果裂缝较宽可用木条嵌补严实，用胶粘牢。如果裂缝较长，糟朽不甚严重的，可在裂缝内浇铸加固，裂缝两头或其他漏隙处可用环氧树脂腻子勾缝补漏，按裂缝长度预留浇铸孔，等树脂固化后，用铁箍夹牢。

顺纹裂缝的深度和宽度不得大于构件直径的1/4，裂缝的长度不得大于构件本身长度的1/2，斜纹裂缝在矩形构件中不得裂过两个相邻的表面，在圆形中裂缝长度不得大于周长的1/3，超过上述限度，应考虑更换构件。

（2）包镶梁头

先将梁头四周的糟朽部分砍去，然后刨光，用木板依梁头原有断面尺寸包镶用胶粘补后，用钉钉牢，然后盘截梁头刨光，镶补梁头面板参照柱子的包镶做法。

进行此项工作前，应认真仔细地检查，如发现梁头桁碗和鼻子严重糟朽，以致影响其承载能力，甚至梁头出现横断裂纹，则应考虑更换大梁。

（3）构件弯垂的处理

梁的垂度与跨度的比值大于1/120时，就应采取加固措施，可在梁底弯垂部位支顶柱子来加固，还可用加砌砖隔墙或木隔扇的方法来顶住梁底。也可以用加附梁处理的办法来处理，即靠前后檐柱的里侧，再立两根柱子托上一根梁，顶住梁底。

桁条也是直接承重构件之一，特别是金桁受压最重，往往出现弯垂现象，可在桁条下皮再加一根桁条以抵抗弯垂。

（4）构件的拨榫、滚动的加固处理

大梁滚动、瓜柱歪闪、梁枋拨榫的现象，可随梁架拨正时，重新归位吊正安好。将梁和柱子、梁枋和柱子、梁和瓜柱用扒钉拉接钉牢。对于排山柱上的单步梁与双步梁的游闪拨榫现象，将其归回原位后，可用铁板条横向连接柱子和相邻的梁，三件一并钉牢。

桁条出现滚动和脱榫现象，如果桁条的榫卯完好，在重新拨正搭接好后，用扒钉与瓜柱钉牢或桁条与桁条用扒钉拉结。如果桁条只是榫子糟朽了，可将朽榫锯掉，在截平后的原榫位，用凿铲再剔凿一个较浅的银锭榫口，选用纤维韧性好，不易钉劈的木块新做两端都呈银锭状的补榫，将较短的榫嵌入新剔的卯口，用胶粘接后用钉钉牢，归位插入原桁卯搭接。桁条的局部糟朽者可挖补，如果钉椽时影响屋面坡度，可用适当厚度的木条垫在椽下。如果木构件糟朽的断面面积大于构件设计断面的1/5时，则应考虑更换构件。

桁条滚动的加固方法：在梁头或桁碗内或瓜柱桁碗内塞进一块大头楔，用钉钉牢，挤住桁条，使其不易滚动。也可利用椽子作为加固构件，靠近桁头两端，选两组椽子，前后两坡全部钉牢，使桁的节点稳定不致移位。

大连檐与仔角梁相交的榫卯，因受条件的限制，断面尺寸及咬进尺寸过小，又由于易受雨水浸蚀而糟朽，因而常发生脱榫现象，可在大连檐内皮、飞头和望板的上皮，顺着大连檐附加一条稍厚的扁铁，扁铁的长度应大于翼角开始起翘的三个椽档。如果大连檐糟朽扭翘过甚，应考虑更换。

（5）附椽子与更换椽子

椽子由于顺钉孔漏雨和其他各种原因，常出现糟朽、劈裂、折断等现象，致使其丧失了承载能力，通常采用加附椽子的方法做加固处理。

如果屋面上的绝大多数椽子完好，只有个别几根需要更换，因受工作条件限制，又不易抽换时，可复制一根或两根新椽，顺原椽身方向插进去，搭在上下两桁条上，用钉子钉牢，可起顶替作用。如椽子糟朽、劈折的数量过多，应考虑挑修屋面，普遍更换椽子，可用多余的废旧椽子长短调解更换，以长改短。必须添补新椽时，要用纹理顺直的木料照样复制。飞椽如大部糟朽，就需挑修檐头。先搭好作檐的架子，由瓦工将檐头陇拆下，并清理干净，然后由木工将连檐、瓦口、望板、飞椽拆下。拆撬飞椽时，要认真细致，尽量注意不要撬毁檐椽上的望板。飞椽拆下后，选择比较完好的一两根，留作样板。将制作好的新飞椽重新安装回去。连檐、瓦口受风雨侵蚀，常出现弯折扭翘现象，另外，在挑顶翻建时，这些小构件在拆卸过程中，都不易保持完好，往往都有损坏，因此需要更换新料。

（二）装修的修缮

板门

板门是由厚板拼装而成的，由于原建时，所用木料不干及年久木料收缩出现裂缝现象，细小裂缝可等油饰断白时用腻子勾抿，一般裂缝要用通长木条嵌补粘接严实，裂缝较宽时，也可按各种裂缝的总合宽度，补一块整板，木条或整板要与门厚度相同。

板门最边上的一块木板叫“肘板”，用它上下长出一段作为门钻，安在连楹和门枕内，门的关开以此为轴来转动，由于古建筑中板门又大又厚，仅依门钻支承，因而常出现门钻被磨短压劈，有时边肘板下部也被压劈，甚至断裂，致使门扇下垂，此种情况，可在下钻外表上套一个铸铁筒，以恢复其原高度，再由铁筒的上部伸出两块或一块铁板，高度应超过肘板断裂处，用螺栓或上脚钉钉牢，同时，在门枕的钻窝处放置一个铸铁碗来承托铁筒，防止门枕被磨损。上门钻磨损或伸入连楹的圆孔被磨损，整体门扇发生倾斜，两扇板门对缝不严时，应在上门钻的外皮和连楹孔内，各套一个铁板筒补足，以校正被磨损的扇斜。

另外一种屏门，由于门宽，一般不是独板制成，年久后，板缝开裂，严重者以致散开，修理时要打开抹头，退出串带，将门板用鳔粘好，如经过刮刨不够宽时，要加条补足，所加的条要加到里边，以免安装铁活时劈裂脱落。

对于板门附属的铁件，如门钉、门钹等，最好还用原样的，因为它不但起拉扯作用，而且还替代了合页。

二、屋面工程的修缮

本工程屋面工程瓦件全部拆除，并重新铺设老瓦件，不足部分按原样式采购填补。

（一）瓦件的拆除

在拆卸之前应先切断电源并做好内、外檐及顶棚的保护工作。如果木架倾斜，应设置迎门戗和搒门戗，既要用杉篙迎着木架支顶牢固。为保证安全，应在坡上纵向放置大板并钉好踏步条，操作时将大板随工作进程移动。拆卸瓦件时应先揭勾滴，并送至指定位置妥善保存，然后揭瓦面和垂脊、戗脊等，最后拆除正脊。在拆卸过程中要特别注意保护瓦件不被损坏，要按脊件、盖瓦、底瓦和勾滴等分类存放。一般情况下，望砖也应换新，然后检查屋架，如需更换木结构、大木归安及打牮拔正等项工作，都应充分利用在这一段时间进行。

（二）小青瓦屋面做法

1. 小青瓦原材料

瓦件运至施工现场应对瓦逐块“审瓦”。有裂缝、砂眼、残损、变形严重的瓦不能使用。底瓦应逐块用瓦刀敲击检查，发现有隐残和瓦音不清的应剔出。

2. 小青瓦施工质量要求

小青瓦屋面工程的搭接应符合设计要求，如设计无明确要求时应符合下列规定：

（1）老头瓦伸入脊内长度不应小于瓦长的 1/3，脊瓦应座中，两坡老头瓦应碰头。

（2）滴水瓦瓦头挑出瓦口板长度不得大于瓦长的 1/3，且不得小于 50 毫米。

（3）斜沟底瓦搭盖不应小于 150 毫米或底瓦搭接不应小于一搭三。

（4）斜沟两侧的百斜头伸入沟内不应小于 50 毫米；

（5）瓦搭盖外露不应大于 1/3 瓦长（一搭三）；

（6）盖瓦搭盖外露不应大于 1/4 瓦长（一搭四），厅堂、亭阁、大殿

（7）等建筑物屋面的盖瓦搭盖外露不应大于 1/5 瓦长（一搭五）；

（8）突出屋面墙的侧面（泛水）其底瓦伸入泛水宽度不应小于 50 毫米；

（9）天沟伸入瓦片下的长度不应小于 100 毫米；

（10）盖瓦搭盖底瓦，每侧不应小于 1/3 盖瓦宽；

（11）底瓦铺设大头应向上，盖瓦铺设大头应向下；

（12）做山墙披水线时，山墙上挑瓦的挑出部分宜为瓦宽的 1/2；

（13）瓦垄的走水当宽度应为 1/3 底瓦宽；

（14）檐口瓦的搭接密度可适当减少，接近脊部时密度宜适当增加；

（15）盖瓦距底瓦应留出适当的“睁眼”，小青瓦屋面的睁眼宜为50毫米～60毫米；

（16）底瓦应铺浆宀瓦瓦，盖瓦应自檐口起向上一米范围铺浆盖瓦并应

（17）用灰夹腮（相当筒瓦的夹垅），确保檐口瓦的牢固稳定。

（18）屋面铺设顺序应先分中号垄，底瓦应压中，成奇数排列。然后应调脊，做檐口瓦，最后铺设屋面。铺瓦应从檐口开始，自下而上。排垄应上下均匀，前后对正。瓦片铺设应无翘角及喝风现象。

（19）小青瓦的屋面坡度曲线应符合设计要求。

（20）小青瓦屋面施工允许偏差和检验方法应符合下表的规定。

三、内外墙修缮工程

（一）施工工艺

1. 墙体的检查鉴定

（1）墙体损坏

墙体损坏一般有：倾斜、空鼓、酥碱、鼓胀、裂缝根据损坏的程度可以将维修的项目分为择砌、拆安归位、零星添配、局部拆砌、别凿挖补、局部抹灰、打点刷浆、局部整修等。这些手段都不能解决问题时，应考虑拆除重砌。由于各地用料情况的不同，且由于其他因素的干扰，所以墙体损坏的检查鉴定不可能有固定的标准。有时虽然看上去损坏的程度不大，但实际上潜藏着极大的危险性。有时表面上损坏得较重，但经一般维修后，在相当的时期内不会发生质的变化。一般说来，造成墙体损坏有如下四个因素：

1）木架倾斜造成

如是这种因素造成的墙体的倾斜或裂缝一般可以不拆砌。因为在定范围里，只要木架不再继续倾斜，墙体就不会倒塌，对于这种情况一般只采取临时支顶的方法就可

以避免木架继续倾斜。

2）自然因素造成

如雨水侵蚀、风化作用等。在这种情况下，只要排除了漏水，并在风化的部位整修一下，就可以解决问题。如果损坏的程度很大，则应考虑局部拆砌或全部拆砌。

3）用料简陋或作法粗糙造成

这种情况往往表现为不空鼓和无裂缝。如属此种情况，只要能保证墙顶不漏雨，墙身不直接受自然因素的侵蚀，一般不会倒塌。

4）基础受到破坏

如果木架没有倾斜，整个墙体也较完整，但墙体却出现了裂鏠或倾斜，这种情况大多是因为基础下沉造成的。此时墙体一定要拆除重砌，并应对基础采取相应的加固措施。墙体的裂缝常与下述因素有关：

①基础受到地下水、雨水或地下水管漏水影响而软化，树根对基础的破坏；原有灰土步数太少或太浅。如属上述情况，在修缮的同时必须设法排除，以免基础受到破坏。

②检查鉴定时，先应确定墙体的基础是否下沉和墙顶是否有漏雨。经检查如有发现应立即采取措施。因为墙体在这种情况下有可能在短期内发生倒塌。如一时不能确定的，可以裂缝处抹一层麻刀灰，观察麻刀灰有无随墙体继续裂缝而开裂的动态。

③碎砖墙歪闪程度等于或大于 8 厘米，墙体空鼓情况综合考虑；墙身局部空鼓面积等于或大于“平方米，且凸出等于或大于 5 厘米，墙体空鼓形成两层皮，墙体歪闪等于或大于 4 厘米并有裂缝，下破潮碱等于或大于 1/3 墙厚裂缝宽度等于或大于 3 厘米，并结合损坏原因综合考虑。

④整砖墙歪闪程度等于或大于墙厚 1/6 或高度的 1/10，砖下垂等于跨度的 1/10 或裂缝宽度大于 0.5 厘米。其他同碎砖墙。

⑤要墙顶不渗水，酥碱不严重，地基不下沉，就不容易倒塌，所以遇有上述情况，一定立即排除。

⑥在检查墙体时，应检查每根柱子是否糟杨。可用铁钎对柱根扎深，以判断是否糟杨。对于不露的“土柱子“（暗柱子）更应注意检查。较旧的房屋或较潮湿的墙体，必须掏开砖墙进行检查。

2. 墙体拆除注意事项

（1）在拆除之前应先检查柱根。看柱根有无糟朽，如有糟朽应墩接好，严禁先行拆除再墩接。然后检查木架榫卯是否牢固，特别应注意检查柁头是否糟朽。如有糟朽，要及时支顶加固。除屋架特别牢固外，一般要用杉槁将木架支顶好。尤其是在木架倾斜的情况下更应支顶牢固。拆除前应先切断电源，并对木装修等加以保护拆除时应从上往下拆，禁止挖根推倒。凡是整砖整瓦定要一块一块地细心拆卸，不得毁坏。拆卸后应按类分别存放。拆除时应尽量不扩大拆除范围。

（2）择砌前在将墙体支顶好。择砌过程中如发现有松动的构件，必须及时支顶牢固。

（二）修缮方法

1. 墙体的修缮方法

（1）剔凿挖补

整段墙体完好，仅能局部酥碱时可以采取这种办法。先用錾子将需修复的地方凿掉。凿去的面积应是整砖的整倍数。然后按原砖的规格重新砍制，砍磨后照原样用原做法重新补砌好，里面要用砖灰填实。

（2）拆安归位

拆安归位包括拆安和归安。当某砖件或石活脱离了原有位置，需进行复位时，可采取这种修缮方法。如台明归这安、博缝头归安等。复位前应将里面的灰渣清理干净，用水洇湿，然后重新坐灰安放，必要时应做灌浆处理。

（3）零星添配

局部砖件或石活破损或损时可重新用新料制作后补换如台明某块阶条石损坏严重或博缝头已失落等，都可进行零星添配。

（4）打点刷浆

这种方法一般施于细作墙面，如干摆、丝缝等。打点之前应将墙面刷净涸湿。打点时只需将砖的缺棱角部补平即可，灰不得高出墙面。最后用砖面水将整个墙面刷一遍。

（5）旧墙面墁干活

当墙面比较完整，但比较脏，或经别凿挖补后的墙面楞用这种方法。用磨头将墙面全部磨一遍，磨不动的部分可先用剁斧剁一遍，最后用清水冲刷一遍砖面水。

（6）局部整修

整个墙体较完好，但墙体的上部某处残缺。常遇到整修项目有整修博缝、整修盘头、整修墙帽等。

（7）择砌

局部酥碱、空鼓、鼓胀或损坏的部位在墙体是中下部而整个墙体比较完好时，可以采取这种办法。择砌必须边拆边砌。不可等全部拆完后再砌。一次择砌的长度不应超过 50 厘米 ×60 厘米。若只择砌外（里）皮时，长度不要超进 1 米。

（8）局部拆砌

如酥碱、空鼓或鼓胀的范围大，经局部拆砌又可以排除危险的，可以采取这种办法。这种方法只适用于墙体的上部，或者说，经局部拆除后，上面不能再有砌体存在。如损坏的部位是在下部即为择砌。先将需拆砌的局部拆除。如有砖槎，应留坡槎。用水将旧槎洇湿，然后按原样重新砌好。

（9）拆砌

经检查鉴定为危险墙体，或外观损坏十分严重时，应予拆除重砌。如拆砌山墙，拆砌后檐，拆砌槛墙等。

2. 墙体抹灰修缮方法

（1）局部抹灰墙面部分损坏，但系次要墙体。先用大麻刀灰打底，然后用麻刀灰抹面（可以掺些水泥），趁灰未干时在上面洒上砖面，并用轧子赶轧出光。如果是大面积找补抹灰，可能刷青浆，刷浆后赶轧出亮。如需做假砖缝，可平尺和竹片做成假缝子。

（2）找补抹灰对于局部空鼓，脱落的灰皮，或室内新掏的洞口，可采用找补抹灰的方法。找补抹灰前应做好基层清理，打底时，接槎处应塞严。罩面时，接搓处应平顺且不得开裂、起翘。补抹出的形状应尽量为矩形正方形。

（3）铲抹对于灰皮大部分空鼓、脱落的墙面多采用这种方法。基层灰应铲除干净，扫净浮土，洇湿墙。砖缝凹进较多者，应先进行窜缝处理。

（4）重新罩面重新罩面即在原有的抹灰墙面上再抹层灰。工匠中有句口头禅，叫做“灰上抹灰，驷马难追”，形容灰干得较快，极不容易抹好。在抹灰之前可在旧墙面上剁出许多小坑，这样可以加强新旧层的结合，不致空鼓。旧灰皮一定要用水洇湿。

洇湿的程度以抹灰时不会造成干裂为宜，故必须反复泼水，直到闷透为止。墙面上有油污的，要用稀浆涂刷或用稀灰揉擦被烟熏黄了的墙面，若抹白灰，可先用月白浆涂刷一遍，以避免泛黄。在旧灰上抹灰，容易出现的现象是干湿不均。因此抹灰时，要在干得快的地方随手刷上一遍水轧活时，干得快的地方应先轧光。

（5）串缝一般用于糙砖墙或碎砖墙。当灰缝风化脱落凹进砖内时，可用串缝的方法进行修缮。操作时用鸭嘴将掺灰泥或灰“喂”入缝内，然后反复按压平实。

（6）勾抹打点用于灰缝及砖的棱角的修补，如台明石活的勾缝、砖檐的打点等。

（7）刷浆是旧墙见新的一种临时性措施。根据墙面的不同，可分别刷月白浆、青浆、红土浆等等。

四、石活的修缮

（一）打点勾缝

打点勾缝多用于台明石活。当台明石活的灰缝酥碱脱落或其他原因造成头缝空虚时，石活很容易产生移位。打点勾缝是防止冻融破坏和石活继续移位的有效措施。如果石活移位不严重，可直接进行勾缝。如果石活移位较严重，打点勾缝可在归安和灌浆加固后进行。打点勾缝前应将松动的灰皮铲净，浮土扫净，必要时可用水洇湿。勾缝时应将灰缝塞实塞严，不可造成内部空虚。灰缝一般应与石活勾平，最后也要打水槎字并应扫净。小式建筑和青砂石多以大麻刀月白灰勾抹，叫作“水灰勾抹”。青白石、汉白玉等宫殿建筑的石活多用“油灰勾抹”做法。

（二）石活归安

当石活构件发生位移或歪闪时可进行归安修缮。如归安阶条；归安抖板；踏跺归安；角柱归安等。石活可原地直接归安就为的应直接归位；不能直接归位的可拆下来，把后口清除干净后再归位，归位后应进行灌浆处理，最后打点勾缝。

（三）添配

石活构件残破严重或缺损时，可进行添配。添配还可以和改制、归安等修缮方法共同进行。比如，当阶条石的棱角不太完整，同时存在位移现象时，就可以将阶条全部拆下来，重新夹肋截头，表面剁斧见新，然后进行归安。阶条石经宠幸截头后，长度变小，累积空出的一段就应重新添配。添配的石活应注意与原有石活的材质、规格、作法等保持一致。

（四）重新剁斧、刷道或磨光

大多用于阶条、踏跺等表面易磨损的石活，表面处理的手法应与原有石活的作法相同。如原有石活为剁斧作法，就应采用利斧作法。重新利斧（或刷道、磨光等）不但是一种使石活见新的方法，也是使石活表面找平的措施。因此表面比较平整的石活一般不必要重新剁斧。

（五）表面见新

这类作法适用于表面较平整但要求干净的石活或带有雕刻的石活。

1. 刷洗见新

以清水和钢刷子对石活表面刷洗。这种方法既适用于雕刻面，也适用于素面。

2. 挠洗见新

以铁挠子将表面挠净，并扫净或用水冲净。这种方法适用于雕刻面，如带雕刻的券脸等。

3. 其他方法刷洗

今年有采用高压喷砂等方法对石活表面进行清洗的，效果不错。使用其他方法时应慎重硝碱类溶液刷洗石活，尤其是文物建筑，更应尽量避免。不得不用时，最后必须用清水冲净。

4. 刷浆见新

用生石灰水涂刷石活表面，可使石料表面变白。但这种方法只能作为一种临时措施，且不适于雕刻面的见新。

5. 花活别凿

石雕花纹风化不清时，可重新落墨、剔凿、出细、恢复原样。

（六）改制

石活改制包括原有构件的改制和对旧料的改制加工，既可以作为整修措施，也可以作为利用旧料进行添配的方法。

1. 截头

当石活的头缝磨损较多，或所利用的旧料规格较长时均可进行截头处理。

2. 夹肋

当石活的两肋磨损较多，或所利用的旧料规格较长时均可进行截头处理。经夹肋和截头的石料，表面一般应进行剁斧见断。

3. 打大底

打大底即“去薄厚”。当所利用的旧石料较厚时，可按建筑上的构件规格“去導厚”。由于一般应在底面进行，因此叫“打大底”。如石料表面不太完好，可在打大底之前先在表面剁斧（或刷道、磨光等）。

4. 劈缝

当被利用的旧料规格、形状与设计要求相差较大时，往往需要将石料劈开，然后再进一步加工。

（七）修补、补配

当石活出现缺损或风化严重时可进行修补、补配。这种方法既适用于文物价值较高的石活，同时也可作为普通石活的简易修缮方法。修补与补配的方法有两种：一类是别凿挖补，一类是补抹。

1. 别凿挖补

将缺损或风化的部分用錾子别凿成易于补配的形状，然后按照补配的部位选好荒料。后口形状要与别出的缺口形状吻合，露明的表面要按原样凿出糙样。安装牢固后再进一步“出细”。新旧槎接缝处要清洗干净，然后粘接牢固。面积较大的可在隐藏处荫入扒焗等铁活。缝隙处可用石粉拌合黏接剂堵严，最后打点修理。

2. 补抹

将缺损的部位清理干净，然后堆抹上具有黏接力并具有石料质感的材料，干硬后再用錾子按原样凿出。传统的“补配药”的配方是，每平方寸用白蜡一钱五分、黄蜡五分、芸香五分、木炭一两五钱、石面二两八钱八分。石面应选用与原有石料材质相同的材料。上述几种材料拌合后，经加温熔化后即可使用。

（八）照色做旧

经补配、添配的新石料常与原有旧石料有新旧之差。故可采取照原有旧色做旧的办法，使人看不出新修的痕迹。做旧的方法是：将高锰酸钾溶液涂在新补配的石料上，待其颜色与原有石料的颜色协调后，用清水将表面的浮色冲净，进而可用黄泥浆涂抹一遍，最后将浮土扫净。

（九）灌注加固

当砌体开裂、局部构件脱落时，可以采用灌浆的办法进行加固。

（1）传统做法

传统灌浆所用材料多为桃花浆或生石灰浆，必要时可添加其它材料。

（2）现代做法

先带你施工中常用白灰砂浆、混合砂浆、水泥砂浆或素水砂浆灌浆。如需加强灰浆的黏接力，可在浆中加入水溶性的高分子材料。缝隙内部容量不大而强度要求较高者（如券体开裂），可直接使用高强度的化工材料，如环氧树脂等。为保证灌注饱满，可用高压注入对于石料表面的微小裂纹，可滴入502胶水或其他胶水等进行固接封护，以防止水汽渗入，减少冻融破坏。

五、脚手架工程

（一）脚手架的搭设

外脚手采用双排Φ48脚手架钢管及其连接扣件搭设。

脚手架搭设施工顺序：

定位放线→摆放扫地杆→安放立杆底座坚硬支撑板→竖立杆并同时扣紧扫地杆→搭设水平杆→连接与墙拉接点→搭设剪刀撑　脚手架验收。

（二）脚手架搭设安全措施

（1）脚手架的搭设与拆除必须严格按工序进行施工。

（2）安全网、护身栏、护头棚等安全设施随施工及时安装好。

（3）架子工必须持证上岗，搭设前进行安全交底，并写下保证书。搭设时必须戴安全帽、系好安全带、穿防滑鞋。

（4）统一指挥，上下呼应，动作协调。

（5）架子拱设随时验收，合格后方可上人。

（6）设专人维护脚手架，并经常检查手管及扣作的稳固性。所有脚手架经过大风大雨后，要进行安全检查。

（7）脚手架搭好验收后未经项目部技术部门书面许可，任何人不得拆除、更改、增加构配件。脚手架的拆除必须由搭设人员在管理人员安排下拆除，高空拆架时，要注意安全施工，不得抛扔。

第三章　质量保证措施

质量目标为：按国家和行业施工验收规范一次性验收合格。为保证这一质量目标的实现，我方将组建一支由多次创出过优良工程并多次施工过类似工程的项目经理和项目班子进行施工，配备经验丰富的专业技术人员和技工，狠抓质量、进度、安全三条主线，确保工程保质保量如期地完成。

一、施工质量保证措施

在施工过程中要加强技术和质量管理，落实各级人员岗位责任制，各部门分工明确，密切配合，建立以项目经理为核心的质量管理体系，健全三级质量检查网，做到定岗位、定责任、定标准、确保施工中的各个质量环节都能得到有效的控制。

（一）施工图纸会审

施工图会审是很重要的环节，其会审程序为：施工方先熟悉、审查图纸，发现问题，然后召开各方会议，由设计单位介绍设计意图，设计特点及对施工的要求，由施工方提出图纸中存在的问题和对设计的要求，讨论协商解决，写出图纸会审纪要，并由设计方提出变更资料。

（二）技术交底

技术交底的目的是使参与项目施工的人员了解所担负的施工任务的设计意图、施工特点、技术要求、质量标准及应用新技术、新材料、新结构的特殊技术要求和质量等，项目经理部向作业班组交底，从而建立技术责任制、质量责任制，加强施工质量检查、监督与管理。施工项目的技术交底包括设计人员向施工单位交底，技术人员班组交底等。技术交底的主要要求是：以设计图纸、施工方案、工艺流程和质量检查评定标准为依据，编制技术交底文件，突出交底重点，注重可操作性，并以保证质量为目的。

（三）测量、计量和试验设备控制

在施工过程中使用的测量、计量和试验设备必须具有合适的量程和准确度，要按《检测、测量和试验设备控制所程序》规定进行核实，并且处于有效期内。具体控制措施如下：

（1）项目部配备兼职计量员负责计量器具的管理和保养并做好登记、建卡和建立台账工作。

（2）计量器具的存放处应保持适当的环境，同时做好防锈、润滑等保养工作，在搬运、防护和储存期间应确保计量器具的准确度和适用性。

（3）计量器具，应指定专人使用，使用者要具备相应的资格，具备保证检验、测量和试验在适宜的环境下工作。

（4）计量器具一般每一年检定一次，检验不合格或应检而未检的计量器具不准投入使用。

（5）计量器具校准必须经国家认可机构检定合格或进行校验直至合格。

（四）施工日记管理

施工日记由项目施工员记录，日记要求连续、详细、明了，能反映出质量监督和管理动态及面貌，特别详细记载施工中发现的问题和处理解决的过程。施工日记应从工程开始起至工程交工验收止。中途因工作调动时，应及时办好日记移交手续。由接收人继续做好施工日记。

（五）工程施工技术资料

工程技术资料是施工中的技术、质量和管理活动的记录，也是工程档案的形成过程。它反映了施工活动的科学性和严肃性，是工程施工质量水平和管理水平的实际体现，也是施工企业信誉的体现。工程施工技术资料归档移交给建设单位后，便是使用过程、维修及扩建的指导文件和依据。因此，国家和各级建设管理部门都十分重视资料的积累，要求按规定做到齐全和准确、充实，把它列为评定单位工程质量等级的三大条件之一。必须按各专业质量检查评定标准的规定和实施细则，全面、科学、准确地记录施工单位工程质量等级，移交建设单位及档案管理部门，并不得有伪造、涂改、后补等现象。

二、施工质量控制方法

本工程涉及工种多，工序多，我们将按照施工进度计划安排合理布置劳动力，及安排工序搭接、穿插。主要关键工作设立质量控制点，并定人、定时对这些质量控制点进行控制以确保各控制点的质量，满足图纸及规范设计要求，从而保证整个古建筑工程的质量状况达到预期目标。

（一）施工过程中应用ISO质量管理

ISO活动是发现问题，分析问题，制定对策，确保实施的每一项不断循环，不断提高的质量活动。其主要活动步骤如下：

（1）找出问题；

（2）分析原因；

（3）找出主要形象因素；

（4）拟定措施；

（5）认真执行措施；

（6）检查效果；

（7）总结经验，纳入标准；

（8）处理遗留问题，转入标准。

（二）班组操作挂牌管理

（1）凡能落实个人责任的作业部分，均要实行操作挂牌定位。以便明确责任和奖惩。因其他原因，未能落实到人的，但要落实到班组，由班长挂牌定位。

（2）操作定位由项目经理、施工员布置，班组长执行，质量员填表记录。

（3）班组长在分配班内成员时，尽可要保持部位的连续作业，界限清楚。必要时，要操作挂牌上墙。

（三）班组质量自检

（1）班组长是当然的兼职质量员，班组每天完工后应进行自检。每个分项工程完工后，应不少于一次的质量自检验评记录。

（2）质量员自检验评标准按国家规定的有关工程施工及验收规范及质量检验评定标准执行。

（3）班组通过质量自检，要总结经验，及时向每个作业人员提出整改意见。把隐患消灭在萌芽状态之中。并将质量的优劣作为当月奖惩考核的依据。

（四）砼原材料计量管理

（1）现场砼搅拌必须按照砼事先做的级配单（试验中心）配料的砼设计配合比，换算为施工配合比进行拌合。砂、石料、水，必须过磅计量。

（2）砼浇筑前项目工程师要落实专职的计量员，负责砂、石的正确计量。

（3）计量员在浇筑拌和前须检查计量器具（台秤、外加计量杯）是否齐全准确，符合设计要求，方可计量。

（4）砼的配合比要写在小黑板上，挂牌操作，以便检查和监督。

（5）各种材料（水泥、砂、石、水、外加剂）的计量允许误差必须符合规定要求。

（五）加强成品管理

（1）成品保护是指在施工过程中，有些分项工程和分部工程已经完成。其他工程尚在施工，或单位工程已接近扫尾或竣工的单项工程。尚未正式竣工验收之前，均属成品保护之列。

（2）针对施工项目的特点和环境，要采取有效的护、包、盖、封等保护措施。措施由项目工程施工员制订。

（3）保护措施要因地制宜，切实可行，要落实到人，并和经济奖惩挂钩。

（4）本工程由于是古建筑工程，成品保护的重点是木构件。

（5）项目部施工员和质量员要根据制订的成品保护措施，随时检查落实，并严格奖惩。

（六）坚持十有制度和十到制度

开工有报告、图纸有会审、施工有措施、技术有交底、定位有复查、材料有复验、质量有检查、隐蔽有记录、变更有手续、交工有档案。

隐蔽工程在被下一道工序掩蔽之前应进行严密检查和验收，并做出记录，由参检各方（建设单位、监理单位、设计单位和施工单位）签署意见。有问题则在补救后进行复检。必须坚持十到制度。地基验槽、结构中间验收、砌体验收、屋面验收、装饰验收、绿化验收、竣工验收等各方均应到场。

第四章　施工进度计划和保证措施

一、工期进度计划

本工程的工期目标为270日历天。为确保工程能如期完成，根据本工程结构特点、施工要求，安排出先进、科学、合理的施工方案、施工部署和施工进度总计划及各单项的进度计划，按照拟定的方案、部署和总计划实施，以主体结构为主，带动配套工程，以主体结构的主导工序与配套工序进行平行流水、立体交叉的施工方法组织施工，并安排出每月的施工计划和方案，落实施工，进行考核，使整个工程在施工中有计划、有部署的进行。同时，对工期进行优化设计。

二、进度保证措施

（一）组织保证

（1）本工程按项目法管理体制，实行项目经理责任制、实施项目法施工，对本工程行使计划、组织、指挥、协调、实施、监督六项基本职能，并在系统内选择成建制的，能打硬仗的，并有施工过大型建筑业绩的施工队伍组成作业层，承担本施工任务。

根据业主的使用要求及各工序施工周期，科学合理地组织施工，形成各分部分项工程在时间、空间上充分利用，打好交叉作业仗，从而缩短工种的施工工期。

（2）建立施工工期全面质量管理领导小组，针对主要影响工期的工序进行动态管理，实行PDCA循环，找出影响工期的原因，决定对策，不断加快工程进度。

（二）质量保证

（1）建立生产例会制度，利用电脑动态管理实行滚动计划，每星期至少 1 次工程例会，检查上一次例会以来的计划执行情况，布置下一次例会前的计划安排，对于拖延进度计划要求的工作内容找出原因，并及时采取有效措施保证计划完成。

（2）经常与监理、建设、设计、质监等部门加强联系，及时解决施工中出现的问题。

（三）施工工期保证计划

（1）在正式进场之前，制定详细的总进度计划，同时，与业主和设计院进行协调，确定各方所配合事宜。

（2）对各施工班组交底的同时，尤其对其施工的进度计划进行限定、交底，对各班组的施工过程的进度严格的控制执行。

（3）各班组根据总进度计划，设定自己详细的施工进度计划，同时进行与其它班组进度计划的协调。

（4）每周对各单位的进度计划执行情况进行总线，同时对发生冲突的地方进行有效的协调，确保各自的下一步施工不受影响。

（5）每半个月或是每个月对总计划进行对比，一旦发现有特殊情况要对总的计划进行相应的调整。

（6）制定具体的奖惩措施，单位工程按原计划提前完工，并达到总包要求的，则对其进行奖励，反之，对其进行处罚。

（7）由项目经理统一监管项目总进度的执行情况，统计部门每天对项目的施工工程量进行统计整理，以确保每天所必须完成的工作量。

（8）加强施工现场的监督检查，在工程进场开工前，各项目管理条线根据总进度安排各自部门的项目工作计划，至项目经理进行统一管理。

（9）在保证进度计划的情况下，必须保证工程施工质量，不能以牺牲质量来取得计划的实现。

（10）严格计划进度管理，一旦发现进度脱期趋向，应及时说明原因，并采取相应的积极措施矛以调整。

（11）动态控制进度，协调各主、分包单位的进度安排并作出及时高速，保证总进度及节点、目标的实现，定期组织召开工程例会，及时向业主及监理工程进度。每月提供进度分析报表，及时向业主及监理提供有关施工进度信息和存在问题。

（12）协调安排各种设备材料供应单位的进场、退场时间以及相应施工周期，组织有条不紊地交叉施工。

（四）经济手段保证

（1）实行合理的工期目标奖罚制度，根据工作需要，特殊工序采取每日两班制度。

（2）实行内部奖罚制度，严格执行奖罚兑现，以经济手段工期，对于层、段施工作业计划，实行重奖、重罚。

（五）作风保证

（1）做好施工配合及前期施工准备工作，建立完整的工程档案，及时检查验收，做到随时检查，整理归档。拟定施工准备计划，专人逐项落实，做到人、财、物合理组织，动态调配，做到后勤保障的高质、高效。

（2）发扬我单位保持历年来在工程建设中体现出来的企业精神，高度的集体荣誉感、责任感，发挥职工最大潜在能力。不分节假日，不设星期天，双抢农忙不停工，以优良的作风保工期，强化职工质量意识，各道检验手续严格把关，做到一次检验达到优良，减少返工造成的工期损失。

（六）新技术保证

（1）采用成熟的科技成果，向科学技术要速度、要质量，通过新技术的推广应用来缩短各工序的施工周期，从而缩短工程的施工工期。

（2）主体框架砼中采用早强脱模措施，砼强度上升快，可提前拆除楼层模板，为内部砌砖、装修及早进入施工创造条件确保工期。

第五章　劳动力及材料供应计划

一、劳动力准备

根据工程的实际情况和施工进度计划，组织施工班组落实进场，并对技术性工种的施工人员进行岗位培训，实行持证上岗。

建立拟建工程项目的领导机构，设立现场项目部，建立精干施工队伍，集合施工力量，组织劳动力进场，向施工人员进行施工组织设计、工程计划、技术及安全交底，并建立健全各项管理制度。

二、材料准备

我们将根据收集得到的施工预算、材料工本分析等资料初步确定工程中所用的材料总量，并根据材料的品种、重要程度按有关规定进行 A、B、C 的分类，并着眼于材料物资合格供应商的选择，落实货源，安排运输和储备工作。

三、机械设备准备

组织并落实各项工程材料的运输机械设备，确保本标段的各项材料能按施工进度计划运进施工现场，保证施工。具体见主要机械设备表。

机械设备是保证工程施工的必要手段，我们将根据本投标书中的机械设备从供应计划，将所需的机械设备安排进场，并在投入使用前进行全面的检修与保修，确保机械设备的连续施工能力。

四、质量检验仪器配备

为了对施工过程进行全过程质量控制，配备一些必要的试验器具，诸如环刀、天平等，有专人负责。

五、临时设施准备

（1）保证施工现场的“三通一平”，按照制定的交通组织方案进行场内通道的平整、疏通。会同建设单位与校方管理部门协调解决施工期间场外道路及交叉口交通管制问题。

（2）组织搭建临时简易活动房，同时配置好电话通讯设施、办公用具，灭火设备，确定材料堆放工场。在路口设置大型施工铭牌。

六、材料质量保证措施

材料、设备的质量和供应是影响工程质量及进度的一个重要环节，我方将严格控制自购工程材料与设备的采购渠道，设置专职材料采购员；主要材料与设备进场后还将组织甲方及监理人员共同进行验收并及时复验。对构成工程实体，并对工程质量要求有重大影响的物资如钢筋、水泥、木料等必须在合格承包方中选择并及时对材料进行有见证复检。对工程量质量有一定影响的物资，如砂、石料、砖等一般物资，按合同要求和有关规定，就近对合格分承包商选择控制。对工程质量影响较小的物资。如辅助材料等主要控制采购途径，防止假冒伪劣产品，查厂名、地址、商标牌号、生产日期、外观规格等。预算员按项目经理编制的月度计划汇总出月需用材料量交于材料部门，材料部门根据编制材料月供应计划，交项目经理审批后付诸实现。材料部门根据施工总进度安排和月度计划及时将施工所需的物资保质保量送至现场，确保工程能顺利进行。

（一）材料与设备进货检验与试验

（1）进货前，不论对项目部自购或业主提供的物资均需按国家或行业标准规定检验和试验。

（2）工程用物资需经试验合格，方可投入使用和入库，经检验的试验为不合格的则作出明显的标识并组织人员立即清退。

（二）过程检验和试验

（1）施工中的分项工程质量应在班组自检、预检、交接检验的基础上，由项目部施工员对质量进行复检并评定等级，由专职质量员核定。

（2）施工过程中，上下道工序未经检验或检验不合格，不得进入下道工序，并作出标识，及时进行整改。

（3）施工过程中的分部工程质量应由项目部技术人员组织评定。

（4）施工过程中对特殊部位的过程检验，如隐蔽工程等必须由项目部会同建设单位和监理单位共同检验认证，并做好记录。

（5）施工过程中的砼强度、砂浆强度等必须进行试压试验。送样过程邀请监理工程师参与。

（6）当有业主亲自参加见证或试验过程或部位时，要规定该过程或部位的所在地、见证的试验时间，如何按规定检验和试验，前后接口部位的要求等内容。

（三）加强材料试验工作

按国家规定，建筑材料、设备及构配件供应单位应对供应的产品质量负责。在原材料、成品、半成品进场后，除应检查是否有按国家规范、标准及有关规定进行的试验记录外，施工单位还要按规定进行某些材料的复试，决定是否使用。无出厂证明的或质量不合格的材料、配件和设备，不得使用。

第六章　施工机械设备的配备

一、主要施工机械设备的配置

组织并落实各项工程材料的运输机械设备，确保本标段的各项材料能按施工进度计划运进施工现场，保证施工。具体见主要机械设备表。

机械设备是保证工程施工的必要手段，我们将根据本投标书中的机械设备从供应计划，将所需的机械设备安排进场，并在投入使用前进行全面的检修与保修，确保机械设备的连续施工能力。

（一）施工机械设备配置的基本原则

（1）本工程各个阶段施工情况变化较大，为减少在施工过程中布置机械设备的频繁移动，因此需根据本工程总体施工部署，并结合各分部分项工程施工顺序拟订施工机械进出场计划，按计划要求安排精良的机械设备进场，进行保养和调试。

（2）对于小型施工机械设备，如砂浆机、振动机、电焊机、水泵、木工圆盘锯、平刨机等机械，则根据工程各施工阶段施工进度实际需要进行经济、合理地布置，有计划地组织进退场。

（3）所有机械设备进场后均按施工总平面布置要求的位置停放。

（二）质量检验仪器配备

为了对施工过程进行全过程质量控制，配备一些必要的质量检验仪器，并配有专人负责。

序号	仪器设备名称	规格型号	数量	国别产地	制造年份	已使用台时数	用途	备注
1	经纬仪	J2	1	中国	2016		测量放样	鉴定合格
2	自动安平水准仪	DS3	1	中国	2017		测量操平	鉴定合格
3	钢卷尺	J19-50	5	中国	2017		测量	鉴定合格
4	长尺	JGW-502	2	中国	2017		测量	鉴定合格
5	台秤	GJF-1000	1	中国	2017		原材料称重	鉴定合格
6	工程检测组合工具	JZC	2	中国	2017		检测	鉴定合格
7	干湿温度计		1	中国	2017		检测	鉴定合格
8	靠尺		1	中国	2017		检测	鉴定合格
9	百格网		2	中国	2017		检测	鉴定合格
10	楔形塞尺		2	中国	2017		检测	鉴定合格
11	方尺（斗方）		2	中国	2017		检测	鉴定合格

二、主要施工机械设备的布置

根据施工图纸及现场踏勘，为减少在施工过程中机械设备的频繁移动，按本工程的总体施工部署，并结合各分部分项工程的施工顺序，精心布置各施工机械的具体停放位置，所有施工机械进场后，必须严格按施工机械设布置图进行停放。拟投入本工程的主要施工设备详见下表。

拟投入的主要施工机械设备表

序号	设备名称	型号规格	数量	国别产地	制造年份	额定功率（千瓦）	生产能力	用于施工部位	备注
1	经纬仪	J2	1	中国	2018				
2	水准仪	DS3	1	中国	2018				
3	砼搅拌机	T2-350L	1	中国	2017	5.5			
4	砂浆搅拌机	WFE-200L	1	中国	2017	6			
5	蛙式打夯机	HW-20	1	中国	2016	1.1			
6	平板式振动器	PZ-50	1	中国	2017	1.1			

续表

序号	设备名称	型号规格	数量	国别产地	制造年份	额定功率（千瓦）	生产能力	用于施工部位	备注
7	电焊机	BX3-40	2	中国	2016	23.4			
8	木工电刨	MB503A	10	中国	2017	3			
9	木工圆盘锯	MJ140	6	中国	2017	2			
10	木工手提刨		10	中国	2018	0.5			
11	磨光机		4	中国	2018	0.5			
12	切割机		5	中国	2018	0.5			

第七章　文物保护措施

一、加强民众的保护意识

古建筑的修缮和保护工作既不是一个人的事，也不是一个部门的事，而是全体人民共同的事。这项工作需有广大民众的参与，才能取得理想中的效果。在实践中，可以采取宣传、教育等措施，切实加强民众的保护意识，使广大民众能自觉的、自愿的配合好相关部门的工作，共同营造良好的修缮和保护氛围。

二、坚持科学的保护方法

在修缮和保护实践中，保护方法与保护效果是相辅相成的关系。保护方法越科学，就越有利于古建筑的保护；反之亦然。具体而言，首先进行合理的规划，从整体着手，进行系统的、全方位的研究，保证古建筑的历史性、现实性与发展性；其次进行合理的更新，采取“整旧如故、以存其真”的原则，以增强古建筑的原真性、整体性与持续性；最后，真正做到古为今用，充分挖掘古建筑的巨大潜能和价值，在不破坏的前提下，尽可能的为人民群众谋福利，贯彻和落实可持续发展的战略。

三、增强专业人员的培养力度

除了观念、政策、方法等方面的措施以外，增强专业人员的培养也是必不可少的。当前古建筑文化修缮与保护工作步履蹒跚，与专业人才的缺乏有着直接的关系。为此，在实践中，增强专业人员的培养力度。一方面可以通过学习教育、在岗培训、学习调研等措施，增进相关人员的理论素养；另一方面，加强实践，在实践中学会总结和反思，通过实践手段开创古建筑修缮和保护工作的新局面。

四、文物保护修缮施工中应注意的事项

在施工过程中，需指定具有专业水准的技术人员负责修缮过程中所有相关信息的收集、整理工作。逐日填写施工日志，以图文影像等手段对施工过程进行全方位真实记录。主要内容包括测量绘制建筑隐蔽部位构件的现状图和榫卯结构图，记录构件的残损状况、现场分析残损的原因以及所采取的加固措施、方法，补充勘察设计的不足，完善建筑保护技术档案。

五、确保安全施工

为确保本项修缮工程顺利开展，必须做好人身安全和建筑本体安全防护工作。人身安全包括施工人员和游客的安全，施工前期搭设脚手架要结实、牢固，达到承重要求。由于建筑均属开放区域，因此必须对所施工范围进行封护和围挡。为保护建筑本体安全，要搭设专用棚架，以确保建筑构件免遭雨淋。在施工现场按消防标准配置消防器材。

六、适时安排施工周期

在古建筑修缮工程中，合理掌握安排施工季节尤为重要，这也是关系到工程质量的重要因素之一。宁波地处东南沿海，属亚热带季风气候，全年无霜期在 199 天左右，冻结期在 10 月下旬至次年 3 月下旬。在施工期间，根据本地区地理气候特点和现存建筑的实际情况，应遵循客观自然规律，适时合理安排施工周期。如在雨天、霜冻期不宜安排砌筑与屋面。挖补灰背面积较大时，要有一定的晾背期，要适时避开雨季。新更换、剔补的木构件要有一定的干燥期等。总之不能违背客观规律，抢赶工期。只有这样，才能确保修缮工程质量。

七、确保材料质量

最大限度地收集和使用原有材料，对添配的砖、石构件，按尺寸要求尽量采用手

工加工制作。白灰要将块灰经淋熟成浆后使用，滑秸灰要经过泼灰与麦秸烧制，熟化时间均需超过半个月以上才能使用。所用黄土要选用当地优质地表层以下黏土，过筛去杂后使用。避免使用灰膏厂出产的供现代建筑工程使用的成品灰膏。

八、文物保护职责

（1）项目经理。作为直接责任人，全面负责施工过程中文物保护工作。

（2）项目技术负责人和项目副经理。制定文物保护具体措施；及时纠正施工过程中实施的不当文物保护方法；组织相关人员落实各种文物保护措施。

九、文物保护措施

（一）检查鉴定

根据锦堂学校建筑本体损坏程度，确定具体修缮措施，主要包括修补和替换。

（二）原建筑和文物的保护

在拆除前根据现场实际情况的需要，用钢管搭架，模板铺面把需要保护的文物和建筑罩上，建筑物四周用角钢和彩钢瓦维护，防止游客和闲杂人员进入，保证工程完工后达到要求后方能拆除。

（三）修缮后保护

及时对施工范围进行覆盖保护，对油漆料、砂浆操作面下，楼面及时铺设防污染塑料布，操作架的钢管及时设垫板，钢管扶手挡板等硬物及时轻放，不得抛敲撞击楼地面、墙面以及瓦面。

（四）交工前保护措施

1. 为确保工程质量，达到用户满意，项目施工管理班子及时在装饰安装分区或分层完成成活后，专门组织人员负责保护，值班巡查进行保护工作。

2. 值班人员，按项目领导指定的保护区范围进行值班保护工作。

第八章　修缮后效果

南立面修缮后

主入口处修缮后

楼梯板壁修缮后

楼梯修缮后

排水沟修缮后

东侧内墙面修缮后

二层走廊吊顶修缮后

室内地板修缮后

室内吊顶修缮后

北立面外墙修缮后（一）

北立面外墙修缮后（二）

北立面外墙修缮后（三）

东立面外墙修缮后（一）

东立面外墙修缮后（二）

木梁修缮后

封沿板修缮后

室内修缮后（一）

室内修缮后（二）

监理篇

第一章　监理工作规划

一、监理工作范围

自监理合同签订之日起至工程竣工验收止，即项目施工阶段监理合同范围内的文物建筑修缮、安装工程的质量控制、进度控制、合同控制与信息管理、安全监理。

二、监理工作内容

（一）施工准备阶段的监理工作

（1）在设计交底前，总监理工程师组织监理人员熟悉设计文件，并对图纸中存在的问题通过建设单位向设计单位提出意见和建议。

（2）参加由建设单位组织的设计技术交底会，并对设计技术交底会议纪要进行签认。

（3）审查承包单位报送的施工组织设计（专项施工方案）报审表，提出审查意见。

（4）审查承包单位现场项目管理机构的质量管理体系、技术管理体系和质量保证体系。

（5）审查承包单位报送的分包单位资格报审表和分包单位有关资质资料。

（6）对承包单位报送的现场测量成果及保护措施进行检查。

（7）审查承包单位报送的工程开工报审表及相关资料，具备开工条件时，签署工程开工报审表。

（8）参加第一次工地会议，起草会议纪要。

（二）施工阶段的质量控制工作

（1）审查重点部位、关键工序的施工方案及质量保证措施。

（2）审查新材料、新工艺、新技术、新设备的工艺方案、证明材料。

（3）审核进场材料质保资料，按规范规定进行抽样。整个施工过程进行巡视检查，对基坑挖土、木构件更换、隐蔽工程及其他关键部位，关键工序施工过程进行旁站监督。

（4）各检验批质量验收，包括隐蔽工程验收和技术复核，签认隐蔽工程验收记录和技术复核记录。

（5）专业监理工程师复核并签认施工单位的分项工程质量验收记录，总监理工程师复核并签认施工单位的分部工程及单位工程质量竣工验收记录。

（6）针对施工中的质量缺陷，以口头通知，整改通知和监理工程师函等指令要求施工单位整改，并验证整改结果。

（7）针对重大质量隐患经建设单位同意下达停工令，要求施工单位停工整改。整改完毕再进行验收，符合要求后，签发复工令。

（8）针对需要返工或加固的质量事故，应要求施工单位提交质量事故报告，并报设计院进行处理。

（9）整理和收集工程技术资料。

（三）工程造价控制工作

（1）由项目专业监理工程师首先对施工单位报送的工程量清单进行质量认可并对工程量进行现场计量，然后签署初步意见。再由总监理工程师签认后报建设单位。

（2）根据施工合同和施工技术文件对项目的造价目标进行风险分析，制定防范对策。

（3）审查工程变更的必要性，对必要的变更在实施前与施工单位建设单位协调确定变更费用。

（4）审核月工程完成工程量，按合同规定签署支付凭证。

（5）建立工程量和工程量台账，分析计划与实际的差异，制定调整措施并按月向建设单位报告。

（6）建立合同台账，及时记录变更和索赔事件，为处理提供依据。

（四）工程进度控制工作

（1）总监理工程师审批施工单位的施工总进度计划，专业监理工程师审核月进度计划，并上报总监确认。

（2）专业监理工程师检查、记录和分析计划实施情况，当实际进度落后时应签发指令施工单位制订补救措施，并监督其落实。当实际进度严重落后于计划时应及时报告总监理工程师，由监理工程师采取进一步的措施。

（3）总监理工程师在监理月报中向建设单位报告实际进度情况、纠偏措施实行情况，并提出避免因建设单位原因而导致工程延期或费用索赔的建议。

（五）工程安全控制工作

（1）贯彻执行“安全第一，预防为主”的方针，国家现行的安全生产的法律、法规，建设行政主管部门的安全生产的规章和标准。

（2）督促施工单位落实安全生产的组织保证体系，建立健全安全生产责任制。

（3）督促施工单位对工人进行安全生产教育及各检验批分部分项工程的安全技术交底。

（4）审查施工方案或施工组织设计中有否保证工程质量和安全的具体措施。对脚手架等进行安全控制，在我监理方和设计、业主方确认后方可施工。

（5）检查并督促施工单位，按照建筑施工安全技术标准和规范要求，落实各检验批分部分项工程或各工序，关键部位的安全防护措施。

（6）监督检查施工现场的消防工作、冬季防寒、夏季防暑、文明施工、卫生防疫等项工作。

（7）审批用电、脚手架搭拆等专项施工方案。

（8）巡视检查施工场地的施工临时用电设备，使其符合规范规定。

（9）督促施工单位在施工场地的临时设施、防护棚的搭拆时设警戒区，并设专人监护。

（10）检查施工单位施工场地的“三保四口”防护落实工作。

（六）合同管理

依据监理合同的约定及业主的委托，监理机构可：

（1）协助业主起草与项目有关的各类合同（包括施工合同，工程材料、构配件，设备订货合同等），并参与各类合同谈判；

（2）进行与项目有关的各类合同执行情况的跟踪管理，包括对合同各方执行合同情况进行检查，必要时提交合同管理的各类报表和报告；

（3）协助业主处理与项目实施有关的合同索赔事宜及合同纠纷事宜。

（七）信息管理

（1）执行各种规范化用表，建立项目的信息编码体系；

（2）负责项目实施过程中各类信息的收集、分类存档和整理；

（3）就本工程项目，运用计算机进行项目信息管理，随时向业主提供有关本次管理的信息服务，并定期提供多种监理报表和报告；

（4）建立工程会议制度，整理各类会议纪要；

（5）督促施工承包商，工程材料、构配件和设备供应等单位及时整理工程技术、经济资料、档案等。

（八）组织协调

（1）协助业主协调参加项目建设的各单位之间的关系，并处理有关问题；

（2）协助业主处理各种与项目建设有关的纠纷事宜。

（九）工程竣工验收

（1）总监理工程师组织监理人员，对施工承包商报送的竣工资料进行审查，并组织对工程质量进行预验收。预验中发现的问题应要求施工承包商定人、定时间、定方法及时予以整改，整改完毕后由总监理工程师签署工程竣工报验单，并组织专业监理工程师对单位工程质量进行观感评定，出具工程质量评估报告。

（2）参加业主组织的竣工验收，并提供相关监理资料。对验收中提出的整改问题，督促施工承包商及时进行整改。工程质量符合要求，由总监理工程师会同参加验收的各方签署竣工验收报告。

（3）由总监理工程师组织专业监理工程师对整个监理过程进行总结，并编写工程监理总结报告，报送建设单位。

（十）工程保修期的监理工作

（1）总监理工程师定期对建设单位进行回访，对使用中发现的工程质量缺陷进行检查和记录，对施工单位外的修复活动进行监理，对修复工程的质量进行验收。

（2）对造成工程缺陷的原因进行调查分析，确定责任归属。对由非施工单位原因的质量缺陷，应核实费用并签署支付凭证报建设单位。

三、监理工作目标

本工程监理工作的目标要求是：对工程质量进行控制；在投资方面协助业主严格控制造价；在保证工程质量的前提下按工期完成建设任务。具体的监理工作目标：

（1）质量控制目标：本工程《建筑安装工程承包合同》中规定的质量目标。

（2）进度控制目标：以合同工期为目标，严格督促承包商按期完工。

（3）投资控制目标：以施工图为依据，协助业主将工程造价控制在合同造价内。

（4）安全控制目标：合格以上，做到文明施工，减少一般事故，杜绝重大伤亡事故。

（5）服务质量目标：全面实现项目的控制目标；无严重不合格服务，一般不合格服务不超过 3 次；无顾客投诉，顾客满意率达到 100%。

四、监理工作依据

（1）国家和省市有关古建修缮工程施工和古建修缮工程监理的政策、法律、标准、法规、规定及项目审批文件；

（2）与建设工程项目有关的规范、标准、设计文件、技术资料。包括设计的施工图纸、工程联系单和工程地质勘查报告；

（3）工程施工承包合同；

（4）质量体系文件；

（5）依法签订的委托监理合同以及与工程建设项目有关的合同文件；

（6）业主、监理方和承包方在工程实施过程中有关的会议记录、函电和其他文字记载。监理方发出的所有指令可作为监理依据的补充。

六、项目的组织关系及监理机构的组织形式

（一）监理单位与工程建设各方的关系

1. 监理单位与建设单位之间关系

监理项目部是监理单位派出机构。监理单位承担监理业务，与业主签订书面委托

监理合同，作为建设单位的委托授权人，二者之间是委托与被委托的合同关系。双方应做到各负其责、独立工作、相互尊重、密切合作。而监理单位则应忠实履行委托监理合同，在建设单位授权范围内独立、公正、自主地开展监理工作，处理有关工程目标控制的事宜。

遇有重大问题时，监理单位应及时报告建设单位，由建设单位会同有关方面做出决策后，再由监理单位出面处理。

2. 监理单位与施工承包商之间关系

监理单位与施工承包商是监理与被监理的关系。施工承包商必须接受监理单位的监理，主动及时按要求提供完整、真实的技术经济资料及数据，以便监理单位确认。

建设单位与施工承包商在监理委托合同范围内的一切业务往来，必须经过监理单位确认后才能实施，施工单位应服从监理单位依据建设单位授权所做出的各项决定。

3. 监理单位与各分包单位、设备材料供货单位之间关系

凡分包单位提出的施工方案，以及技术复核、隐蔽工程验收等验收资料技术上的确认和签证，一律归属于总包单位与监理单位发生工作关系。施工总承包单位必须对分包单位、设备材料供货单位负责。

4. 监理单位与设计单位关系

监理单位与设计单位虽无合同关系，但监理单位可根据监理委托方的授权代表监理委托方在技术上与设计单位进行联系，施工单位与设计单位在工程范围内的一切来往必须通过监理单位发生。

设计文件是监理的依据之一。监理单位应全面贯彻设计意图，严格督促施工单位按图施工。凡发现设计文件有疑问，或由于施工条件的变化需更设计时，均由设计单位负责修改，监理单位无权变更设计。

（二）监理机构的组织形式

项目监理部根据监理合同规定的内容，受业主委托对本工程实行施工阶段的监理。项目监理部实行总监理工程师负责制，总监理工程师作为监理单位履行监理合同的全权代表，领导项目监理开展监理工作。

项目监理部机构如下：

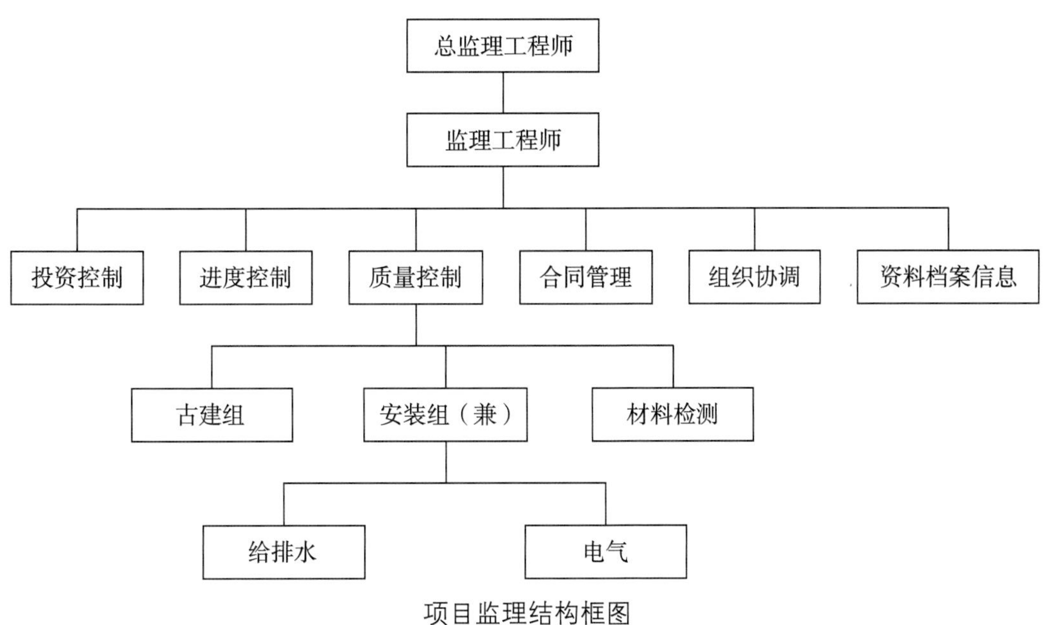

项目监理结构框图

七、监理人员岗位责任制

（一）总监理工程师岗位职责

（1）会同项目管理部组建项目监理部，并确定项目部人员的分工和岗位职责。

（2）主持编写项目监理大纲（规划），审批项目监理实施细则，并负责管理项目监理机构的日常工作。

（3）审查分包单位的资质，签署审查意见。

（4）检查和监督监理人员的工作。根据工程项目进展情况和经过审批的人员计划，合理调配监理人员，将不称职的监理人员调离现场。

（5）主持监理工作会议，签发监理项目部的文件和指令。

（6）审定施工单位提交的开工报告、施工组织设计、技术方案、进度计划。

（7）审核并签署施工单位的申请、支付凭证和竣工结算。

（8）审查和处理工程变更。

（9）主持或参与工程质量事故的调查。

（10）调解建设单位与施工单位的合同争议，处理索赔，审批工程延期。

（11）组织编写并签发监理月报、阶段性质量评估报告、主要分部监理小结、专题报告、单位工程质量评估报告和施工阶段监理工作总结报告。

（12）审核签认分部工程和单位工程的质量检验评定资料，审查施工单位的竣工申请，组织监理人员对待验收的工程项目进行质量检查，参与工程项目的竣工验收。

（13）主持整理工程项目的竣工资料的归档工作。

（二）总监理工程师代表岗位职责

（1）负责总监理工程师指定或交办的监理工作；

（2）按总监理工程师的授权，行使总监理工程师的部分职责和权利；

（3）不得主持编写项目监理规划、审批项目监理实施细则；

（4）不得签发工程开工 / 复工报审表、工程暂停令、工程款支付证书、工程竣工报验单；

（5）不能审核签认竣工结算；

（6）不能调解建设单位与承包单位的合同争议、处理索赔，不得审批工程延期；

（7）不能根据工程项目的进展情况进行监理人员的调配，调换不称职的监理人员。

（三）专业监理工程师岗位职责

（1）负责编制专业的监理实施细则。

（2）负责本专业监理工作的具体实施。

（3）组织、指导、检查和监督本专业监理员的工作，当人员需要调整时，向总监理工程师提出建议。

（4）审查施工单位提出的涉及本专业的计划、方案、申请、变更，并向总监理工程师提出报告。

（5）负责本专业的隐蔽工程验收、技术复核和检验批及分项工程质量的验收。

（6）定期向总监理工程师提交本专业的监理工作实施情况报告，遇重大问题及时向总监理工程师汇报和请示。

（7）根据本专业的监理工作实施情况做好监理日记。

（8）负责本专业的监理资料的收集、汇总及整理，参与编写监理月报。

（9）核查进场材料、设备、构配件的原始凭证、检测报告等质量证明文件及其实际质量情况，按规定需要抽检复测时负责见证抽样，认为有必要进行平行检测时负责实施，签署施工单位提交的工程材料报验表。

（10）负责本专业的工程计量工作，审核工程计量的数据和原始凭证。

（四）监理员岗位职责

（1）在专业监理工程师的指导下开展现场监理工作。

（2）检查施工单位投入工程的人力、材料、主要设备及其使用、运行状况，并做好检查记录。

（3）复核或从施工现场直接获取工程计量的有关数据并签署原始凭证。

（4）按设计图纸及有关标准，对施工单位的工艺过程或施工工序进行检查和记录，对加工制作及工序施工质量检查结果进行记录。

（5）承担旁站工作，发现问题及时向施工单位指出并向专业监理工程师报告。

（6）做好监理日记和有关的监理记录。

八、监理工作流程

为使监理工作规范化，理顺各方面关系，将主要监理工作流程列图如下：

（一）相关单位的联系

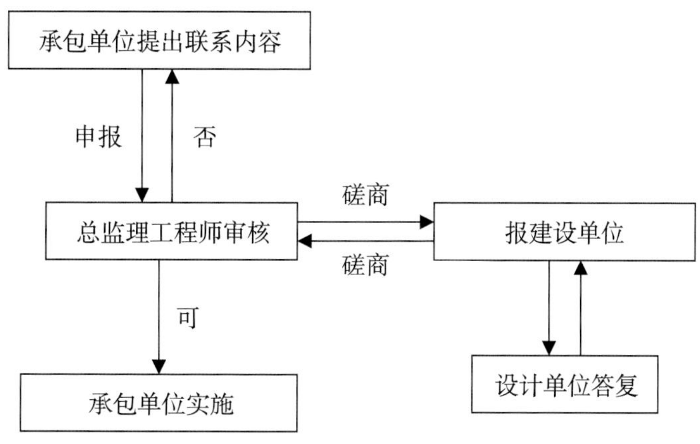

技术联系工作流程图

主要设备订货流程

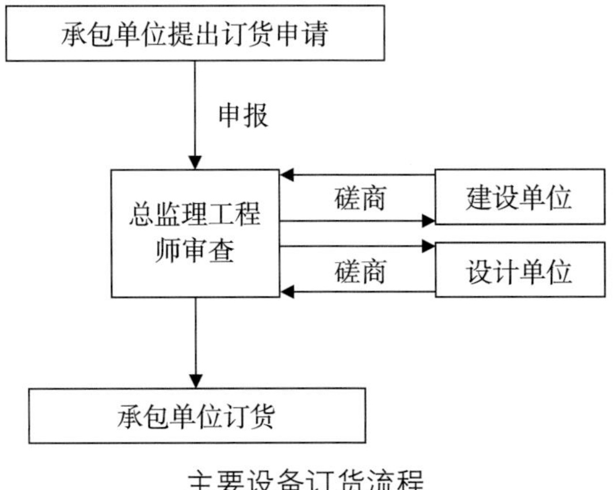

主要设备订货流程

（二）投资控制

1. 工程计量流程

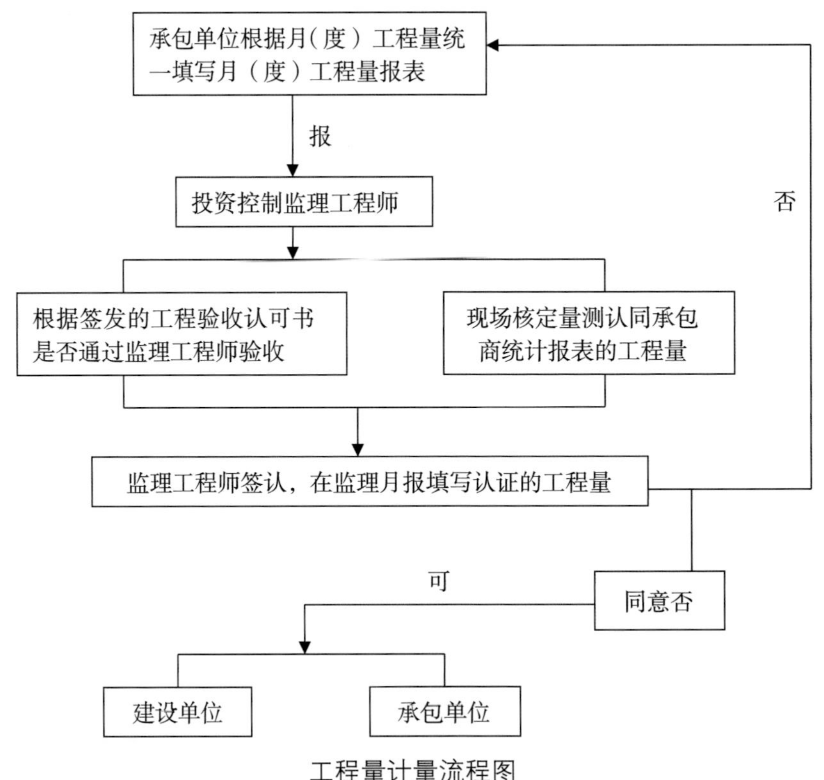

工程量计量流程图

2. 工程付款流程

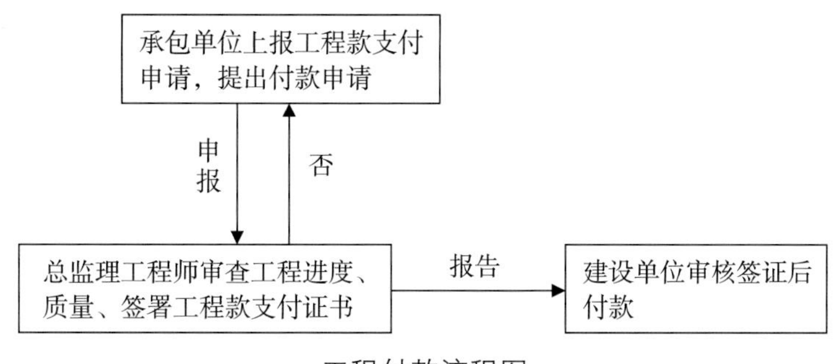

工程付款流程图

（三）进度控制

施工阶段进度控制工程流程

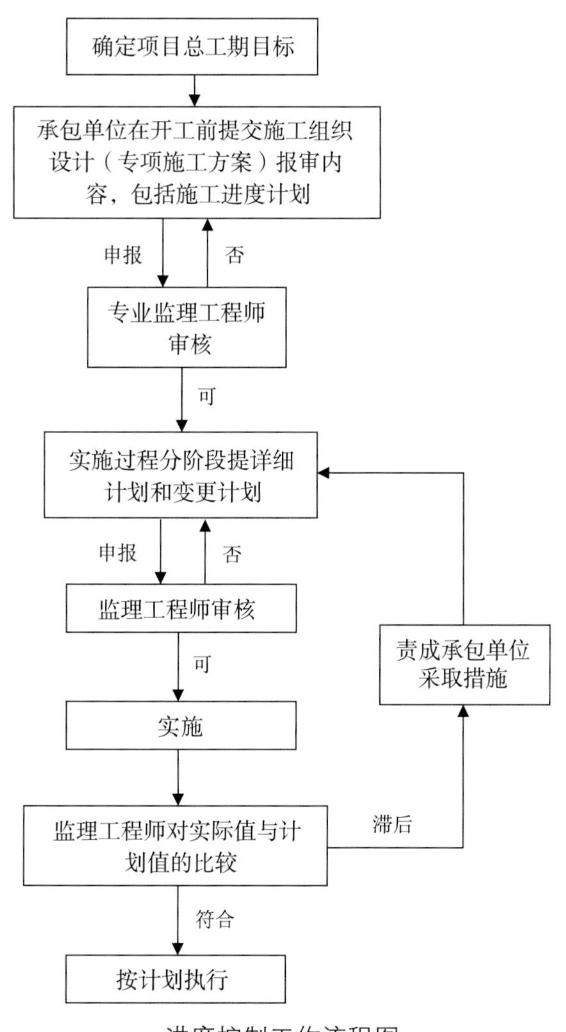

进度控制工作流程图

（四）质量控制

1. 施工阶段质量控制工作流程

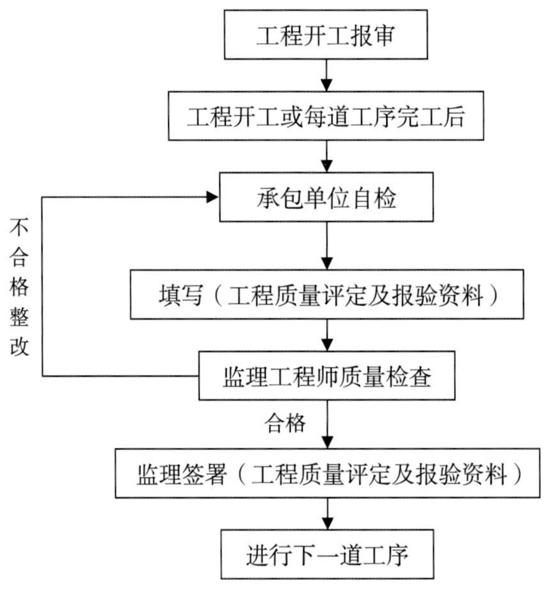

质量控制工作流程图

2. 材质核定流程

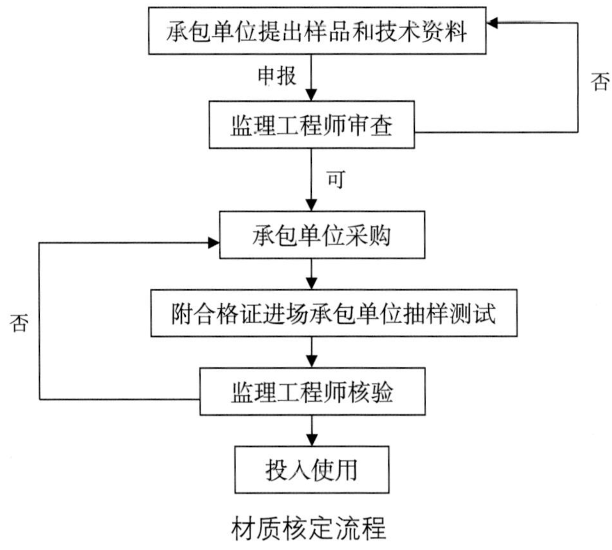

材质核定流程

3. 隐蔽工程验收流程

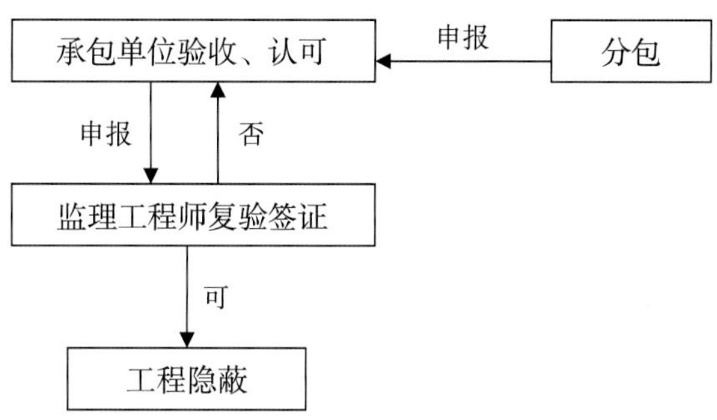

隐蔽工程验收流程

4. 竣工验收流程

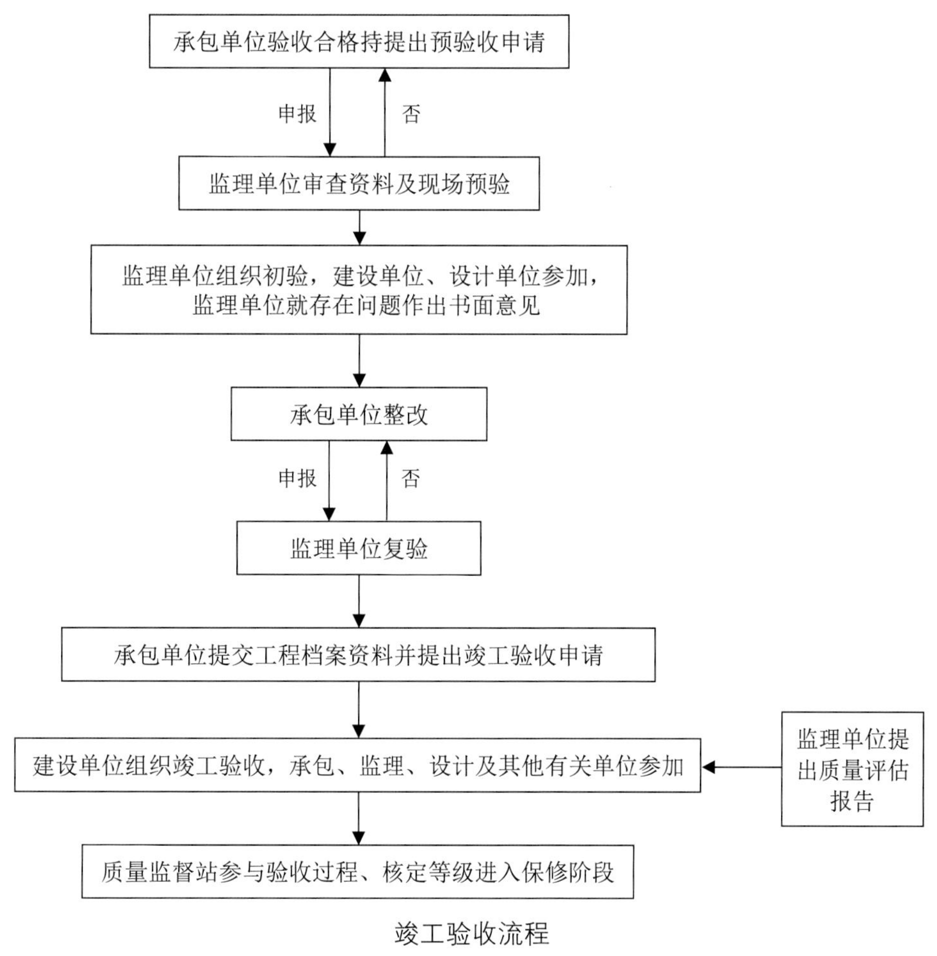

竣工验收流程

九、监理工作方法及措施

（一）工程质量控制的方法及措施

1. 对承包方的控制

（1）对施工人员控制

决定工程质量的最重要因素是参与工程施工的技术人员和操作人员，因此要控制工程质量首先要控制参与施工的人。

开工前，在审核施工单位报审的现场质量管理制度时，我监理人员应首先要求施工单位报审质量管理网络和组成网络的人员的上岗资格，审查相关人员的上岗资格和技术能力是否满足工程的需要，同时也审查人员的数量是否与投标书一致。

工程开工后，在监理过程中应同时考察操作工人的技术水平，对屡次造成质量缺陷或无法生产出符合质量目标要求的产品的操作队伍，应要求施工单位无条件的及时进行撤换。

（2）工程材料控制

对于用于工程主体结构的主要材料或构配件、大批量的或高级的装饰材料、主要建筑设备或洁具，必须要求施工单位在采购以前报审生产厂家的资质，其中包括营业执照、企业资质、生产许可证和产品的质保书、样本等。若有必要与业主方进行商议后，经业主审批同意后方能容许其进行采购。

材料、设备进场时，施工单位应填写工程材料、设备清单（一览表）和产品合格证和质保书。监理人员在收到工程材料 / 构配件 / 设备报审表后应首先检查实物出厂编号和质保资料是否相符，然后检查质保资料是否符合国家的有关标准。上述符合性要求满足时可容许其进场，同时在有关台账中进行登记。但这些材料、设备要其投入使用还需经复试、检查合格。

（3）施工的设备机具控制

随着施工技术的进步，施工设备和机械使用率越高，因此控制施工设备和机械对工程质量也就显得越来越重要，现场应做重点控制。

（4）施工的技术方法控制

施工单位开工前应以技术标为基础，深化编制详细的施工组织设计，报总监理工程师审批。总监理工程师则应对施工程序、施工方案、机械设备配备以及质量保证体系和质量保证措施的针对性、有效性和合理性进行审查。施工组织设计批准后，施工单位必须严格按此执行。施工过程中若需根据实际条件对施工组织设计进行变更，则仍应报总监理工程师审批。

重要的分项工程或工序开工以前，施工单位还应构件环境和技术条件制订具体的专项施工方案。专项施工方案应对操作的工艺流程、材料、操作手法、劳动组织和质量控制等做出具体的规定。专项施工方案应以施工组织设计为基础编制，应报总监理工程师或监理工程师审批，有必要时还应征得设计及业主单位的确认同意。施工单位应严格按施工方案施工，不得随意变更。

审查新材料、新工艺、新技术、新设备的工艺方案、证明材料，必要时组织专题论证。

必要时，监理人员有权要求施工单位在分项工程或工序开工以前，先做出样板间或样板件，经监理人员验收后，作为分项工程或工序的操作方法和检验评定的标准。

2. 监理单位的自我控制

（1）对监理人员控制

现场的监理人员应满足以下要求：

1）符合建设行政主管部门对监理人员的上岗资格；

2）满足经过审批的《监理规划》的规定。

对项目监理部的监理人员，应按年度培训计划对他们进行业务培训和质量意识教育，项目监理部也应定期组织业务学习。

项目管理部和总监理工程师应定期或不定期地对监理人员的监理行为、工作质量进行检查，及时发现问题，及时进行教育。

监理人员上岗应挂胸牌，项目部的人员构成应在工程监理情况一览表牌中公布，以便有关各方和建设行政主管部门监督。

（2）对监理依据的控制

要保证监理工作的质量，重要的一条措施就是保证现场使用的监理依据都是现行有效版本。监理的依据一般有以下几类，应分别按下述方法进行控制。

1）合同文件

监理项目部应及时齐全地收集保存：

①监理合同；

②施工承包合同；

③其他建设单位与第三方签订的与工程建设有关的合同（包括材料、设备订货合同）；

④施工单位签订的分包合同。

上述合同均包括补充合同。①、②、③三类收文后应《监理台账》中登记并盖受控章登记标识，④类应与分包单位资质报审资料一并保存。

2）设计文件

设计文件包括地质勘查报告、施工图及图纸会审纪要和设计联系单。设计文件应在《监理台账》中登记并盖受控章标识。图纸会审纪要和设计联系单必须在收后立即在图纸上修改，并加盖修改章标识。

3）规范、标准

现场使用的设计、施工规范和标准必须是经过建设单位登记的受控文件，以便一旦文件发生修改，建设单位技术管理部门能及时追踪加以修改或撤换，从而确保现场使用的规范、标准都是现行有效的。

4）质量策划文件

监理合同签订后，总监理工程师应立即编制《监理规划》。《监理规划》必须经建设单位项目管理部和总工程师审批。

监理规划制订后，专业监理工程师应及时编制《监理细则》。《监理细则》应依据《监理规划》的有关要求进行编制，应针对工程实际。《监理细则》必须总监理工程师审批。

（3）对监理设备的控制

现场监理使用的检测设备如：全站仪、回弹仪、卷尺和电阻摇表等都必须是检定合格且在有效期内的。监理人员不宜使用其他单位的设备仪器（对检测进行旁站时除外），也不准将检测设备随便出借。

（4）对监理方法的控制

1）巡视

巡视是监理最常用的工作方法，建立人员通过巡视对施工过程进行检查工序质量和隐蔽工程，监督施工方案的实施；总监理工程师通过巡视检查控制的关键点和建立人员的工作质量。

2）旁站

旁站是监理的最重要的手段，对下道工序施工完后难以检查的重点部位以及对工程质量关系特别重大的施工过程均需旁站监督。

3）平行检测

当监理人员认为施工单位的材料或工程试件的有见证试验尚不足以证明材料或工程的质量时，可以进行平行检测。

平行检测形式有：自行独立抽取试样、试件委托有能力有法定资质的试验单位进行试验；自行用回弹仪、电气仪表等进行的独立的现场测试；用测量工具对以完工程进行的质量检查。

4）监理指令

监理指令是指在施工监理过程中，监理人员要求施工单位整改的问题，或为保证工程质量，要求施工单位做好的工作。监理指令直接与工程质量有关，是监理人员进行工程质量检查和控制的重要手段之一。

监理指令按重要程度通常分为以下三个层次，逐级加重：

①口头通知；

②监理工程师函；

③停工令。

施工单位必须对书面的指令作书面的回复。

（5）对监理记录的控制

监理服务质量记录和工程质量记录既是证实工程质量的依据，又是保证施工的可追溯性的依据，因此必须严格控制质量记录的真实性和完整性。

质量记录必须做到真实、及时、准确、齐全，决不容许凭空编造、事后补填或敷衍了事。

质量记录应前后闭合，不能只记问题，不记整改结果，要做到查出的每一项问题都有整改记录来闭合。

建设单位有关部门和总监理工程师应随时对项目部的质量记录进行检查，对监理人员进行指导和督促。

（二）工程进度控制措施和方法

建设项目能否按期完成将直接影响投资效益的发挥，施工阶段监理工程师进度控制的总任务就是在满足项目总进度计划要求的条件下，审核不同种类的施工进度计划，在执行过程中加于控制，以保证项目按期竣工。

1. 编制项目总控计划

监理项目部进驻现场后，应对施工队伍的技术和管理素质、操作工人的数量和质量、机械设备的配置、技术标中的施工方案的合理性和可行性、材料状况、地质地貌条件、交通条件以及合同条件、业主付款能力、“三通一平”情况和工程的技术难度等进行详细研究，然后制订项目（包括全部施工内容）的总控制网络计划，作为进度控制的依据。

2. 施工总进度计划审核

施工单位进场后应及时向监理项目部提交施工总进度计划，项目总监理工程师会同各专业监理工程师以招投标文件及施工承包合同为依据，从合理性、可行性等方面加以审核。施工单位应按监理项目部的审核意见对施工总进度计划进行修改，然后重新报批，直至被批准。

3. 周（月）进度计划的控制

施工单位应以批准的总进度计划为依据编制周（月）进度计划，于每月 25 日提交第周拟实施工程项目报告单（三等工程可为“月”）至监理项目部审查讨论，然后报总监理工程师审批。计划审批通过后，施工单位必须严格按计划落实所需的各种劳动力、材料、周转材料、机具设备，采用控制循环对实际施工进度进行检查、记录、比较，一旦进度落后，要分析原因，制订对策，调整计划，确保计划完成。

施工单位应于每月 25 日向监理项目部报送月度工作报表。报表应在工作会议上进行讨论分析，然后确定下月进度计划的调整目标。

4. 进度协调

监理项目部在审查和讨论计划的同时，在工地例会或专题会议上，对与计划落实有关的非施工单位所能控制的因素进行协调，为计划执行创造合理环境条件。

5. 控制手段

当工期由于施工单位原因发生延误时，监理项目部应对施工单位或通过建设单位对施工单位采取督促或制裁措施，以促使施工单位加大调整的力度。这些措施包括：

（1）在会议上进行批评；

（2）到现场逐项落实资源条件和技术条件；

（3）延迟支付工程款；

（4）约见施工单位法人代表，要求采取有力措施，包括撤换项目经理；

（5）解除合同。

6. 具体风险与对策

本工程的特点主要有：

（1）工期以古建修缮同等体量的实际平均水平衡量偏短；

（2）工地内材料堆放场地较小。

上述工程特点，决定了进度目标实现的困难性和风险性，若施工单位或建设单位重视程度不足，很可能引起工期延期或延误。

对于上述风险的防范对策有：

（1）要求施工单位将标段内的单体分解为若干施工段，形成合理验收批，增加资源投入，组织平行施工；

（2）要求施工单位在编制时间计划的同时编制资源计划，并确保资源计划的落实；

（3）要求施工单位编制合理的施工方案；

（4）要求施工单位编制合理的施工总平面图及按图进行堆放材料。

7. 监理项目部将采取措施力求避免各类导致工程延期的原因，当无法避免时，应采取公正态度处理工程延期事宜。

监理项目部只有在施工单位提出工程延期要求后、且符合施工承包合同文件的规定条件时才应予以受理。

如果影响工期事件具有持续性影响，监理项目部可以在收到施工单位提交的阶段性的工期临时延期申请后，经过审查，征询业主意见后先给予临时延期批准，施工单位提交最终的工期延期（工期索赔）报告后，监理项目部应复查工期延期的全部情况，并做出工程最终延期批准，但工程最终延期批准不应少于累计的临时延期批准。

监理项目部正式做出工程临时延期批准或工程最终延期批准之前，均应同建设单位和施工单位进行协商。

监理项目部在审查工程延期时，应依下列情况确定批准工程延期的时间：工程拖延和影响工期事件的事实和程度；影响工期事件对工期影响的量化程度。

当施工单位未能按照施工承包合同要求的工期竣工交付属于进度控制造成工期延误时，监理项目部按施工承包合同规定从施工单位应得款项中扣除误期损害赔偿费。

（三）投资控制及合同管理措施和方法

虽然施工单位与建设单位签订的承包合同中都有明确的合同价格，但工程建设中必然会发生各种影响工程造价的事件，如何控制事件发生，事件发生后如何准确处理，是监理项目部对投资控制的主要任务。

工程施工中常会发生的影响工程造价的事件主要有：施工现场的实际条件事先无法精确计算，因非施工方原因发生的工程变更，包括建设单位提出的观感或功能变更，设计单位的技术变更，施工单位利用合同某些条款提出的索赔。

为了控制上述事件发生以及发生后的准确处理，监理项目部应采取以下措施。

（1）分析研究施工图预算，建立投资控制计划表，每月进行分析比较，以便及时发现偏差、分析原因、制订对策、调整计划。

（2）分析研究招投标文件、施工承包合同及补充协议，深入分析合同价计算与调整、付款方式与时间等关键条款，制订具体的控制对策。

（3）严格审查施工组织设计，及时发现与招投标文件和合同不一致的地方，避免因监理同意施工方案变更而导致施工单位提出费用增加。反过来，监理项目部在条件有利的情况下，及时提醒建设单位因施工方案改变向施工单位提出索赔。

（4）各专业监理工程师应从造价控制的角度对施工进行跟踪，在日常的监理过程中做好工程量的复核，严格控制现场签证，及时做好付款报审表的计量签证和质量签证，签署意见后再报总监理工程师做最后审批。

（5）专业监理工程师建立合同管理台账，详细记录工程进度、质量、设计修改和工程施工过程中与造价控制有关的问题，保存原始凭证，为工程结算和索赔事件处理积累依据。

（6）无论是对施工单位、设计单位提出的技术变更要求以及建设单位提出的观感或功能上的修改要求，监理项目部都要从修改的必要性、合理性以及经济性进行论证，并就论证结论征求建设单位意见，然后再由总监理工程师签署意见，决定实施还是不实施。

监理项目部应在工程变更实施前，就工程变更的费用、工期、质量要求等应与建设单位和施工单位进行协商，并达成一致。在监理项目部在工程变更的费用、工期、质量等所有方面取得建设单位授权、按施工承包合同的合同规定与施工单位进行协商，经协商一致后，总监理工程师应将协商结果向建设单位通报，并由建设单位与施工单位在变更协议上签字。在监理项目部未能就工程变更的费用、工期、质量等所有方面取得建设单位授权时，监理项目部应主持并促使建设单位和施工单位进行协商，并达成一致。在建设单位和施工单位未能就工程变更的费用、工期、质量等所有方面达成协议时，监理项目部应提出一个暂定的价格，以便于支付进度款。

（7）工程竣工后，造价监理工程师应首先召集各监理工程师对整改监理过程中发生的与造价有关的事件进行最终审查和确认，对工程量进行最终计量，然后根据招投标文件、施工承包合同、合同管理台账，以及其他计算证据对结算书进行全面审查，审查结果应征求建设单位和施工单位意见，各方无重大分歧后，报总监理工程师最终审批。

（8）监理项目部处理费用索赔工作的原则是：熟悉施工承包合同的内容，对可能导致索赔的因素应进行评估和防范；对已发生的合同违约事件应及时采取措施，以减少其产生的影响和损失；公正处理索赔事宜。

在施工单位提出的费用索赔同时满足以下条件时，监理项目部应予以受理。

1）索赔事件造成了施工单位直接经济损失。

2）索赔事件是由于非施工单位的责任。

3）施工单位已按照施工承包合同规定的程序提出索赔要求。

监理项目部处理费用索赔的依据包括：国家有关的法律、法规和工程所在地的地方法律、法规；本工程的施工承包合同文件；国家、部门和地方有关的标准、规范和定额；施工承包合同履行过程中与索赔事件有关的凭证材料。

（9）监理项目部接到合同争议调解要求后应进行以下工作：及时了解合同争议的全部情况，包括进行调查和取证；及时与合同争议的双方进行磋商；在提出调解方案后，由总监理工程师进行争议调解；当调解未能达成一致时，总监理工程师应在施工承包合同的期限内做出处理该合同争议的决定。在争议调解过程中，除已达到了施工承包合同规定的暂停履行合同的条件之外，监理项目部应督促施工承包合同的双方继续履行施工承包合同。

在项目总监理工程师签发合同争议处理决定之后，建设单位或施工单位在施工承包合同规定的期限内未对合同争议处理决定提出异议，在符合施工承包合同的前提下，此决定应成为最后的决定，双方必须执行。

在合同争议提交仲裁或诉讼之后，监理项目部仍可接受合同争议的一方或双方的要求进行调解。

在合同争议的仲裁或诉讼过程中，监理项目部应公正地向仲裁机关或法院提供与争议有关的证据。

十、监理工作基本制度

（一）开工报告审批制度

单位工程开工前，施工单位应向监理和建设单位提交《工程开工报审表》请求审批。

项目总监理工程师将在施工单位完成了以下工作后，根据施工合同规定的开工日期予以批准。

（1）质量保证体系及管理人员、特殊工种人员的上岗资格已经监理审查通过；

（2）施工组织设计和进度计划已经监理审批；

（3）轴线控制点和水准点已经监理复核；

（4）进场设备已经监理审查；

（5）图纸已经会审

开工报告经总监理工程师审批后应报建设单位审批。

（二）分包单位资质报审制度

总包单位在合同容许的范围内进行分项工程分包时，合同签订前，应向监理项目部提交分包单位资格报审表。报审表应附有分包单位的以下资料。

（1）营业执照；

（2）资质证书；

（3）施工业绩；

（4）主要管理人员和特殊工种上岗资格证明文件；

（5）进场设备性状证明文件。

施工单位应于报审表批准后，再与分包单位签订合同。

（三）施工图纸会审及设计交底制度

为确保设计图纸的正确性，减少设计差错，监理项目部应及时组织建设、设计、施工和监理等单位参加的施工图纸会审。

会审过程中，设计人员应对设计意图、依据和施工要求进行交底。

施工图纸会审及设计交底结束后，有施工单位整理成图纸会审纪要，交监理单位、业主单位复查，再经各方会签后作为施工依据。

（四）施工组织设计（专项施工方案）审核制度

施工组织设计（专项施工方案）的审批必须是在施工单位自审手续齐全的基础上（即有编制人施工单位技术负责人的签名和施工单位的技术部门盖章）由施工单位填写施工组织设计报审表报监理项目部。

总监理工程师应组织专业监理工程师进行初审，提出初审意见后，返还给施工单位进行修改，直至监理项目部审批通过。涉及增加工程费用的内容应征得建设单位同意，并将已审批的施工组织设计（专项施工方案）送建设单位备案。

经审批的施工组织设计（施工方案），施工单位应认真贯彻执行，不得随意改动，需要改动时，施工单位应报请监理项目部审查同意，施工单位如擅自改动，所发生的质量、安全、工期及措施费用等应由施工单位负责。

监理可根据工程的具体情况，要求施工单位编制重点分部分项工程的施工工艺文件、针对工程质量通病所制定的技术措施、质量预控措施，由监理项目部审批后付诸实施。

（五）主要施工机械设备报审制度

凡用于工程施工的检测设备、施工机械，进场时均应报监理项目部审查。施工单位应向监理项目部提交主要施工机械设备报审，并附上必要的证明资料。

上述资料齐全真实，现场查看性状良好，方能批准其使用。

（六）材料采购审批及工程材料 / 构配件 / 设备报审制度

当涉及结构安全、建筑重要使用功能或建筑观感质量时；招标文件或施工合同中规定采购范围，施工单位需要改变时；建设单位对材料或设备有品牌或色泽有专门要求时，施工单位应在材料采购前，应对生产厂家的资质和产品样板进行报验。

生产厂家资质报验内容同分包单位资质报验，样板包欧阳应包括：产品小样、产品说明书以及色卡等。

材料（设备）进场时，施工单位应向监理项目部提交工程材料 / 构配件 / 设备报审表。报验表应附有数量清单、质量证明文件（质保书和产品合格证）、自检结果。材料（设备）的名牌编号应与质保书等质量证明文件的编号一致，监理人员应进行核对。

（七）工地例会制度

工地例会每星期定期召开一次（必要时可另行组织）。会议由总监理工程师主持，会议纪要由监理项目部起草，由与会各方会签。

建设单位、施工分包单位、监理单位必须参加会议。勘察单位、设计单位、分包单位必要时也参加会议。

会议的主要议程有：

（1）检查上次例会定事项的落实情况，分析未完成原因及补救措施。

（2）检查工程进度计划完成情况，分析超前或落后原因，提出下一阶段进度目标及保障措施。

（3）检查分析工程质量状况，针对存在问题提出改进措施。

（4）检查工程量核定及工程款支付情况。

（5）确定需要协调事项的解决方案。

（6）其他有关事宜。

（八）隐蔽工程验收制度

凡被其他后续施工所隐蔽和覆盖的分部、分项工程即隐蔽工程，必须在被隐蔽或覆盖前，经监理人员检查、验收，确认其质量合格后，才允许加以覆盖。隐蔽工程应由监理人员检查确认质量合格并签字后，方可移交下道工序施工。若发现其施工质量与施工图纸、技术交底、施工规范、操作规程等不符合，则监理人员应以口头或书面形式通知施工单位，指令其进行处理、改正和返工。

（九）质量问题报告制度

施工单位应及时对施工过程中出现的质量问题向监理项目部进行报告。报告的内容包括：经过情况及原因、问题的性质、损失及伤亡情况、应急措施和处理意见等。

事故若属重大事故，施工单位在报告监理项目部的同时，还要按《工程建设重大事故报告和调查程序规定》及时上报政府建设行政主管部门。

（十）设计变更处理和会签设计变更制度

当参与建设各方对工程设计有修改要求时，应首先提交工程变更申请至监理项目部审查。审查证实了修改的必要性、合理性、经济性和可操作性后，由监理项目部提交设计修改。修改完成后，总监理工程师应再次组织专业监理工程师对修改联系单进行审查，当修改的合理性、经济性和可操作性被再次证实后，由建设、设计、监理及施工方在工程变更上签认作为施工依据。

（十一）报表制度

每月 25 日，施工单位应向监理项目部提交本月完成工作量报表和下月工作量计划报表（采用第周拟实施工程项目报告单及第周完成工程项目报告单）。

本月完成工作量报表应附有已完成工程的结算书，结算书应由具有相应资格的预算员编制，并应盖上预算员的资格章。报表应真实、准确，监理项目部再根据合同规定和实际完成工作量情况进行审批。

下月工作量计划必须与进度计划一致。

（十二）监理日记及月报制度

监理人员应每天详细记录施工和监理情况。其中包括：施工部位、监理工作、存在问题、处理意见等。另外还包括总监理工程师的巡视记录。总监理工程师的巡视记录，不但要包括对施工单位的检查意见，而且还应包括对下属监理人员的监理行为、工作质量和质量记录的检查意见。总监理工程师的巡视记录每周不得少于一次。

监理月报由总监理工程师组织项目监理机构监理人员编制，总监理工程师审定并签字。监理月报的内容包括：工程形象进度完成情况、工程签证情况、本月工程情况评述（包括质量、进度、投资情况及安全等其他情况）以及本月监理工作小结和下月工作计划等。监理月报主发建设单位和监理单位项目管理部。必要时寄质量监督机构。

（十三）监理项目部内部会议制度

监理项目部应定期或不定期地召开工作会议。会议议程除了与工地例会相同部分以外，还应包括业务学习和评议。会议由总监理工程师主持。

十一、监理设施

（1）建设单位须及时按监理合同规定的，向监理项目部提供相关设施；

（2）监理项目部对建设单位提供的设施建立《顾客提供设施清单》进行登记，并在使用中妥善保护，项目结束时保证完好归还。

第二章　监理工作总结

锦堂学校旧址位于浙江省慈溪市观海卫镇锦堂村锦堂路139号，自1909年起，锦堂学校旧址作为教学楼使用至今。旧址北面临隐架山，其余三面有学堂河护围，南面架桥出入。1986年锦堂学校旧址由慈溪县人民政府公布为慈溪市文物保护单位。2005年3月，浙江省人民政府将锦堂学校旧址公布为第五批浙江省级文物保护单位。2013年3月，锦堂学校旧址由国务院公布为第七批全国重点文物保护单位。2014年11月，为保护文物建筑，慈溪市文物管理委员会办公室向国家文物局递交了《全国重点文物保护单位锦堂学校旧址修缮工程立项报告》。2015年4月收到国家文物局《关于锦堂学校旧址修缮工程立项的批复》，同意锦堂学校旧址修缮工程立项。

锦堂学校旧址平面呈“口”字形，教学楼占地面积1757.48平方米，建筑面积3500.96平方米，总面阔56.77米，总进深56.70米。东、西、南、北面阔各十五间，砖木结构，进深九檩，层数二层，人字桁架结构。正面中间大门六根圆柱形砖柱起拱擎起半圆形的抱厅，下为门廊，上为训导台。中间三间立面砖柱置科林斯式柱头，柱头叶片图案呈环绕状。中间大门正立面山花墙是典型的“巴洛克”风格，上有“锦堂学校”四个大字。面向中间天井一面设两层通廊，车木廊柱直通二层。一层天井走廊石板铺地，室内木地板。二层走廊、室内均为木楼板。二层走廊外侧设缠枝纹铸铁栏杆，柱间设木挂落，以拱形卷草、花瓶纹饰装饰，雕刻精美。四处转角设上下木楼梯。建筑的外立面以及天井立面为红、青两色清水砖墙，以青色为底，白色石灰砂浆勾元宝缝。立面砖柱凸出墙面，红砖错缝平砌。在拱券以及一、二层交界处线脚等部位以红砖勾勒。除中间抱厅三间，其余一、二层每间置一窗，一层为拱券窗，二层为平券窗，均设叠涩石窗台。建筑屋面披小青瓦，隔断、吊顶用灰板条抹灰。

现存锦堂学校旧址一口字形教学楼面向中间天井一面一层砖砌廊柱为50年代后改建，原来初建时为木柱直通二层，现砖柱顶部365×365×90块石压顶，其上为原来木柱。一层室内地经过后期装修，通气孔被堵塞，木地板改为强化地板。二层走廊、室内木楼板并非原物，经过历年维修后，80% 为后期按照原形制原材料更换。

一、监理履行情况

监理项目部于 2018 年 12 月进驻施工现场，依据监理大纲，总监主持编制监理规划及监理实施细则，针对项目特点，明确了质量、进度、费用三大控制目标及信息、合同管理目标及明确监理工作程序。在建设单位（业主）的支持下，监理部本着“诚实守信”“严格监理”“优质服务”“科学公正”“廉洁自律”的职业准则，按照古建监理程序开展监理工作，严格遵照《中华人民共和国文物保护法》《中国文物古迹保护准则》《古建筑木结构维护加固技术规范》《古建筑修建工程质量检验评定标准》（南方地区）、《慈溪市锦堂学校旧址修缮工程监理规划及实施细则》《古建筑施工监理规范》《文物保护工程档案整理规范》、施工图纸、施工合同、监理合同等相关法律、法规、规范、技术标准为依据，对本工程进行质量、投资、进度进行控制，对项目的合同、信息文档资料进行管理，坚持工程材料报验、复验制度，坚持工程事前现场控制为主，事中、事后控制为辅的原则，督促施工单位的质量“三检”程序和工序报验制度。监理人员严格按照文物保护工程的相关法律、法规、规范标准以及施工图、变更文件对施工全过程进行了监督与管理。督促引导施工技术管理人员按照合同承诺的质量标准对工程质量实施控制。监理人员能够认真地对技术文件、隐蔽工程记录、各检验批、分项、分部验收、特殊工种上岗证及整改报告、形象进度报表进行审核。每周召开监理例会及每月召开现场推进会议，检查各项工作的完成情况，协调解决施工过程中出现的问题，及时把控项目存在的问题并提出合理的监理意见，公平、公正的协调处理项目实施过程中遇到的问题，确保本工程建设顺利进行，对现场安全文明工作进行检查，发现问题督促整改，及时消除安全隐患。目前监理单位已全面正确履行建设监理合同的委托工作内容，圆满完成了本工程的监理工作，完成监理合同约定的目标要求。

（一）目标控制情况

1. 工程质量目标控制情况

工程质量控制是监理工作的一项重要内容，我们始终以工程法律法规、质量验收标准及传统施工工艺标准为依据，督促施工单位通过工序验收实现项目质量控制的目标。工程开工前，监理部审查施工单位现场的质量管理组织机构，质量管理制度及专职管理人员和特种作业人员的资格，符合投标文件要求。审查施工单位报审的施工方案及专项施工方案，重点审查方案的针对性、指导性、可操作性，对方案内容提出指导意见，切实可行予以签认。检查、复核施工控制测量成果、技术复核记录及检验、试验结果，合格同意签认。对进场的工程材料、构配件、设备进行检查验收其出厂合格证、质量检验报告、性能检测报告及进场质量抽查结果，合格的方可用于本工程。现场工序施工时及时对质量进行巡查、平等检查及关键部位重点检查检验，对隐蔽工程、检验批、分项工程及分部工程组织检查和验收，符合要求签署验收意见。对施工过程中存在的质量问题或不当施工工艺，督促施工单位整改，并对质量缺陷的处理过程进行跟踪检查，同时对处理结果进行验收。对分部分项工程组织相关单位进行检查验收，合格的予以签认，不合格要求施工单位整改并复查。并督促施工单位做好成品保护措施。

2. 工程进度目标控制情况

工程进度控制关系着项目是否能在预定的工期内完工并交付业主，对业主及施工单位均有重要意义。监理项目部及时审核施工总进度计划及阶段性施工进度计划，提出审查意见。特别是阶段性施工进度计划是否与总进度目标一致，定期检查实际施工进度，与计划进度进行比较分析，及时发现实际进度与计划进度的偏差，检查分析计划偏差产生的原因。要求施工单位采取措施对实际进度进行调整。并预测实际进度对总工期的影响，并在监理例会中向建设单位报告工程实际进展情况，力求总工期目标的实现。

3. 工程投资目标控制情况

本工程合同采用单价合同的价格形式，监理项目部依照施工合同相关条款对造价进行控制。本工程签约合同价为712.7105万元，按施工合同约定，施工单位工程进度款申请2次，申请进度款285.07万元，占签约合同价的40%。

监理项目部在收到招投标文件及施工合同后，组织相关人员对文件内容解读与理解，并对费用调整较大的项目进行预估，采取相应措施控制费用。特别是古建修缮工程施工过程中不可预见内容较多，施工过程中变更情况可能会较多及古建筑修缮工程量计量标准未统一等实际情况，在施工过程中，监理人员从实际出发，以科学、合理的原则协助业主完成了施工单位报送的工程进度报表的审核、确认工作。监理人员重点检查、控制施工单位合格的分部分项工程计量情况。作为签证施工方当月工程进度款支付的依据。并且根据工程量计量规范及招投标文件计量方法的要求，严格按照工程计量规范原则、计量方法，现场测量实际发生的每项工程量，实事求是的处理费用增减的问题。

由于古建修缮工程建设的特殊性，根据现场情况及文物修缮要求，报设计同意，修缮工程主要变更情况具体如下：

（1）屋面檩条根据原来制式恢复（增补）加固铁板构件；

（2）一层室内土方开挖加深，砖地垄（基础）、防潮层增加；

（3）根据加固要求增加一层扶壁柱；

（4）一层灰板条吊顶增加搁栅；

（5）门窗五金件设计确认为古铜配件；

（6）外墙勒脚处修缮工程量增加；

（7）空调室外机设备基础浇筑；

（8）配电箱根据实际要求配置；

（9）室内管线的增加；

（10）室外进线基础增加。

以上各项合计，施工单位上报增（减）费用约为69万元（决算以审计结果为准）。

（二）工程监理合同纠纷的处理情况

本项工作主要内容包括施工合同管理，处理工程暂停及复工、工程变更、索赔及施工合同争议、解除等事宜。监理项目部在处理该项工作时以国家法律、法规、规范性文件、技术标准及本工程施工合同、招投标文件等作为依据。按监理合同约定程序对具体事项提出处理的依据、原则、方法及结果，协调质量、工期、费用等有关问题，遵守客观、公平的原则，提出争议的处理意见。并做好原始资料的收集、确认及保存工作。

二、施工过程监理工作成效

（一）施工阶段原材料质量控制部分

水泥：本工程水泥采用绍兴柯桥兆山水泥有限公司提供的P.C32.5标号水泥，均有出厂合格证和 3 天的强度报告，28 天的补强报告。

钢材：本工程共采用 HPB300Ø4、Ø8 钢材，有质量合格证。

三元乙丙防水卷材：华美新型防水材料有限公司生产，有质量合格证。

原木：材质为杉原木、松木原木、柳桉原木，出厂单位为武夷山市科技试验林场，材质符合要求。

砖石修复料：修复砖粉由上海德赛堡建筑材料有限公司（浙江德赛堡建筑材料科技有限公司）提供，有出厂合格证及检测报告。

砖石勾缝剂：勾缝剂由上海德赛堡建筑材料有限公司（浙江德赛堡建筑材料科技有限公司）提供，有出厂合格证及检测报告。

（二）施工阶段分部分项质量情况

1. 主体结构

主体每个分项施工均进行严格验收，砖砌体、木结构、木结构防腐符合设计和施工验收规范要求，质量为合格。

2. 建筑屋面

原材料及施工工艺均符合要求；屋面防水层、瓦屋面均符合设计和施工验收规范要求，质量为合格。

3. 建筑装饰

（1）地面

木地板施工符合设计和施工验收规范要求，质量为合格。

（2）门窗

木门窗、玻璃安装等符合设计和施工验收规范要求，质量为合格。

（3）抹灰

内墙抹灰等质量符合设计和施工验收规范要求，质量为合格。

（4）涂饰

内墙及顶棚涂料、木材面油漆质量符合设计和施工验收规范要求，质量为合格。

4. 建筑给排水

铝合金落水管、消防镀锌钢管，经检查均能符合设计要求和安装施工规范要求，质量为合格。

5. 建筑电气安装

防雷保护接地、开关面板安装、灯具安装等经检查均能符合设计要求和安装施工规范要求，质量为合格。

（三）安全管理、文明施工管理的监理工作

文物保护修缮工程在施工过程中存在很大不确定性，风险性较大，因此做好本项工作意义重大，根据施工合同约定安全生产、文明施工目标值。本工程安全生产、文明施工管理其实涉及两个方面，一方面指的日常安全生产、文明施工的管理，别一方面指的是文物结构安全，防止文物构件损坏、丢失。开工前，监理项目部督促施工单位根据施工组织方案编制安全生产、文明施工专项施工方案，并审核批准，要求施工单位严格按专项方案组织实施。监理项目部也根据监理规划内容编制相应的安全监理实施细则，并定期对工程进行专项安全检查的安全管理模式。施工期间贯彻“安全第一、预防为主”的方针，通过现场检查、整改、复查等管理措施，对存在安全隐患，通过有效的管理措施，及时把安全隐患消灭在萌芽状态。严格按照安全生产、文明施工的要求进行工程的全面控制。实行监理人员每日安全检查和监理项目部每月安全大检查相结合，严格要求施工单位做好各项安全防护措施，确保工程施工安全无事故发生。坚持每周召开监理例会 1 次，主要针对上阶段工程施工的质量、安全、进度进行总结，并布置下周监理计划。对存在的质量缺陷及安全隐患，通知施工单位及时整改。土方开挖、脚手架、临时施工用电等涉及工程安全方面的作业均有施工组织设计或专项方案，并经我监理方及业主认可，本工程施工期间，无安全事故发生，实现了安全生产。

本工程在施工过程中，监理方得到了浙江省文物考古研究所、宁波市文物保护管理所、慈溪市文物管理委员会办公室等主管部门的指导与帮助，并在慈溪市教育局、建设（业主）单位和省古建筑设计研究院的大力支持和密切配合协作下进行，施工单位能按图认真施工，不符之处能整改改正，使本工程质量达到竣工验收标准。

三、工程质量控制资料审核

（1）单位工程质量控制资料核查经核查齐全完整。

（2）单位工程安全和功能检验资料核查及主要功能抽查符合要求。

本工程技术资料经我监理方审核，各项施工活动内容的记载和各种技术数据的形成是在整个施工过程中取得的，在时间上是真实的，因此能真实的反映整个施工过程中的各阶段的工程质量和施工管理情况，资料的内容全面、完整。

四、施工过程中出现的问题及其处理情况和建议

（1）由于后期改建等原因，施工图局部未能真实反映原建筑平面布局及构造特征，比如在施工过程中一层地面开挖后发现室内砖基，各工程参与方及时沟通协调后做出正确的判断，完成工程变更，这对各工程参与方提出更高的管理水平、技术要求及资源储备要求。

（2）根据文物建筑格局，对消防总管走向位置进行了变更，原楼层下吊管改在屋架内，使原建筑格局尽可能不被破坏又满足消防要求。

（3）工程材料选择的问题，原建筑为传统砖木结构，主要材料为木材、黏土砖、石材、瓦件、砂石料、桐油及门窗小五金配件等材料、构配件。原建筑材料基本为自然生长、手工加工制作、胶凝材料充分自然陈伏熟化的。目前工程材料市场化，加之工程工期较短，购买质量较好的材料存在较大困难。特别是地方材料，由于政策、市场或工艺原因，很多材料已淘汰。材料、工艺的选择对工程质量、进度及造价均有很大影响。如本工程外墙替换的黄（青）砖由于第一批进场的规格比现场的短，再根据现场砖块规格进行了定制，影响了工程进度。

（4）对文物保护工程维修依据和原则的认识问题，文物保护工程虽然已立法、立规及出台相应的标准、操作规程，但因地域、材料及地方施工工艺的不同，工程参与方对维修原则的认识不同。这对材料的选择、维修尺度、维修措施及维修的成果有很大影响。监理方及时与各工程参与方沟通协调，及时达成一致意见。

（5）古建采用科技保护修缮对古建修缮提出了新的课题，对古建修缮参与者提出了更高的要求。

五、监理结论

通过对慈溪市锦堂学校旧址修缮工程的修缮施工全过程监理，认为施工单位能按设计和施工验收规范要求施工，各分部分项合格，所提交的单位质量控制资料齐全完整，安全和功能检验资料符合要求，观感质量评定为一般，工程质量评定为合格。

后　记

感谢慈溪市文化和广电旅游体育局、慈溪市教育局和慈溪市锦堂高级职业中学提供的大力支持。

从前期争取国家文物局立项到工程实施至竣工全过程，浙江省文物考古研究所、宁波市文化遗产管理研究院、慈溪市文物保护中心相关专家、领导，在及时上报文物险情、争取国家文物局立项、工程后续管理等方面做了大量工作。在此致以诚挚的感谢。同时也感谢工程设计单位、施工单位、监理单位在项目实施中群策群力，积极主动开展技术创新，付出了巨大努力。

本书虽已付梓，但仍感有诸多不足之处。对于全国重点文物保护单位锦堂学校旧址的研究仍然需要长期细致认真的工作，我们将继续努力研究探索。至此再次感谢为本书出版给予帮助、支持的每一位领导、同事、朋友，感谢每一位读者，并期待大家的批评和建议。